Ian Sesnan

Avaliação - transferimos as lições aprendidas?

Ian Sesnan

Avaliação - transferimos as lições aprendidas?

ScienciaScripts

Imprint

Cover image: www.ingimage.com

This book is a translation from the original published under ISBN 978-3-659-81203-3.

Publisher:
Sciencia Scripts
is a trademark of
Dodo Books Indian Ocean Ltd. and OmniScriptum S.R.L publishing group

120 High Road, East Finchley, London, N2 9ED, United Kingdom
Str. Armeneasca 28/1, office 1, Chisinau MD-2012, Republic of Moldova, Europe
Printed at: see last page
ISBN: 978-620-8-13927-8

Índice.

Capítulo 1 - Seleção do tema de investigação..2

Capítulo 2 - Metodologia de investigação e definições.............................14

Capítulo 3 - Definições de conceitos-chave...31

Capítulo 4 - O contexto: programas de regeneração em constante evolução e mudanças na governação do Reino Unido...61

Capítulo 5 - Uma visão geral do surgimento da avaliação, alguns desafios conceptuais e operacionais e uma tipologia da avaliação..........................95

Capítulo 6 - Análise documental da avaliação nos relatórios..................143

Capítulo 7 - Os estudos de caso..199

Capítulo 8 - Conclusões...260

Bibliografia..293

Apêndice 1: Questionário às partes interessadas:....................................321

Apêndice 2: Quadro de avaliação para a análise das avaliações dos programas de regeneração..325

Capítulo 1 - Seleção do tema de investigação.

Todo o quadro da política urbana em Inglaterra e no País de Gales precisa de ser repensado e renovado de forma urgente e abrangente. É espantoso que nos últimos doze anos não tenha havido uma avaliação oficial da política urbana e dos seus beneficiários (CLES 1992: 60-61).

1.1 Introdução.

Este capítulo apresenta o raciocínio subjacente à escolha do tema de investigação e pormenoriza o processo de seleção de um tema de investigação. A minha proposta original de investigação consistia em determinar se era possível, através da análise de trabalhos de avaliação publicados, chegar a um conjunto de critérios de sucesso ou insucesso de programas de reabilitação urbana. Alterei a minha opinião sobre esta questão potencial quando comecei a avaliar a metodologia de investigação que seria necessária, as numerosas dificuldades conceptuais e a escassez de materiais disponíveis.

Como se explica a seguir, examinei então uma série de questões e decidi-me pelo tema da transferência de aprendizagem entre programas de reabilitação urbana. Após a escolha de um tema, foi necessário explorar as possíveis questões de investigação e este capítulo apresenta a lógica da escolha da questão de investigação e a hipótese que esta tese está a testar.

1.2 Razões pessoais para a escolha deste tema de investigação.

Como gestor sénior com 16 anos de experiência de trabalho numa das autoridades locais (London Borough of Lambeth) que beneficiou da maioria dos principais programas de regeneração urbana, observei como houve uma sucessão de programas de regeneração urbana aplicados a partes do bairro durante esse período.

Os meus últimos anos em Lambeth foram passados como profissional de regeneração, com projectos a decorrer na prestigiada área central de Londres da Cross River Partnership, bem como em partes de Brixton, Clapham e alguns bairros residenciais periféricos.

Preocupei-me em observar como eram aplicados os processos de política urbana. Foi com algum alarme que constatei que a resposta aos muitos problemas sociais, económicos e físicos destas áreas era uma sucessão de iniciativas aparentemente desarticuladas e sempre apressadas. Quer se tratasse do City Challenge, do Single Regeneration Budget, do Capital Challenge ou de qualquer outra das numerosas iniciativas em que as autoridades locais estavam envolvidas, havia uma pressa desesperada em justificar que as suas zonas eram tão deficientes que necessitavam destas injecções suplementares de fundos (mais do que todas as outras zonas da região que também eram deficientes). Costumava referir-me a isto como o "desfile da miséria" e parecia levar a uma concentração em medidas de desempenho insuficiente em vez de sucesso.

Esta situação preocupava-me, em parte, devido ao efeito que esta constante "alternância" de programas estava a ter na comunidade e nos funcionários e vereadores envolvidos, mas também porque muitos destes projectos eram projectos "emblemáticos" que seriam vistos por pessoas de todo o país, por estarem no coração da capital.

Pareceu-me também haver duas outras razões para a importância da regeneração destas zonas. Em primeiro lugar, porque existe um enorme potencial para o crescimento das cidades se estes locais e comunidades puderem funcionar bem e, em segundo lugar, porque se trata de zonas onde já foi feito um enorme investimento público (por vezes, muito recentemente), em particular na habitação, e este investimento está em risco, juntamente com as perspectivas dos que aí vivem.

Por conseguinte, pareceu-me de grande importância estratégica estabelecer uma espécie de regime racional, de aprendizagem, para a regeneração sustentável destas zonas. Em vez disso, as autoridades locais tinham de se entregar a "desfiles de miséria" de alto nível para mostrar que deviam ganhar cada novo desafio e receber financiamento do último fundo rigorosamente definido que seria controlado a partir do centro.

Parecia haver incentivos perversos a funcionar, uma vez que eram as autoridades que conseguiam demonstrar que tinham negligenciado mais as suas propriedades e que tinham falhado mais na educação e noutros serviços públicos que podiam ganhar estes desafios. Na minha própria experiência, as autoridades locais por vezes negligenciavam os seus activos em áreas de potencial regeneração, de modo a que a próxima ronda de financiamento do grande desafio pudesse ser utilizada para recuperar o atraso. Esta era uma prática a que chamei "regeneration blight".

É possível que esta tivesse sido uma forma inteligente de gerir a administração local, se os funcionários pudessem ter a certeza de que, quando a próxima iniciativa surgisse, iria resolver os problemas, ter uma boa relação custo-benefício e melhorar as coisas e não piorar. No entanto, poucos profissionais, que eu conheça, das várias autoridades locais, do governo central e de outras agências, poderiam dizer com algum nível de certeza se o que estava a ser proposto iria realmente funcionar. O principal interveniente que tinha certezas era o Development Trust local (Coin Street Community Builders), que acreditava ter um modelo que comprovadamente funcionava e que, nos seus próprios termos, era bem sucedido.

Isto não quer dizer que tenha havido uma abordagem imprudente; de facto, a maioria dos envolvidos eram profissionais com muitos anos de experiência e estavam determinados a fazer o seu melhor. No entanto, cada programa caracterizou-se pela reunião apressada de equipas de funcionários de dentro e de fora da autoridade local e pela reunião de Conselhos de Administração de pessoas que podiam ser cooptadas e que, muitas vezes, nunca tinham trabalhado em abordagens integradas de soluções urbanas (e, normalmente, também não a esse nível).

Houve um aspeto fundamental que faltou em todos os debates que observei, ou seja, uma compreensão colectiva das intervenções susceptíveis de funcionar para alcançar os objectivos do programa. Alguns projectos apresentaram provas de como o seu próprio projeto se baseava na investigação ou em experiências bem sucedidas, mas não de como todo o programa poderia funcionar (por exemplo, as inter-relações com outros projectos e o efeito holístico de todas as intervenções numa área).

1.3 Seleção da questão de investigação.

Quando comecei a pensar em realizar este estudo, a minha hipótese inicial era que era possível construir uma matriz para prever o sucesso ou o fracasso de um projeto de regeneração. Esta matriz basear-se-ia em critérios de "sucesso" e "fracasso". A ideia subjacente era perguntar se a avaliação era capaz de identificar com êxito ou mesmo prever o êxito dos programas de reabilitação urbana. No entanto, rejeitei esta abordagem porque me apercebi de que, apesar de ser uma questão fundamental para a adequação da avaliação ao objetivo, só abordava parte da minha preocupação. Não se aproximava o suficiente da questão de saber se, de facto, a aprendizagem é transferida da avaliação de um programa para o seguinte. Rejeitei-a também porque teria exigido uma primeira fase de definição de sucesso e fracasso, com todos os problemas inerentes: Quem define o sucesso?; como é medido?; e como é que os múltiplos pontos de vista válidos que existem na regeneração podem ser conciliados?

Ao selecionar uma nova questão de investigação, considerei as caraterísticas dos programas de reabilitação que podem ser investigadas de forma mais eficaz. Uma caraterística fundamental da política de reabilitação no Reino Unido é o facto de ter conduzido a uma série de iniciativas limitadas no tempo, geralmente baseadas numa área. Os programas tendem a ser executados numa sequência que se sobrepõe, sendo cada programa encerrado e substituído pelo seguinte antes de chegar ao fim.

Cada iniciativa, desde os programas de desenvolvimento comunitário no final dos anos 60 e início dos anos 70 até ao atual New Deal for Communities, foi, por sua vez, criticada em vários aspectos. Os comentadores têm tido a esperança, ou a expetativa, de que os programas sucessivos melhorem, com base na experiência adquirida. Em cada caso, foi efectuada uma avaliação que poderia, potencialmente, descobrir e transmitir a aprendizagem.

Para verificar se a aprendizagem tinha sido transferida, era necessário escolher uma questão de investigação relacionada com a eficácia ou a adequação das avaliações efectuadas ou considerar se existiam (e eram utilizados) mecanismos para transferir a aprendizagem de um programa para o seguinte. As questões possíveis no primeiro caso seriam as seguintes:

1) Em que medida as avaliações dos programas de regeneração escolhidos foram eficazes e, por conseguinte, produziram ensinamentos para programas futuros?

2) Ao examinar as avaliações dos programas selecionados, é possível identificar em que medida cumprem os testes básicos das normas de qualidade da avaliação, por exemplo, as diretrizes da UK Evaluation Society (UKES 2003).

As possíveis questões que se colocam neste último caso seriam as seguintes:

3) Em que medida foram criados e utilizados mecanismos explícitos ou implícitos para garantir a transferência da aprendizagem de um programa para outro?

4) Em que medida os sucessivos programas de regeneração foram informados pelas avaliações dos programas anteriores?

Para ajudar a efetuar uma avaliação e uma escolha racionais em torno destas questões, desenvolvi três critérios básicos de "exequibilidade". Estes estão relacionados com o objetivo central do exercício; investigação que seria capaz de ser realizada e apresentada dentro dos prazos e requisitos de leitura para um doutoramento.

Por conseguinte, estes critérios de concretização foram os seguintes

- Havia uma clara tarefa de investigação original com a probabilidade de alguns resultados valiosos alcançáveis no âmbito de um doutoramento.

- Existiam provas documentais oficiais sob a forma de avaliações publicadas.

- É provável que haja um número suficiente de participantes dos programas em questão disponíveis para entrevista.

Foi também necessário chegar a uma limitação territorial da investigação, uma vez que diferentes jurisdições, mesmo no Reino Unido, chegaram a diferentes abordagens e terminologias com conjuntos paralelos de orientações e formas de prática. A título de exemplo, na Escócia, o Executivo escocês é responsável pelos programas de reabilitação urbana do Governo central. Embora os estudos comparativos possam ser uma forma muito eficaz de compreender as políticas públicas, ficou provado que o panorama da reabilitação em Inglaterra já era tão complexo que a sua compreensão se tornava uma tarefa importante. De facto, a Comissão de Auditoria (1989: 76) referiu-se a este cenário como um "cocktail vertiginoso de procedimentos de financiamento e responsabilização".

A tentativa de estudar outras jurisdições do Reino Unido e territórios estrangeiros teria criado uma tarefa de investigação que não seria exequível dentro das regras e prazos de um doutoramento. Também poderia ter obscurecido a resposta à pergunta de investigação, uma vez que a medida em que a transferência de aprendizagem ocorreu pode ser diferente em diferentes territórios. Os parâmetros de investigação foram, por isso, definidos de modo a incluir apenas a Inglaterra na investigação primária, mas sem excluir outras experiências do Reino Unido e internacionais, se adequadas à questão colocada no contexto inglês.

1.4 Discussão sobre as potenciais questões de investigação.

A primeira das perguntas acima é importante, uma vez que a eficácia da avaliação deve ser fundamental para a aprendizagem. Uma avaliação mal efectuada resultará certamente numa aprendizagem deficiente. Com efeito, podem ser transmitidas lições inúteis ou enganadoras que justifiquem projectos parciais ou intervenções mal pensadas. Uma avaliação bem executada pode igualmente ser inadequada se se basear numa informação deficiente, em perspectivas desequilibradas ou na falta de compreensão da ecologia política. No entanto, por mais importante que seja, esta questão só poderia ser respondida plenamente através da realização de uma "avaliação das avaliações". Para o fazer corretamente, seria necessário um exercício de grande envergadura, que ultrapassaria em muito o âmbito de uma investigação de doutoramento e exigiria uma equipa multidisciplinar.

A segunda pergunta incide sobre um domínio de preocupação particularmente importante. O que é que uma avaliação deve conter para ser considerada uma avaliação válida? Seria possível aplicar as normas defendidas nas orientações, por exemplo, da Sociedade de Avaliação do Reino Unido (2003), mas as normas são elevadas e são posteriores a muitas das avaliações de programas. Parecem ser normas ideais a que os investigadores aspirariam no planeamento de novos trabalhos, mas as avaliações históricas podem ficar significativamente aquém do cumprimento destas orientações. Um único teste, o envolvimento das partes interessadas, pode ser suficiente para reprovar muitas das avaliações mais antigas.

Foi proposto que uma avaliação eficaz tem de incluir os pontos de vista de todas as partes interessadas (Guba e Lincoln 1989: 124). Na verdade, o envolvimento de todas as partes interessadas é também uma política declarada no pensamento atual do governo:

Quando os residentes são envolvidos no processo de regeneração, a oferta torna-se mais relevante, o serviço torna-se mais reativo (Social Exclusion

Unit 1999: 14).

Por conseguinte, seria possível utilizar o teste das partes interessadas para examinar em que medida as avaliações satisfazem ou não este critério específico. Esta abordagem parece ser muito útil, mas contém pelo menos duas falhas principais:

1) Já se sabe, com base numa análise inicial da documentação, que não foram efectuadas avaliações completas das partes interessadas em, pelo menos, alguns dos programas (ver capítulo 6). Por conseguinte, a questão já foi parcialmente respondida de forma negativa.

2) É possível que tenham sido efectuadas avaliações adequadas sem satisfazer explicitamente o teste das partes interessadas. Isto pode ter sido devido à natureza da atividade, por exemplo, uma intervenção física sobre a qual parece não ter havido controvérsia ou em que não há uma população afetada.

Havia, portanto, o perigo de a investigação ficar enfraquecida por se envolver numa busca de algo que se sabe que não existe e por descontar o trabalho de avaliação realizado nos primeiros tempos, introduzindo critérios retrospectivos. Por conseguinte, concluí que as perguntas um e dois, relativas à qualidade ou eficácia das avaliações efectuadas, têm grandes limitações e não podem constituir a base de uma investigação bem sucedida.

As perguntas que se referem aos mecanismos e à aprendizagem (perguntas três e quatro do ponto 1.3) não seriam anuladas pela qualidade das avaliações e poderiam simplesmente verificar se a aprendizagem era possível e/ou se tinha efetivamente ocorrido.

A terceira pergunta (ver 1.3) diz respeito a um domínio que, tanto quanto é do conhecimento do autor, ainda não foi objeto de uma investigação exaustiva - existiam mecanismos para garantir que a aprendizagem pudesse ocorrer e ocorresse? Os mecanismos de aprendizagem podem incluir a política, a burocracia, o pessoal, a divulgação, a formação e outras formas através das quais as pessoas transmitem a aprendizagem.

Esta parece ser uma área que merece uma investigação mais aprofundada, uma vez que lida com processos geríveis e geralmente documentados e é suficientemente recente para que os principais intervenientes ainda estejam em funções na profissão. A área de potencial investigação original é a interface entre as acções do processo (realização, publicação e divulgação de avaliações) e os resultados da aprendizagem.

A quarta pergunta teria conduzido a um estudo dos efeitos e não dos mecanismos. Esta pergunta teria examinado as lições aprendidas e aplicadas em programas sucessivos. Tratar-se-ia de uma análise dos efeitos ou resultados e não dos processos. A resposta a esta pergunta implicaria a avaliação dos resultados finais e não dos contributos ou mecanismos. Muitos dos dados teriam de ser recolhidos através de entrevistas, bem como de investigação documental, devido a todos os factores "suaves" acima mencionados.

As dificuldades de responder a esta quarta questão também foram salientadas na análise das questões anteriores, incluindo a qualidade das lições aprendidas. No entanto, existe uma outra dificuldade - definir quem aprendeu as lições e como aplicou essa aprendizagem. Foi o financiador, o criador do programa, os funcionários ou os "membros" que a aplicaram? Em que medida é que a aprendizagem "se mantém", uma vez sujeita aos caprichos dos programas de parceria e multiprojectos?

Esta seria uma área de estudo muito importante, uma vez que também consideraria questões sobre se parcerias díspares e programas "ascendentes" podem aprender. É possível, no entanto, que as dificuldades práticas tivessem sobrecarregado o estudo, uma vez que cada programa escolhido teria numerosos projectos e partes interessadas, e haveria um dilema de investigação entre explorar cada programa com suficiente profundidade e explorar uma amplitude suficiente de programas para construir uma amostra representativa.

Cada uma das quatro questões de investigação possíveis poderia ter aberto um campo inteiro de outras questões potenciais e era necessário definir uma área de investigação exequível. Após um trabalho preliminar considerável, recorrendo a fontes teóricas, verificando a disponibilidade das avaliações publicadas e discutindo o assunto com profissionais, considerei as quatro questões de investigação possíveis. Em termos gerais de investigação, todas as quatro questões requerem exploração, mas a questão um foi excluída devido às limitações de um programa de estudos de doutoramento. A questão dois é fraca porque a resposta já está fortemente indicada pela negativa e corria o risco de impor valores retrospectivos, como razão para excluir muitas práticas, mascarando assim a realidade do que foi ou não foi alcançado.

As questões relacionadas com os mecanismos e os efeitos parecem ter mais possibilidades de investigação original à escala do doutoramento. A quarta pergunta tem um grande potencial para analisar a questão de como as parcerias e os programas "ascendentes" díspares aprendem. Se fosse possível alcançar o equilíbrio correto entre o número de parcerias/programas estudados (amplitude) e a profundidade do estudo de cada caso, teria sido possível realizar um trabalho de investigação original muito útil, mas não dentro das limitações de um estudo de investigação de doutoramento.

A terceira questão aborda o assunto de um ponto de vista mais facilmente delimitado. Ao investigar as transições específicas entre programas durante um determinado período de tempo, seria possível uma combinação de investigação de documentação escrita e entrevistas. O resultado seria descobrir quais eram os ingredientes essenciais para a aprendizagem entre programas sucessivos e se estes pareciam estar a ser aplicados a partir de uma amostra de programas.

Por conseguinte, afigurou-se que a terceira pergunta: "Em que medida foram criados e utilizados mecanismos explícitos ou implícitos para garantir a transferência da aprendizagem de um programa para o outro?" era a que mais provavelmente constituiria o eixo central de estudos de doutoramento bem sucedidos, especialmente tendo em conta a necessidade de concluir atempadamente uma investigação válida, com um elemento original substancial.

A pergunta três foi também escolhida por ser a única que satisfazia os critérios estabelecidos na secção 1.3 supra:

- Havia uma clara tarefa de investigação original com a probabilidade de alguns resultados valiosos alcançáveis no âmbito de um doutoramento.

- Existiam provas documentais oficiais sob a forma de avaliações publicadas.

- É provável que haja um número suficiente de participantes dos programas em questão disponíveis para entrevista.

1.5 A proposta de investigação.

A proposta é centrar-se nas questões contemporâneas da avaliação dos programas de reabilitação urbana e, em particular, abordar a questão da transferência de aprendizagem. A principal questão a investigar é a de saber em que medida os programas de regeneração contemporâneos foram informados pela aprendizagem de lições da avaliação de anteriores programas de regeneração urbana ingleses.

A hipótese de investigação é: "que não há provas de que a aprendizagem ocorre entre programas de regeneração". A hipótese nula foi escolhida, em parte, devido à experiência do investigador (tal como referido na Secção 1.2 supra) e também devido à natureza do processo de investigação das partes interessadas, em que se considerou que as entrevistas seriam mais produtivas se estas participassem numa procura do positivo. Um exercício documental, juntamente com entrevistas-piloto, permitiu definir a questão e a conceção da investigação e identificar uma lacuna nos conhecimentos relacionados com a transferência efectiva da aprendizagem de um programa de regeneração inglês para outro.

Embora tenham sido efectuadas avaliações, subsistem algumas questões importantes:

- Foram identificados ensinamentos durante e após o programa?

- Que provas existem de que as lições estão a ser aprendidas?

- O processo está documentado e quem está a garantir que a aprendizagem adequada tem lugar?

- Quaisquer que fossem as intenções, poderia ter havido uma transferência de aprendizagem dada a cronologia dos vários programas de regeneração e a constante mudança do quadro político e de outros factores contextuais?

- Apesar das deficiências políticas ou processuais existentes, os indivíduos sentiram que eles ou outros conseguiram aprender ou transmitir lições a outros?

Nesta investigação de doutoramento, tentei descobrir as respostas a estas questões para que a hipótese pudesse ser testada. Isto implicou compreender e co-relacionar a teoria em termos de como as pessoas e as organizações aprendem (no Capítulo Três); os modos como as mudanças nas formas e no estilo de governação alteraram o contexto da aprendizagem (no Capítulo Quatro); e como a prática da avaliação evoluiu (no Capítulo Cinco). Estas considerações teóricas são depois sintetizadas com o estudo dos documentos oficiais e os estudos de caso (no Capítulo Oito).

Capítulo 2 - Metodologia de investigação e definições.

2.1 Introdução ao capítulo.

Este capítulo começa por apresentar os métodos de investigação utilizados, com a justificação das principais escolhas feitas e algumas ilustrações dos problemas teóricos e conceptuais abordados na conceção deste estudo.

A metodologia é apresentada no Quadro 1 e depois descrita de forma resumida no Quadro 2. Foi desenvolvida após uma pesquisa bibliográfica e um período de investigação preliminar com entrevistas-piloto. O objetivo era garantir que a investigação fosse viável, com uma contribuição original substancial para o conhecimento, que cumprisse os regulamentos do doutoramento e fosse também de interesse para académicos e profissionais. A metodologia baseia-se num padrão de pesquisa bibliográfica intensiva que conduziu à seleção de catorze programas para um estudo mais pormenorizado. Foram desenvolvidas ferramentas para analisar esta amostra e retirar conclusões e outras questões para a fase seguinte, que se baseou em quatro estudos de caso. Este capítulo descreve em seguida a forma como a investigação original foi desenvolvida através de estudos de caso. Isto incluiu a entrevista de profissionais contemporâneos dos programas de estudo de caso e a obtenção de perspectivas múltiplas sobre cada programa, que são utilizadas para testar e desafiar as provas escritas. Por fim, a metodologia de investigação incluiu a síntese de todos os dados recolhidos, juntamente com a teoria e a documentação oficial, para tirar conclusões.

Quadro 1: Metodologia de investigação

The research hypothesis: "That there is no evidence that learning takes place between regeneration programmes".

↓

Testing the hypothesis: selection and development of research techniques. Theory - Evaluation document analysis against criteria - Case studies - Synthesis and conclusions.

↓

Theory.

Definitions– Evolution – Context– Insight – Contestation – Learning.

Develop criteria for document analysis.

↓

Evaluation document analysis.

Search for published evaluations.

Assess against criteria - Draw conclusions about trends.

Identify questions unanswered.

↓

Case studies 4 programmes - 15 stakeholders - In-depth interviews.

↓

Synthesis and conclusions.

Draw together theory, document analysis, and case studies.

Test against the hypothesis.

Quadro 2: Resumo da metodologia de investigação

Fase piloto - Como parte do processo de definição da questão de investigação, foi efectuada uma revisão da literatura e entrevistas piloto para estabelecer o âmbito necessário e prático da investigação e a disponibilidade de fontes e entrevistados. **Primeira fase - Definição dos termos (Capítulo III).** Foram exploradas as várias definições dos termos "regeneração", "avaliação" e "transferência de aprendizagem". **Segunda fase - Análise do contexto governamental em mudança e da natureza em constante evolução dos programas de reabilitação (Capítulo Quatro).** A investigação explora a forma como as mudanças de governos, ideologias políticas e modos de governação afectaram tanto o contexto como a natureza da avaliação. **Terceira fase - Compreender as origens da avaliação na regeneração e os seus diferentes objectivos (capítulo 5).** A história da avaliação como ferramenta, as suas origens e os diferentes usos que lhe foram dados ao longo do tempo. O aparecimento e o desenvolvimento da teoria e das técnicas de avaliação e a compreensão do leque de filosofias, finalidades e objectivos da avaliação. **Quarta fase - Uma análise da avaliação na prática (Capítulo VI).** Uma análise aprofundada dos métodos de avaliação aplicados a um conjunto de programas de regeneração; esta fase baseou-se numa série de questões prioritárias resultantes das fases um e dois, por exemplo: quais são os principais componentes e caraterísticas? A quem é que são responsáveis? Que medidas de desempenho são utilizadas? **Quinta fase - Estudos de caso baseados em entrevistas com as partes interessadas (Capítulo Sete).** Esta fase consistiu em testar a análise documental com as partes interessadas. Foram efectuados estudos de caso com base em entrevistas às partes interessadas de cada um dos quatro programas. **Sexta fase - Síntese, análise e conclusões** Tendo em conta os contributos da teoria, o debate contemporâneo, as entrevistas e a análise, a investigação permitiu chegar a conclusões úteis para a prática e a áreas de investigação futura, bem como a considerações teóricas sobre o papel e o impacto da avaliação na regeneração.

2.2 Fase piloto.

A fim de formular uma questão de investigação viável e de desenvolver uma metodologia sólida, foi efectuada uma fase piloto. Esta fase incluiu uma pesquisa preliminar de documentos, uma avaliação dos principais temas que surgiram nos meios de comunicação social e duas entrevistas experimentais. As entrevistas-piloto ajudaram a conceber as perguntas para as entrevistas com as partes interessadas e também ajudaram a validar a escolha de uma abordagem de entrevista semi-estruturada.

2.3 Primeira fase da investigação: compreender as origens da avaliação.

Para compreender e comentar o papel da avaliação, é necessário não só tentar definir o que se entende por "avaliação", mas também estar ciente da forma como a avaliação, enquanto arte, ciência ou prática, emergiu neste domínio das políticas públicas.

Por conseguinte, o capítulo 5 analisa as primeiras utilizações registadas ou formalizadas do termo avaliação e considera se a forma como a prática da avaliação surgiu afectou a forma como foi vista ou utilizada pelos profissionais e outras partes interessadas. É possível que a utilização de instrumentos de avaliação num domínio da política social tenha sido adequada e útil, mas quando transferida para outro domínio pode ser inadequada ou inútil. A natureza das intervenções de reabilitação (a curto prazo, geralmente baseadas numa área e frequentemente em desafios) torna-as diferentes de muitos outros programas públicos. É importante ter este facto em conta ao compreender como, quando e porquê foram realizadas as avaliações e se estas contribuíram para a transferência da aprendizagem.

As actividades de investigação incluíram a leitura da história da avaliação como um conjunto de ferramentas e práticas, as suas origens e as diferentes utilizações que lhe foram dadas ao longo do tempo. Incluiu também a investigação do desenvolvimento de programas de regeneração e, por conseguinte, do contexto em que a avaliação foi aplicada. Esta investigação baseou-se numa pesquisa bibliográfica que remonta aos anos 20 do século passado para encontrar as primeiras referências à avaliação (na literatura dos

Estados Unidos). Para garantir que esta investigação foi metódica, foram realizadas pesquisas em sítios Web de instituições académicas e profissionais que são líderes na matéria (incluindo, por exemplo, o Aspen Institute, a Joseph Rowntree Research Foundation, a Charities Evaluation Services e a Universidade de Glasgow). Além disso, foram examinados os principais textos enciclopédicos sobre métodos de investigação (incluindo a avaliação), que são referidos a seguir.

Houve muitas tentativas na literatura para criar tipologias de avaliação e actividades e teorias de avaliação de grupo. Estas vão desde a tipologia de Aaronovitch (Townley e Wilks-Heeg 1999: 27-41), que é bastante específica nas suas definições, até conjuntos mais alargados de conceitos, como as "quatro gerações de avaliação" (Guba e Lincoln 1989: 124), que são discutidos mais adiante no Capítulo Cinco.

2.4 Segunda fase da investigação: Compreender as utilizações da avaliação na regeneração, os seus diferentes objectivos e a forma como a aprendizagem pode ter lugar.

Na fase de investigação-piloto, que foi realizada para testar a questão de investigação proposta, rapidamente se tornou claro que, qualquer que seja a definição de regeneração, se trata de uma ferramenta ou de um processo que foi aplicado de muitas formas diferentes para muitos objectivos diferentes. A pergunta de investigação procura responder a um dos resultados possíveis da avaliação, ou seja, a transferência da aprendizagem, mas surgiram muitos outros resultados possíveis, que são apresentados mais adiante neste capítulo e discutidos no Capítulo Cinco.

A importância disto é que, ao julgar os esforços de avaliação, os motivos e objectivos têm de ser, pelo menos, reconhecidos como sendo mais amplos do que o tópico de investigação. Se, por exemplo, uma avaliação for realizada simplesmente porque era um requisito de financiamento e o programa tiver sido encerrado e todos os actores envolvidos tiverem seguido em frente, é provável que se dê menos ênfase à criação de uma transferência de aprendizagem do que se um programa tiver a sua própria avaliação local independente e contínua ao longo da sua vida, como, por exemplo, com os programas Children's Fund e Sure Start.

Para compreender a variedade e a complexidade da avaliação na prática dos programas ingleses de reabilitação urbana, foi efectuada uma pesquisa bibliográfica que incluiu o estudo das suposições, afirmações e conclusões dos teóricos e dos objectivos declarados da avaliação na documentação oficial. Estas provas foram contestadas e ilustradas pelas questões colocadas nas entrevistas aos intervenientes. O resultado é uma compreensão da complexidade da ecologia da avaliação e um aviso de que quaisquer conclusões tiradas serão condicionais.

A questão de como as pessoas e as organizações aprendem é também crucial para testar a hipótese. Depois de consultar o Centro de Iniciativas Educativas da Universidade de Westminster para obter orientação sobre a literatura relevante, este estudo aplicou uma compreensão das teorias básicas da aprendizagem e, em particular, da forma como a aprendizagem ocorre de muitas maneiras. Foi desenvolvida uma abordagem que definiu critérios para detetar a transferência de aprendizagem, o que também ajudou a desenvolver as perguntas para as entrevistas de estudo de caso e na análise do conteúdo dos resultados das entrevistas.

Os estudos de avaliação foram utilizados como um indicador do processo de aprendizagem, uma vez que são a única fonte oficial acessível que está consistentemente disponível para todo o período de estudo. No entanto, o estudo procurou obter mais provas e, sempre que possível, a confirmação de que a aprendizagem teve efetivamente lugar e, além disso, de que a aprendizagem foi transferida entre programas.

2.5 Terceira fase da investigação: Uma tipologia das avaliações.

Embora este estudo tenha demonstrado que existem muitas utilizações diferentes para as quais a avaliação é aplicada, existem igualmente muitos tipos de actividades de avaliação e, na verdade, há atualmente um enorme crescimento na gama de abordagens ou estilos. Um desafio de investigação foi considerar em que medida o tipo de avaliação efectuada afecta o resultado da transferência da aprendizagem.

Na conceção da metodologia de investigação, foi considerada uma série de abordagens possíveis. Teria sido possível, por exemplo, adotar uma abordagem purista e afirmar que, se tivessem sido utilizados métodos de avaliação inadequados, a transferência da aprendizagem não seria possível porque não se teriam aprendido lições fiáveis. Ao considerar esta abordagem, depara-se com a dificuldade de a adequação ou não dos métodos ser, ela própria, uma questão de debate que não pode ser resolvida numa tese de doutoramento. A metodologia de investigação, por conseguinte, adoptou a abordagem de documentar os vários tipos de avaliação e os seus atributos, tal como são entendidos pelos teóricos e pelo investigador. Os pontos fortes e fracos da sua técnica ou abordagem são depois tidos em conta nas entrevistas aos intervenientes e nas fases de análise e síntese desta investigação para ajudar a tirar conclusões.

A secção da tipologia (capítulo cinco) é uma revisão das tipologias e da sua análise e uma listagem dos tipos de avaliação. Inicialmente, pretendia-se tentar agrupar os tipos em categorias gerais e, recorrendo à crítica e à teoria, definir a sua aplicabilidade a diferentes conjuntos de circunstâncias. No entanto, existem demasiados tipos diferentes e nem sempre são comparáveis, porque a avaliação abrange um vasto leque de políticas públicas. Por conseguinte, o capítulo documenta a variedade e identifica uma tipologia a utilizar no âmbito da apreciação das avaliações documentadas no capítulo sete.

2.6 Quarta fase da investigação: Uma análise da avaliação na prática.

No centro da metodologia de investigação está a interface entre os processos e práticas de avaliação e os profissionais humanos que assimilariam as lições aprendidas e potencialmente as traduziriam na prática. Existem, portanto, duas áreas-chave de estudo: As avaliações dos programas e as reacções humanas e organizacionais às mesmas.

Houve numerosas iniciativas de regeneração na Grã-Bretanha do pós-guerra e no estrangeiro, abrangendo um vasto leque de tópicos e variando de grandes programas de dez anos a pequenos fundos de desafio e em toda a gama de tópicos, desde a renovação de património até aos festivais de jardins. Para realizar estudos úteis no âmbito de um doutoramento, era muito importante identificar claramente o conjunto de programas que seria necessário estudar para obter respostas defensáveis em termos de representatividade dos programas, disponibilidade de dados e carga de trabalho gerível. Antes de reduzir o número de programas a investigar em pormenor, foi necessário analisar mais amplamente o panorama dos programas de reabilitação em geral para ver o que se podia aprender com a prática documentada. Este capítulo explica por que razão se decidiu o seguinte âmbito da investigação: Os programas deveriam ser programas de reabilitação; os programas deveriam ser iniciativas baseadas na área; e os programas deveriam ter avaliações documentadas disponíveis.

"Regeneração" é um termo vago utilizado por muitas pessoas para descrever muitas coisas, desde a regeneração moral à regeneração física (como discutido no Capítulo Três). De facto, Tricart (Alterman 1991: 189) é citado abaixo como considerando "avaliação" como sendo um "termo adequadamente impreciso" e o mesmo poderia ser dito sobre "regeneração". Apesar das dificuldades, uma primeira tarefa importante foi definir o termo que estava a ser utilizado neste estudo, o que é feito no Capítulo Três. Após uma análise da teoria e da documentação governamental, as iniciativas baseadas na área foram selecionadas como um dos critérios de seleção dos programas para estudo. A seleção de iniciativas baseadas na área foi uma forma de estabelecer uma distinção entre as iniciativas de regeneração e os serviços tradicionais. Os programas gerais foram pouco avaliados publicamente (pelo menos no início deste estudo), ao passo que as iniciativas territoriais foram avaliadas de forma consistente, em maior ou menor grau. A seleção de iniciativas baseadas na área como parte da definição de "regeneração" para este estudo acabou por ser fortuita, uma vez que a eficácia da abordagem baseada na área tem sido objeto de um escrutínio crescente à medida que este estudo se foi desenvolvendo (Tyler 2002a).

Foi também necessário estabelecer uma limitação territorial para o estudo, uma vez que diferentes jurisdições, mesmo no Reino Unido, chegaram a diferentes abordagens e terminologias com conjuntos paralelos de orientações e formas de prática. Tentar tirar lições de outras jurisdições do Reino Unido e de territórios estrangeiros teria criado uma tarefa de investigação que não era exequível dentro das regras e prazos de um doutoramento. Também poderia ter obscurecido a resposta à pergunta de investigação, uma vez que a medida em que a transferência de aprendizagem ocorreu pode ser diferente em diferentes territórios. Por conseguinte, os parâmetros de investigação foram definidos de modo a incluir apenas a Inglaterra na investigação primária, mas não a excluir outras experiências, conforme adequado à questão situada no contexto inglês.

A metodologia utilizada para esta tarefa consistiu em examinar os métodos de avaliação aplicados a um grande conjunto de dezanove programas de regeneração com base em programas identificados em dois textos-chave: Robson *et al* (DOE 1994a) e a Social Exclusion Unit (1998b). A inclusão destes programas foi considerada essencial, pelo menos a um nível sumário, para que a investigação pudesse ser completa. Destes programas, foi efectuada uma revisão da literatura para determinar quais deles tinham avaliações publicadas, uma vez que a fase seguinte da investigação exigia a existência de provas documentais passíveis de análise. Da longa lista de programas que foram inicialmente destacados, catorze foram escolhidos para um estudo mais pormenorizado. Os catorze escolhidos têm todos avaliações documentadas e abrangem a maior parte dos últimos trinta anos. Forneceram o conjunto de dados de base para a primeira fase da análise, incluindo a aplicação de um quadro de avaliação que foi desenvolvido no âmbito deste estudo. O Quadro 3 apresenta as razões para estas escolhas:

Quadro 3: Avaliações examinadas como temas potenciais.

Legenda: *As entradas a sombreado indicam os programas selecionados para o quadro de avaliação. As entradas a sombreado escuro indicam os quatro programas utilizados como estudos de caso. No caso do Neighbourhood Renewal Fund, este foi utilizado como estudo de caso, mas não foi avaliado porque os documentos ainda não tinham sido publicados.*

Programa	Fontes	Ação/Comentários
Desafio da cidade.	Estão disponíveis avaliações nacionais finais e intercalares.	Selecionado como estudo de caso.
Subvenção da cidade.	Avaliação do programa publicada disponível.	Selecionado para análise documental.
Jazida de carvão Regeneração	Avaliação no âmbito do programa disponível.	Selecionado para análise documental.
Programas de desenvolvimento comunitário.	Está disponível uma série de relatórios do Ministério do Interior sobre os programas e os temas da área.	Estes estudos foram examinados, mas foram excluídos devido à sua natureza de investigação sobre as condições sociais das zonas e não de avaliação das intervenções da política urbana.
Programa transversal.	Os relatórios do National Audit Office, do Tesouro e dos Comités de Seleção da Câmara dos Comuns e da Câmara dos Lordes, bem como da Task Force Urban, fornecem materiais de investigação adicionais.	Informações adicionais úteis disponíveis no The Stationery Office, na Internet e na Biblioteca da Câmara dos Comuns. Estes foram utilizados em grande medida neste estudo.
Parcerias inglesas.	Avaliação do National Audit Office e relatório ao House of Commons Select Committee.	Não foram incluídos porque estes estudos se centravam mais na eficácia organizacional do que na eficácia dos próprios programas.
Zonas empresariais.	Avaliação do programa publicada disponível.	Selecionado para análise documental.
Festivais de	Avaliação do Programa de	Selecionado para análise

jardim.	Investigação sobre as Cidades Interiores do DOE.	documental.
Housing Action Trusts.	Avaliação DETR disponível.	Selecionado para análise documental.
Zonas de melhoria industrial e comercial.	Avaliação do programa publicada disponível Programa de Investigação sobre as Cidades do Interior.	Selecionado para análise documental.
Grupo de Trabalho para o Interior da Cidade.	Relatórios completos de um estudo da PA Cambridge Economic Consultants.	Selecionado para análise documental.
Fundo de Renovação de Bairros.	Avaliações e quadros de avaliação publicados.	Selecionado como estudo de caso.
Novo Compromisso de Regeneração.	Está disponível uma avaliação no âmbito do programa.	Selecionado para análise documental.
New Deal para as Comunidades.	Estão disponíveis avaliações intercalares.	Selecionado como estudo de caso.
Cidades mais seguras.	As avaliações das fases 1 e 2 estão concluídas. Estão igualmente disponíveis avaliações temáticas, por exemplo, o efeito sobre os assaltos a residências. Internet, em especial o sítio Web do Ministério do Interior: (www.homeoffice.gov.uk).	Estas iniciativas foram analisadas, uma vez que são iniciativas baseadas na área e a criminalidade/segurança é uma prioridade para as áreas de regeneração, mas não são programas de regeneração.
Orçamento único para a regeneração.	Foram identificadas uma avaliação final e uma série de avaliações intercalares e temáticas.	Selecionado como estudo de caso.
Urbano Sociedades de Desenvolvimento.	Quatro programas da Urban Development Corporations foram avaliados pelo Centre for Urban Policy Studies e existe uma avaliação completa da London Docklands Development Corporation. Estão disponíveis estudos temáticos e relatórios do National Audit Office.	Selecionado para análise documental.

Subvenção para o desenvolvimento urbano.	A avaliação final e os estudos temáticos (por exemplo, o emprego) estão disponíveis.	Selecionado para análise documental.
Programa Urbano (revisão transversal).	Robson *et al* (DOE 1994a) abordam esta questão de forma exaustiva e fornecem uma vasta gama de referências.	Selecionado para análise documental.
Empresas de reabilitação urbana.	Relatório da Amion Consulting sobre as lições dos projectos-piloto disponíveis na Internet. (www.amion.co.uk).	Esta iniciativa e a sua avaliação surgiram demasiado tarde para esta investigação.

Tendo selecionado os programas para um estudo mais detalhado, era necessário desenvolver um método lógico e replicável de análise e descrição dos seus atributos. A análise documental é discutida por Duffy (in Bell 1999: 116-117), que sugere que existem duas abordagens à análise documental: a primeira é "orientada para a fonte" e a segunda é "orientada para o problema". Ao selecionar uma abordagem de investigação, era importante saber claramente qual a abordagem a adotar, de modo a obter uma metodologia adequada e eficaz. Esta investigação estava alinhada com a abordagem orientada para o problema, na medida em que a pesquisa de fundo generalizada (daquilo a que Duffy se refere como fontes secundárias) tinha indicado que a única forma de responder às questões destacadas pela teoria era avaliar os documentos primários.

A fim de verificar a natureza das avaliações e a probabilidade de a transferência de aprendizagem ter sido efectuada, foram estudadas as avaliações publicadas para cada um dos programas. Nalguns casos, foi também útil recorrer à teoria, por exemplo, quando as avaliações eram limitadas e muito contestadas, como as das Urban Development Corporations (por exemplo, Imrie e Thomas 1999). O relatório da Task Force Urbana (Unidade de Exclusão Social 1999) e o estudo do Departamento do Ambiente sobre o Impacto do Programa Urbano (Robson *et al* 1994) também foram estudados, uma vez que contêm muito sobre o tema.

Os próprios documentos de avaliação, embora fossem principalmente estudos encomendados pelo governo, não obedeciam a qualquer padrão, pelo que foi desenvolvido um quadro de avaliação (ver Apêndice Dois) que podia ser aplicado a todos eles. Verma e Beard (1981: 10) descrevem a necessidade de os investigadores: "identificar e explicar a relação entre os factos". As questões que emergiram da análise da literatura e os ingredientes básicos necessários para esta investigação foram utilizados para conceber o quadro de avaliação.

Foram investigadas as seguintes questões fundamentais:

- O método utilizado e as suas componentes operacionais, a fim de permitir a sua comparação com a tipologia;

- Os objectivos declarados eram ajudar a fundamentar a motivação da avaliação;

- Quem encomendou a avaliação e a quem deve prestar contas? Este elemento foi documentado porque há cada vez mais teoria segundo a qual a avaliação, para ser eficaz, tem de ser encomendada e controlada independentemente dos que financiam os programas. Bryman, por exemplo, considerou que a resistência organizacional à avaliação externa é uma dificuldade real enfrentada pelos investigadores independentes. Bryman também se refere, numa discussão sobre as Corporações de Desenvolvimento Urbano, à "degradação dos exercícios de monitorização e avaliação em reforço", porque foram encomendados e controlados pelo organismo cujo desempenho está a ser avaliado (Bryman 1988: 125);

- As formas de medição e os indicadores de desempenho utilizados. Isto ajuda a ilustrar se estão a ser utilizadas medidas relevantes e replicáveis e também se as medidas utilizadas estão relacionadas com as preocupações daqueles que podem querer aprender com essas avaliações. Hotchkiss *et al* (1999) demonstram que os indicadores têm de ser analisados quanto à sua eficácia no seu contexto;

• O nível e o tipo de envolvimento das partes interessadas, que é documentado porque o nível de envolvimento das partes interessadas é considerado pelo Governo e por muitos comentadores como sendo um pré-requisito para uma avaliação bem sucedida. Por exemplo, Hastings *et al* (1996) sugerem que a participação da comunidade deve estar presente em todas as fases do processo;

• O momento da avaliação (ou seja, no programa, post-hoc, etc.) foi documentado porque um dos desafios à transferência de aprendizagem foi identificado nesta investigação como sendo a sequência entre o início de um programa e a avaliação do anterior;

• Quem efectuou a avaliação? Esta questão foi documentada para verificar se existia algum padrão entre as pessoas que foram contratadas para efetuar a avaliação e a medida em que as lições foram aprendidas e transferidas;

• O grau de integração da avaliação nas operações do programa foi examinado, uma vez que a investigação demonstrou que a tendência recente e atual é a de insistir na avaliação no âmbito do programa, bem como na avaliação post-hoc;

• Disposições relativas ao feedback da avaliação para os financiadores e outras partes interessadas. Estas foram estudadas, uma vez que representam uma oportunidade estruturada de aprendizagem e possíveis sinais que comprovam que a aprendizagem teve lugar na altura;

• Provas de que se aprenderam lições com avaliações anteriores. O objetivo era documentar as provas escritas de que houve aprendizagem, a fim de fornecer a plataforma de conhecimento a partir da qual a investigação teria então de investigar (com entrevistas e através da introdução de questões de textos) se as lições tinham de facto sido aprendidas e se a mudança tinha resultado delas.

O resultado é a matriz que mostra a tipologia das avaliações analisadas quanto às suas principais caraterísticas e utilizações. O quadro 4 ilustra este facto:

Quadro 4: Objectivos declarados dos exercícios de avaliação

Ao examinar tanto a documentação como a teoria, é possível tirar conclusões da prática sobre se a transferência da aprendizagem teve lugar. No entanto, a investigação-piloto revelou que existe pouca documentação sobre o que, de facto, aconteceu. Por conseguinte, foi necessária uma fase de investigação das partes interessadas que obteve as recordações das pessoas envolvidas na altura para determinar cinco aspectos:

- Foram identificados ensinamentos durante e após o programa?
- Que provas existem de que estão a ser retiradas lições?
- O processo está documentado e quem está a garantir que a aprendizagem adequada tem lugar?
- Quaisquer que fossem as intenções, poderia ter havido uma transferência de aprendizagem, dada a cronologia dos vários programas de regeneração e a constante mudança do quadro político e de outros factores contextuais?
- Apesar das deficiências políticas ou processuais existentes, os indivíduos sentiram que eles ou outros conseguiram aprender ou transmitir lições a outros?

O método utilizado consistiu em selecionar uma amostra dos programas estudados na quarta fase e desenvolvê-la através de entrevistas com as partes interessadas, a fim de determinar o grau de transferência da aprendizagem através de perguntas às pessoas envolvidas. A amostra selecionada baseou-se nos seguintes critérios O programa era significativamente importante e generalizado em termos da sua aplicação para ser representativo ou, pelo menos, um bom indicador das condições que poderiam existir num sentido geral; o programa era suficientemente não especializado para que a sua aprendizagem fosse significativa em termos de programas de reabilitação como um todo; existia um número suficiente de partes interessadas dispostas e capazes, desde a altura em que o programa foi estudado, e disponíveis para serem entrevistadas (para verificar isto, foram feitas entrevistas-piloto e contactos iniciais com potenciais entrevistados). A análise de conteúdo é aplicada aos resultados das entrevistas.

As conclusões relativas à questão geral de investigação e a cada estudo de caso foram assim compiladas e apresentadas no capítulo 7 com base em

- As informações recolhidas nas fases um, dois e três.
- Relatórios de avaliação concluídos, analisados na quarta fase.
- Revisões críticas destes relatórios.
- Entrevistas com as partes interessadas, com contributos de funcionários governamentais, funcionários municipais, gestores de programas, responsáveis por projectos e representantes da comunidade.

Estes estudos de caso foram concebidos para fornecer uma base para tirar mais conclusões sobre a questão de investigação. Tinham também o potencial de destacar áreas em que mais investigação pode ser útil para permitir tirar mais conclusões sobre o desenvolvimento, a aplicação e o funcionamento da avaliação nos programas de regeneração durante o período de estudo.

2.7 As principais fontes de investigação.

Na fase-piloto, foi efectuada uma auditoria para determinar se existiriam fontes documentais autorizadas suficientes para a investigação proposta. Seguiu-se um "modelo de pesquisa bibliográfica", tal como descrito por Baker (1999: 67), tendo sido identificadas como principais subtemas a "avaliação", a "regeneração urbana" e a "transferência de aprendizagem". A área-alvo para a pesquisa bibliográfica foi definida como o ponto de sobreposição entre estes subtemas. No entanto, também foi necessário seguir os subtópicos nas suas disciplinas distintas para alguns aspectos desta investigação, por exemplo, a evolução da avaliação. O Quadro 5 ilustra o modelo de pesquisa bibliográfica:

Tabela 5: Modelo de pesquisa bibliográfica.

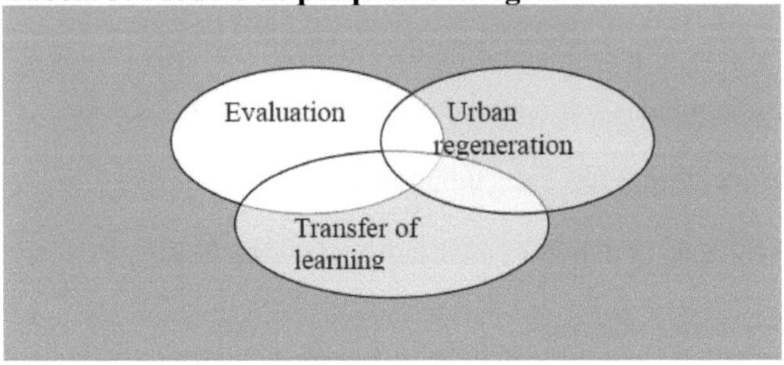

Fonte: Baker (1999: 67).

Um elemento-chave da pesquisa bibliográfica foi a existência e acessibilidade dos principais relatórios de avaliação dos programas de reabilitação urbana. O Quadro 3 (acima) resume os resultados, que confirmaram a existência das fontes e a possibilidade de acesso fácil à maioria dos principais programas de reabilitação.

2.8 Conclusões sobre a metodologia.

O desenvolvimento de uma metodologia adequada constituiu um grande desafio devido à vasta gama dos três tópicos "avaliação", "regeneração urbana" e "transferência de aprendizagem". No entanto, foi construída uma metodologia baseada numa abordagem que triangula a teoria, a documentação oficial e as entrevistas às partes interessadas. O próximo capítulo desenvolve esta abordagem explorando as definições-chave em mais pormenor.

Capítulo 3 - Definições de conceitos-chave.

3.1 Introdução.

Este capítulo documenta e explora o leque de definições da teoria para três dos termos mais fundamentais utilizados neste estudo: "avaliação"; "transferência de aprendizagem" e "regeneração". Para o efeito, foi realizada uma extensa revisão da literatura.

"Avaliação" é um termo-chave nesta investigação porque os relatórios de avaliação foram encomendados de forma consistente ao longo do período de estudo e representam um meio aparentemente fundamental de aprendizagem. Verificou-se que o termo é amplamente utilizado, sobrepondo-se frequentemente a outros termos, como "apreciação". Não foi possível chegar a uma definição única porque a arte ou ciência da avaliação em si tem estado em constante evolução e tem muitas definições de muitos autores com pontos de vista diferentes.

A aprendizagem tem sido um domínio que exige muita reflexão e explicação. A hipótese de investigação não restringe a "transferência de aprendizagem" àquela que resulta de qualquer "avaliação" formal e, por exemplo, na investigação de estudo de caso relatada no Capítulo 7, os entrevistados reforçaram o ponto de vista de que a avaliação é apenas um elemento que contribui para a "transferência de aprendizagem".

Da mesma forma, "regeneração" não é um termo com um significado fixo e este capítulo apresenta algumas das várias definições. Este capítulo também tenta definir a forma como a "transferência de aprendizagem" pode ser reconhecida e avaliada e baseia-se no trabalho de Winch (2001: 183) para reconhecer que, embora não exista uma grande teoria única, há temas-chave que informam a compreensão de como a aprendizagem ocorre na prática. Devido a esta complexidade e à grande variedade de intervenientes entrevistados, foi utilizada a lista de verificação de Patton (1997) para ajudar a enquadrar as questões para as quais se procuram respostas nos documentos e nas entrevistas.

3.2 Definições de avaliação.

A fim de compreender melhor o que está a ser investigado, foram recolhidas as seguintes definições de avaliação para ilustrar o espetro de pontos de vista sobre a avaliação. Verifica-se que existe uma vasta gama de significados e utilizações do termo. Estas definições são analisadas no presente capítulo e, nos capítulos seguintes, são retiradas algumas das consequências para a investigação.

O primeiro conjunto de definições considera a avaliação como sinónimo de teste, apreciação ou apreciação. Estas definições provêm do domínio do urbanismo "racional" e, por conseguinte, não é surpreendente que considerem a avaliação como um instrumento técnico. Chadwick (1978: 260-279), no seu trabalho seminal sobre o planeamento, considera que a avaliação tem um papel fundamental numa abordagem "cíclica" de todos os testes de um sistema de planeamento "racional", incluindo: viabilidade; eficácia; nível de desempenho; recursos; conservação; incidência e incerteza. Chadwick tinha uma visão sistémica do planeamento e é lógico que considerasse a avaliação como envolvendo ferramentas ou testes sistemáticos. Lichfield (1996: 177) tem uma visão mais limitada da avaliação e afirma que prefere utilizar o termo avaliação "e os seus sinónimos, 'appraisal' e 'assessment' para apenas um dos testes do sistema de planeamento, nomeadamente o utilizado para comparar os inputs e outputs de um plano ou opções de projeto". Ele observa que, na linguagem atual da regeneração, "appraisal" desenvolveu um significado especial de "tentar avaliar antecipadamente se um projeto ou programa funcionará" (isto é definido por Lichfield como ex-ante, ou seja, antes da escolha).

Lichfield (1996: 177) também afirma que "existe também uma avaliação ex-post testing, denominada 'revisão do programa'". Esta é a situação em que uma avaliação é encomendada quando o programa termina, por exemplo: a avaliação do programa Garden Festivals (DOE 1990b). Neste caso, a avaliação post-hoc pode ter sido adequada, uma vez que os Festivais de Jardins foram uma série de eventos pontuais. É provável que seja menos apropriada (como se mostra no Capítulo 6) quando as avaliações são efectuadas demasiado tarde para influenciar os programas em curso e até para recolher os dados necessários.

Lichfield (1996: 177) também adverte que: Lichfield (1996: 177) também adverte que: "embora a avaliação seja um processo técnico, está impregnada de juízos de valor, tanto do analista como dos decisores". Ele enumera possíveis áreas de juízos de valor: o nível e a natureza da intervenção que está a ser considerada; as opções incluídas; com que elementos da comunidade e partes interessadas estão envolvidos; os juízos feitos sobre classificações; critérios de equidade. Suchman (1967: 29) define a avaliação como sendo intercambiável com apreciação, apreciação ou julgamento e refere-se a ela como "o processo geral de julgar o valor de alguma atividade, independentemente do método utilizado". Além disso (Suchman 1967: 7) define a investigação avaliativa como "a aplicação de métodos e técnicas de investigação científica com o objetivo de fazer uma avaliação".

Shaw retrata o carácter científico e robusto da avaliação de forma ainda mais forte: "A utilização do método científico e a recolha rigorosa e sistemática de dados de investigação para avaliar a eficácia das organizações, dos serviços e dos programas ... para atingir objectivos predefinidos" (Shaw 1980: 1256-8).

As definições acima referidas tendem para o racional e mecanicista, com uma referência explícita limitada às partes interessadas e aos juízos qualitativos. Permitem que a avaliação seja efectuada como uma apreciação ex-ante (para prever se uma intervenção é suscetível de ser bem sucedida) ou como uma análise post-hoc.

No entanto, o controlo post-hoc não tem de ser efectuado após o fim do programa; o trabalho de revisão post-hoc pode ser realizado em diferentes fases concluídas. A título de exemplo, verificou-se que todos os principais programas recentes, por exemplo, City Challenge, Single Regeneration Budget e New Deal for Communities, tinham avaliações intercalares. Os programas de regeneração prestam-se a revisões de fases porque, normalmente, têm programas anuais de execução e períodos de revisão.

O Tesouro apoia o ponto de vista de que a avaliação é post-hoc e compara-a à avaliação económica:

A avaliação examina os resultados de uma política, de um programa ou de um projeto em relação ao que se esperava e destina-se a garantir que os ensinamentos retirados sejam integrados no processo de tomada de decisões. Desta forma, garante-se que a ação governamental é continuamente aperfeiçoada para refletir a melhor forma de atingir os objectivos e promover o interesse público. A avaliação inclui uma análise sólida, conduzida da mesma forma que uma avaliação económica e à qual se aplicam procedimentos quase idênticos. Centra-se na realização de uma análise custo-benefício, tendo em conta o que efetivamente aconteceu e não o que se prevê que venha a acontecer (HM Treasury 2003: 45).

Roberts e Sykes apoiam a avaliação como uma atividade post-hoc e dão a seguinte definição:

O processo de verificação (após a implementação) para ver até que ponto os objectivos foram alcançados, que recursos foram utilizados e que resultados foram produzidos; também é útil para identificar boas e más práticas e para isolar as lições que podem ser aprendidas para o futuro (também chamado avaliação ex-post ou revisão ex-post)

(Roberts e Sykes 2000: 226).

Este estudo concluiu que esta abordagem era predominante nos programas anteriores. Mais recentemente, a avaliação no âmbito do programa foi exigida pelos financiadores, tal como se refere nas conclusões do capítulo 6 infra.

Tricart sugere uma potencial dificuldade na definição de avaliação. A sua teoria é que a avaliação é utilizada na política urbana moderna precisamente porque é um termo vago que pode significar coisas diferentes para diferentes actores.

sugere Tricart:

A razão pela qual a palavra "avaliação" é tão utilizada ao ponto de se ter tornado a palavra-chave da política social nos anos 80 é o facto de o seu significado permanecer impreciso e poder abranger toda uma gama de significados diversos que correspondem às muitas expectativas e preocupações das políticas sociais (Alterman 1991: 189).

Uma distinção que ficou bem clara é que a avaliação é mais do que um simples registo do que aconteceu, deve ter um valor ou uma crítica associada. Isto é explicado pela Unidade de Renovação de Bairros no seu sítio Web:

A avaliação é vital para avaliar e melhorar o impacto da sua estratégia. Difere do controlo na medida em que analisa de forma crítica o que foi alcançado como resultado do CND e também as razões pelas quais as coisas correram bem ou mal. Deve ser parte integrante da gestão do programa e do projeto (NRU: 2006b)

Por conseguinte, a avaliação exige que tenha sido efectuado um acompanhamento eficaz, mas depois acrescenta os elementos de análise, valor e crítica. Isto é explicado por Sharp, que afirma que:

A monitorização e a avaliação andam de mãos dadas. A monitorização é a recolha rotineira e contínua de informações sobre as suas actividades, serviços ou utilizadores. A avaliação é a recolha mais intencional e aprofundada de informações para responder a perguntas sobre as diferenças que as nossas actividades estão a fazer. A avaliação não se limita a perguntar 'isto funcionou', mas consiste em desenvolver um juízo mais matizado sobre o que está a funcionar bem ou menos bem, e para quem (Sharp 2004: 14).

Este elemento de apreciação parece ser um fator distintivo fundamental. Os Charities Evaluation Services (2002: 1), por exemplo, sugerem que: "embora a monitorização e a avaliação trabalhem lado a lado, é necessário fazer a distinção entre elas". Descrevem ainda que a avaliação consiste em fazer juízos de valor em função de critérios específicos. Por conseguinte, não pode ser considerada simplesmente um processo de auditoria. Bowling introduz o conceito de que a avaliação analisa a causalidade: "A avaliação é mais do que uma auditoria porque visa registar não só as mudanças que ocorrem, mas também o que levou a essas mudanças... pode ser dividida em dois tipos: formativa e sumativa" (Bowling 2002: 9). Isto foi cristalizado na avaliação da "Teoria da Mudança", que é discutida no Capítulo Cinco.

Os programas de regeneração são frequentemente regimes nacionais com programas locais baseados em áreas. Estes programas são normalmente executados através de projectos limitados no tempo. Por conseguinte, a avaliação pode ser efectuada a vários níveis. A Unidade de Renovação de Bairros sugere uma distinção entre a avaliação de projectos e a avaliação de programas e sugere que a avaliação é uma atividade post-hoc para os projectos:

A avaliação do projeto ocorre após a conclusão de um projeto e analisa especificamente o impacto desse projeto individual. As avaliações críticas do programa como um todo e da contribuição dos projectos individuais devem ser realizadas no final do ano 3, do ano 6 e no final do programa (DETR 2000b: 13).

Rossi reconhece a variedade de aplicações para a avaliação e tem uma abordagem mais geral que inclui a avaliação post-hoc, no programa e ex-ante, com a implicação clara de que se procura melhorar e de que uma vasta gama de contributos é relevante. A sua definição é a seguinte:

A utilização dos conhecimentos das ciências sociais, das estratégias de investigação e dos métodos de investigação para fornecer informações empíricas sólidas que contribuam para a conceção, a melhoria e a avaliação de acções comunitárias específicas. Baseia-se em todos os domínios básicos das ciências sociais e nos domínios aplicados conexos (Rossi 1999: 521-567).

Patton também considera a avaliação (de programas) como um instrumento que, se utilizado pelas pessoas certas, deve informar a tomada de decisões e melhorar os resultados:

A avaliação do programa é a recolha sistemática de informações sobre as actividades, as caraterísticas e os resultados dos programas para serem utilizadas por pessoas específicas, a fim de reduzir as incertezas, melhorar a eficácia e tomar decisões sobre o que essas pessoas estão a fazer e a afetar (Patton 1986: 14).

Um texto fundamental é o Evaluation Thesaurus que identifica quatro possíveis sentidos diferentes do termo avaliação: "O sentido-chave refere-se ao processo de determinar o mérito, o valor ou a valia de algo" (Scriven 1991: 138-143). Em seguida, enumera os termos utilizados para se referir a este processo (ou parte dele) como:

Apreciar, analisar, avaliar, criticar, examinar, classificar, inspecionar, julgar, classificar, rever, estudar, testar. Normalmente, envolve a identificação de padrões relativos de mérito, valor ou valia, a investigação do desempenho dos avaliandos em relação a esses padrões e a integração ou síntese dos resultados para se chegar a uma avaliação global... (Scriven 1991: 138-143).

Scriven contrasta a avaliação com a medição, uma vez que a medição é "puramente descritiva" e "unidimensional", enquanto a avaliação envolve o processo de integração e é, por vezes, julgadora. A avaliação adquire frequentemente poder devido à sua ligação a uma possível ação por parte dos decisores, mas, de um modo mais geral, devido à sua potencial ameaça à autoestima". Scriven estabelece também uma outra distinção que é o carácter multidisciplinar da avaliação:

Refere-se ao estudo e aplicação de procedimentos para fazer uma avaliação objetiva e sistemática que se distingue da investigação empírica tradicional, da crítica literária, da criminalística ou da reportagem de investigação, em parte pela sua natureza multidisciplinar extraordinária" (Scriven 1991: 138-143).

Scriven também procura desmistificar a ideia de que a avaliação é "por vezes, e infelizmente, utilizada de forma mais restrita para significar apenas o trabalho efectuado por avaliadores profissionais". (Scriven 1991: 138-143). Sugere também uma relação com a análise custo-benefício: "Também utilizado em matemática para significar 'calcular o valor de uma expressão' - por exemplo, de um polinómio, semelhante à análise custo-benefício." (Scriven 1991: 138-143).

A abordagem de Scriven é apoiada pela de Everitt (1996: 73-188), que afirma que "a avaliação tem a ver com a produção de provas da prática e da sua eficácia e, sobretudo, com a formulação de juízos sobre o valor da prática com base nessas provas", e pela de Phillips *et al* (1994), que junta claramente as funções de medição e de julgamento: "A avaliação diz respeito à apreciação do mérito em função de um critério". A abordagem baseada em valores é reforçada por McCollam e White:

"A avaliação consiste em construir explicações para o que acontece e em fazer juízos sobre o valor do que acontece em relação a critérios claramente articulados. Diz respeito ao impacto ou ao efeito de uma atividade, de um evento ou de um trabalho, geralmente em relação a objectivos específicos" (CES 2002: 3).

Roberts e Sykes partilham a opinião de que os juízos de valor são importantes e descrevem os objectivos do acompanhamento e da avaliação como sendo

- Verificar a evolução de um projeto ou programa em relação a objectivos específicos de forma sistemática e transparente;

- Informar o reexame ou a revisão dos objectivos e acções iniciais;

- Chegar a uma avaliação global dos resultados do projeto e do valor acrescentado (ou adicionalidade) que traz (Roberts e Sykes 2000: 6).

Também é importante considerar as motivações subjacentes à avaliação que informam as formas como a avaliação é definida. Há uma opinião de que a avaliação é utilizada simplesmente para justificar um curso de ação, o que pode ser lido na definição de Fink (1993: 12) que afirma que "a avaliação de programas visa fornecer provas convincentes de que um programa é eficaz. Os padrões são os critérios específicos pelos quais a eficácia é medida". No ambiente de financiamento dos programas de reabilitação urbana, é normalmente necessário justificar as despesas para um financiamento contínuo e a avaliação é frequentemente utilizada para o efeito. Implícito em muitas das definições está o facto de a avaliação poder ajudar a escolher entre projectos ou abordagens; isto é explicitado por Ovretveit, que define a avaliação como

Fazer uma avaliação comparativa do valor do avaliado ou da intervenção, utilizando dados sistematicamente recolhidos e analisados, a fim de decidir como agir... Atribuir valor a uma intervenção através da recolha de informações fiáveis e válidas sobre a mesma de uma forma sistemática, e fazendo comparações com o objetivo de tomar decisões mais informadas ou de compreender mecanismos causais ou princípios gerais (Ovretveit 2002: 9).

Por conseguinte, é importante, ao considerar as definições, estar consciente dos diferentes objectivos que podem ser atribuídos à avaliação. Ovretveit tenta distinguir diferentes actividades para diferentes fins no Quadro Seis:

Quadro 6: Objectivos e actividades da avaliação de Ovretveit.

Objetivo da avaliação	**Atividade**
Básico ou investigação pura.	Descobrir conhecimentos válidos e generalizáveis.
Auditoria.	Uma investigação para determinar se uma atividade cumpre normas explícitas.
Controlo.	Supervisão contínua de uma atividade com o objetivo de verificar se os planos e procedimentos estão a ser seguidos.
Revisão.	Uma avaliação única ou regular de uma atividade que pode ou não ser comparada a um plano explícito.
Avaliação.	Apreciação comparativa do valor de uma intervenção em relação a critérios, com o objetivo de fazer melhores juízos sobre a forma de agir.
Investigação-ação.	Uma investigação sistemática que tem como objetivo contribuir para o conhecimento e resolver um problema prático (algumas investigações de ação são um tipo de avaliação).

Fonte: Ovretveit (2002: 14).

Ao considerar os objectivos da avaliação, a questão da aprendizagem aparece em algumas definições. Van Der Eyken considera a avaliação como uma oportunidade para refletir (e aprender?): "... no final, a avaliação é uma forma de ver; de refletir sobre a experiência de campo que é diferente, embora não em conflito com, aqueles que estão principalmente envolvidos" Van Der Eyken (1999: 6).

Torres leva a ideia de reflexão mais longe e introduz o conceito de "justiça", sugerindo que a avaliação pode levar a que se faça o bem: "O objetivo de todo o trabalho de avaliação é promover o discernimento e a apropriação desse discernimento de tal forma que precipite uma ação justa e apropriada" (Torres 1991: 189-198). Finalmente, nesta análise das definições de avaliação, está o princípio de que a avaliação deve ser um processo e não uma atividade pontual e que deve começar e continuar durante a vida dos programas. Isto é descrito num guia do avaliador como:

Um processo de avaliação que identifica e analisa a natureza e o impacto dos processos e programas ... a avaliação é mais profunda e mais analítica do que a monitorização, centra-se nos resultados e impactos, bem como na descrição das actividades, e é de longo prazo - idealmente começa quando o projeto ou programa começa e continua durante a vida do projeto (e depois) (Inter-Act 2001: 1).

A Inter-Act também valoriza muito a abordagem baseada nas partes interessadas, tanto na forma como os projectos são desenvolvidos e geridos como na forma como são avaliados. Sugerem igualmente indicadores para avaliar o êxito das abordagens participativas.

3.3 Debate sobre as definições de avaliação.

A análise acima serve para ilustrar que "avaliação" não é um termo preciso e que a atividade de avaliação não tem uma definição fácil ou amplamente aceite. O capítulo cinco desta tese explora em profundidade as razões pelas quais a avaliação surgiu como um conceito tão contestado. No entanto, desta exploração de definições emergem alguns temas comuns que informaram utilmente a investigação. Um destes temas é o facto de a avaliação incluir considerações de "valor". Em particular, as definições de McCollam e White (CES 2002: 3) e Scriven (1991: 138-143), acima referidas, sublinham que se trata de uma atividade mais elevada do que um simples processo de medição ou verificação.

O valor pode ser considerado de duas formas: Em primeiro lugar, há a consideração sugerida por Scriven (1991: 138-143) de que é a medida do valor de algo. Por conseguinte, a questão pode ser colocada - está a ser feito um bem? Isto é completamente distinto das questões que têm sido colocadas mais habitualmente e que se relacionam frequentemente com: "os factores de produção foram produzidos? Ou "os resultados foram alcançados? Existe o perigo de um processo ou atividade poder ser considerado um sucesso, embora possa não estar a fazer nada de bom, ou possa estar a causar danos. Aceitar que o valor é um elemento legítimo da avaliação conduz inevitavelmente à questão de saber quais são os valores de quem? Isto torna a tipologia das avaliações no Capítulo Cinco essencial, porque abre os debates sobre que tipos de avaliação contêm que tipos de valores (ou cujos valores). Para efeitos desta investigação, a afirmação de que a avaliação inclui questões de valores é aceite e informa alguns dos juízos feitos durante a investigação.

Em segundo lugar, há o estudo dos componentes internos que acrescentam valor a um processo. Bowling (2002: 9) defende que um elemento essencial é compreender quais as componentes de um processo que provocam as mudanças desejadas. A recente ênfase na avaliação da teoria da mudança utiliza o princípio de que existe uma cadeia de causalidade e uma necessidade de identificar os elementos de um programa que fazem a diferença.

Outro tema que emerge da análise das definições é a escolha entre abordagens post-hoc, ex-ante e in-programme e o reconhecimento por alguns de que pode ser necessária uma combinação destas. Existe algum consenso entre os comentadores quanto à existência de uma distinção entre "apreciação", que consiste em analisar as propostas antecipadamente com vista a determinar se o projeto é suscetível de ser bem sucedido tal como proposto e, por conseguinte, deve ser financiado, e avaliação "in-programme" e "post-hoc". No entanto, alguns autores designam a apreciação por "avaliação ex-ante". Os principais defensores desta escola de pensamento são os que vêm da visão sistémica do planeamento (por exemplo, Lichfield (1996: 37) e Chadwick (1978: 260), ou seja, acreditam que os projectos, os programas e, na verdade, o mundo funcionam como uma máquina cujo comportamento pode ser previsto e, portanto, controlado por entradas e processos variáveis. Um tipo de avaliação ex-ante que é frequentemente efectuado é a análise custo-benefício.

O HM Treasury (2003: 5) distingue claramente que a avaliação é efectuada com base no conhecimento do que efetivamente ocorreu e não no que se prevê que venha a acontecer:

A avaliação é uma técnica semelhante à apreciação, embora, obviamente, utilize dados históricos (efectivos ou estimados) em vez de dados previsionais, e tenha lugar após o evento. O seu principal objetivo é garantir que as lições sejam amplamente aprendidas, comunicadas e aplicadas na avaliação de novas propostas HM Treasury (2003: 5).

A aceitação desta distinção é necessária para que seja aceite o ponto de vista de que a avaliação é uma oportunidade de reflexão e aprendizagem (por exemplo, Van Der Eyken 1999). Na prática contemporânea de reabilitação urbana, parece haver clareza quanto à distinção entre "apreciação" e "avaliação" e as orientações do Tesouro britânico (HM Treasury (2003: 5) indicam claramente que a apreciação é normalmente ex-ante ou pré-aprovação e que a avaliação é normalmente efectuada após o início dos trabalhos ou após a aprovação. Estas definições são aceites na presente investigação.

Rossi (1999) e Ovretveit (2002) introduzem outro elemento de avaliação que está relacionado com a melhoria das práticas e a comparação de projectos com vista à aprendizagem. Atualmente, isto é muitas vezes referido como "melhores práticas", mas frequentemente trata-se apenas de comparar práticas e divulgar informações. Há normalmente duas motivações para tal: a primeira é evitar que centenas de indivíduos e parcerias "reinventem a roda" e a segunda é a eterna procura do que funciona e das melhores práticas. Foram lançadas dúvidas sobre a validade de alguns relatórios sobre as melhores práticas (Lawless et al 2000: 2), mas esta investigação aceitou que a divulgação de resultados e a aprendizagem de lições (boas e más) é um papel importante da avaliação.

Por último, existe um corpo crescente de teoria (discutido no Capítulo Cinco) que considera que a avaliação também tem a ver com a promoção da justiça, a correção de erros, o aumento da democracia e o empoderamento dos destituídos de poder, e Torres (1991: 189-198) sublinha este facto propondo dois papéis-chave: "promover o discernimento" e "precipitar uma ação justa e adequada". Esta investigação não aceitou que a promoção destes conceitos seja um pré-requisito para a avaliação, uma vez que a literatura não defende suficientemente este ponto, por exemplo, não foi especificado como um requisito das avaliações estudadas nesta investigação.

Esta análise das definições terminará com este ponto, uma vez que ilustra claramente a forma como a avaliação se pode tornar carregada de valores e as grandes e variadas expectativas que existem em relação a ela. Esta análise foi apresentada simplesmente para ilustrar os pontos de vista muito variados que esta investigação teve de ter em conta. Nenhuma definição única foi, ou poderia ser, adoptada; em vez disso, as definições utilizadas pelos investigadores na altura são apresentadas como parte do conjunto de provas da investigação.

3.4 Definições de regeneração.

Um outro elemento fundamental para esta investigação foi a compreensão do vasto leque de utilizações da palavra "regeneração" e o modo como as várias definições informam o pensamento sobre o assunto. Em comparação com a avaliação, a regeneração é definida com menos frequência. De facto, ao analisar todas as avaliações de programas para esta investigação e na vasta gama de literatura examinada, existem apenas algumas definições declaradas. No entanto, a palavra foi apropriada por numerosos organismos públicos, privados e comunitários para descrever um vasto leque de actividades que atravessam toda a gama de políticas, desde a saúde, passando pela criminalidade, até à recuperação de terrenos e à reconstrução física.

O Gabinete do Vice-Primeiro-Ministro afirma que:

A política e os programas de regeneração do Governo fazem parte do esforço para resolver o conjunto de necessidades e prioridades locais associadas à pobreza e à privação. Estas incluem o desemprego de longa duração e juvenil, baixos níveis de competências, indústria pouco competitiva, saúde e educação deficientes, más condições de habitação, um ambiente físico degradado, dependência de subsídios, elevada proporção de famílias monoparentais. A perda de valores comunitários e de coesão social, as desvantagens das minorias étnicas e os elevados níveis de criminalidade e de toxicodependência (ODPM 2004b: 2.1).

No entanto, é importante referir aqui, na íntegra, o que o Gabinete do Vice-Primeiro-Ministro afirma em seguida:

Os termos "regeneração", "renovação" e "desenvolvimento regional" não têm, normalmente, definições simples. A caraterística distintiva destas intervenções é o facto de terem um forte enfoque espacial e, frequentemente, como resultado, impactos distributivos. Tendem a visar, ou a contribuir para, os objectivos globais de desenvolvimento sustentável de áreas e grupos-alvo, e têm o objetivo específico de melhorar os resultados em termos sociais, económicos e ambientais (ODPM 2004a: 6).

Esta definição aproxima-se bastante de uma definição "catch all" e baseia-se provavelmente no pressuposto de uma compreensão das fronteiras departamentais. No entanto, o Gabinete do Vice-Primeiro-Ministro é claro ao afirmar que uma caraterística distintiva importante é a natureza espacial das intervenções.

A Associação Britânica de Regeneração Urbana, no seu manual sobre regeneração, tenta responder à pergunta "O que é a regeneração urbana?" (Roberts e Sykes 2000: 17). Definem a regeneração urbana como "uma visão e uma ação integradas e abrangentes que conduzem à resolução de problemas urbanos e que procuram melhorar de forma duradoura as condições económicas, sociais e ambientais de uma área sujeita a alterações". Esta definição decorre da sua compreensão dos temas da política urbana nas últimas décadas e da necessidade, conforme identificada por Lichfield (1992: 19), de "uma melhor compreensão dos processos de declínio" e de um acordo sobre o que se está a tentar alcançar e como". Estas definições holísticas também abordam os pontos fracos identificados por Hausner (1993: 526) de intervenções "a curto prazo, fragmentadas, ad hoc e baseadas em projectos". A Associação Britânica de Regeneração Urbana também se baseia em Couch (1990: 2) para estabelecer uma distinção entre regeneração urbana e renovação urbana, que Couch considera como "um processo de mudança essencialmente física".

No seu convite para contribuir para a investigação sobre Regeneração da Assembleia de Londres, a Equipa de Análise da Autoridade da Grande Londres definiu o termo "iniciativa de regeneração" da seguinte forma:

A expressão "iniciativa de reabilitação" no contexto do presente inquérito significa um projeto, programa ou regime baseado na conceção, gestão ou realização de uma ou mais das actividades a seguir enumeradas:

• Físico e ambiental: Habitação; Transportes; Ambiente; Melhoria/desenvolvimento de instalações comerciais.

• Pessoas: redução da criminalidade; segurança da comunidade; melhoria da saúde; reforço das capacidades/desenvolvimento de parcerias; desenvolvimento de instalações comunitárias, apoio ao emprego, orientação profissional; formação de competências, aprendizagem ao longo da vida; acolhimento de crianças outros - especificar.

• Empresas: apoio às empresas, empresas sociais, melhorias no centro da cidade (GLA 2001: 4-5).

A Greater London Authority considera que a regeneração abrange um vasto leque de políticas públicas, sem chegar ao ponto de sugerir que precisa, por definição, de ser holística ou integrada, enquanto Imrie e Thomas (1999: 4-9) apresentam uma visão muito mais restrita: "Embora não a definam como "regeneração", o Ministério do Ambiente (1994a) estabeleceu os seus objectivos de política urbana da seguinte forma no Quadro 7:

Quadro 7: Definições do DOE sobre política urbana.
Nível elevado
- Criação de oportunidades de emprego.
- Criação de cidades mais atractivas para viver.
Nível inferior
- Desenvolvimento de empresas.
- Sítios para o desenvolvimento económico.
- Desenvolvimento de competências.
- Motivação para trabalhar.
- Coordenação inter-agências.
- Acesso ao emprego e aos serviços.
- Desenvolvimento de habitação.
- Ambiente construído.
- Tecido social.
- Segurança e proteção.

Fonte: DOE (1994a 6).

A atual gama de políticas, frequentemente designada por regeneração, inclui um leque muito mais vasto de considerações. Em primeiro lugar, inclui tanto as zonas rurais como as urbanas e tem-se verificado um afastamento da concentração apenas nos centros das cidades para incluir quase todos os locais que parecem necessitar de atenção. Assim, as cidades mercantis, as cidades costeiras, as aldeias isoladas, as comunidades de camponeses, as propriedades periféricas e as antigas bases militares foram recentemente objeto de programas de reabilitação (Planning Exchange 2001). Diferentes organizações adoptam definições diferentes, muitas vezes sem indicar quais são. A Planning Exchange (2001), por exemplo, fornece uma lista abrangente de contactos e programas de regeneração urbana sem definir o que entende por "regeneração". Também enumera a "regeneração" como um tema separado de tópicos como "iniciativas de parceria" e "zonas empresariais".

Há também um afastamento da noção de que a regeneração é direcionada para as zonas pobres. O Orçamento Único de Regeneração, em particular, financiou projectos em algumas das zonas mais ricas, por exemplo: a remodelação do Tate Millbank e do Royal Army Medical College em Pimlico e o Coventry Street Business Improvement District (ambos na cidade de Westminster). A regeneração tornou-se também orientada não só para os locais, mas também para os temas, as pessoas e as estruturas. Por exemplo, os programas recentes do orçamento único para a regeneração incluíram Trafalgar Square 2000 (que se concentrou na formação de jovens de um leque mais vasto de áreas diferentes) e Centros de Vida Saudável. Muitos projectos de desenvolvimento comunitário foram financiados pelo financiamento do Objetivo 2 europeu (Planning Exchange 2001). Mais recentemente, tem sido dada muita ênfase às estruturas sustentáveis, por exemplo, o apoio de Development Trusts, Groundwork Trusts e Social Enterprise pelo Gabinete do Vice-Primeiro Ministro e Agências de Desenvolvimento Regional (ODPM 2004b).

Existe uma contradição inerente à procura de uma definição de regeneração. Se a definição da Associação Britânica de Regeneração Urbana (Roberts e Sykes 2000: 17) for aceite, a regeneração é simultaneamente holística e sustentável (o que parece estar de acordo com a maioria das orientações e ideias actuais). Por conseguinte, não seria possível considerar muitos dos elementos da atual política urbana como regeneração, uma vez que são quase todos intervenções a curto prazo, baseadas em projectos, com um único tema ou com um tema restrito, baseadas em localidades.

De facto, uma pesquisa de materiais de avaliação publicados não trouxe à luz avaliações de abordagens holísticas da reabilitação atualmente publicadas ou em curso. A que mais se aproxima desta situação é provavelmente a avaliação transversal da Política Urbana do DOE (DOE 1994a), mas esta foi uma avaliação de um conjunto de iniciativas baseadas em áreas limitadas no tempo, muitas das quais tinham pouco em comum umas com as outras. Se a avaliação foi holística, a política certamente não o foi. O programa New Deal for Communities pretende, a um nível muito local, ser mais holístico, mas não tem controlo sobre os principais serviços ou eventos nas áreas circundantes e na cidade anfitriã como um todo.

A regeneração explícita através da "flexibilização do mainstream" tem sido desenvolvida pelo Novo Governo Trabalhista (HMG 2003) desde 1997. O objetivo tem sido tentar incorporar a mudança e os benefícios trazidos por iniciativas de curto prazo e baseadas na área. No entanto, há provas de que isto não está a funcionar eficazmente, por exemplo, o Comité do Gabinete do Vice-Primeiro Ministro da Câmara dos Comuns concluiu que:

O mainstreaming não pode ser uma solução viável para responder às necessidades das zonas mais desfavorecidas enquanto houver tantos objectivos diferentes do governo central para as autoridades locais cumprirem e prioridades para os seus fundos .... No entanto, a definição de mainstreaming ainda não é clara. Recomendamos que o Governo reavalie o conceito, a definição, o âmbito e o potencial âmbito e impacto do mainstreaming, caso contrário, continuará a ser um mantra bem intencionado mas sem sentido (Câmara dos Comuns 2003: 36).

A definição da Associação Britânica de Regeneração Urbana deve, na melhor das hipóteses, ser descrita como uma aspiração nesta fase. Para efeitos da presente investigação, o "mainstreaming" não foi incluído na definição de programas de regeneração, uma vez que as dificuldades práticas e conceptuais seriam demasiado grandes e o assunto não foi suficientemente avaliado ao longo do tempo para permitir tirar conclusões.

O presente estudo deparou-se com a mesma questão de determinar o que é, e o que não é, regeneração para efeitos de testar a hipótese. Uma vez que este estudo se baseia em avaliações publicadas como principal fonte de matéria-prima, foi necessário limitar a escolha dos programas aos que publicaram avaliações durante o período de estudo. Os primeiros programas que tiveram avaliações publicadas tendem a ser os instrumentos de política urbana que foram avaliados como parte do Inner City Research Programme (DOE 1994a) e são apresentados neste quadro:

Quadro 8 - Elementos do programa Urban.

Programas selecionados para investigação porque são iniciativas baseadas na área e têm um relatório de avaliação disponível.	*Não foram selecionados por não se tratarem de iniciativas de base territorial:*
Subvenção da cidade	Centro Aberto de Aprendizagem (Cidade do Interior)
Equipas de ação da cidade	Faculdades de Tecnologia da Cidade
Concessão de terrenos abandonados	Formação para o emprego
Zonas empresariais	Programa de workshops geridos pela English Estates
Festivais de jardim	Regime de subsídio às empresas
Fundos de Ação para a Habitação	Iniciativa empresarial
Sociedades de desenvolvimento urbano	Ação imobiliária
Programa Urbano	Iniciativa Empresarial para as Minorias Étnicas
	Corporação de Habitação
	Clubes de emprego
	Registo Predial
	Sistema de garantia de empréstimos
	Serviço Consultivo para o Emprego no domínio das Relações Raciais
	Assistência Selectiva Regional
	Cidades mais seguras
	Secção 11 Subvenções
	Serviço para pequenas empresas
	Grupos de trabalho
	Suplemento de transportes Subvenção

Fonte: (DOE 1994a: 6).

A fim de captar as mudanças ao longo do tempo, foram também utilizadas na investigação avaliações de programas de reabilitação mais recentes. A justificação para a escolha destes programas reside no facto de terem sido publicados com prospectos claros que lhes conferiam objectivos de reabilitação claramente definidos. De facto, o primeiro destes programas foi o City Challenge, que constituiu a primeira tentativa de reunir a regeneração liderada por parcerias e baseada em desafios numa base regional. Os programas subsequentes escolhidos foram o Single Regeneration Budget, o Housing Action Trust, o New Commitment to Regeneration, o Neighbourhood Renewal Fund e o New Deal for Communities, todos eles declarando explicitamente que são programas de "regeneração" (sem, evidentemente, definir o que se entende por regeneração).

Tendo em conta o que precede, é importante ter em conta a redação da hipótese, que refere "programas de regeneração". Desde a visão geral *de* Robson *et al* (DOE 1994a) sobre os efeitos da política urbana, nenhuma tentativa foi (ou poderia ser?) feita para avaliar os esforços de regeneração como um todo. Em 2003, um Comité de Seleção da Câmara dos Comuns sugeriu que fosse feita uma tentativa de avaliar os "resultados considerados como um todo ao longo de 30 ou mais anos de política urbana pró-ativa" (ODPM 2003a: 33). Até agora, isto não foi posto em prática pelo Governo, embora tenham sido efectuados estudos parciais de vários programas, por exemplo, a Avaliação da Estratégia Nacional para a Renovação de Bairros (NRU 2003a).

Tendo discutido estas dificuldades de definição, este estudo conseguiu, no entanto, ser claro nos seus próprios termos quanto ao campo de investigação. Este facto foi comprovado nas fases de leitura e de entrevista.

3.5 Definição de "aprendizagem entre programas de regeneração".

A hipótese procura identificar não apenas se a aprendizagem ocorreu, mas, especificamente, se ocorreu entre programas. A hipótese baseou-se no interesse do investigador, delineado no Capítulo I, em saber se as experiências das pessoas envolvidas num programa foram transmitidas às pessoas envolvidas em programas subsequentes. Trata-se de um objetivo diferente e mais nítido do que a questão mais habitual de saber se a experiência e os resultados foram divulgados.

Esta transferência de aprendizagem também pode ser descrita como transferência de conhecimentos ou, como sugere Bailey, deveria ser mais corretamente designada por "troca de conhecimentos", uma vez que as pessoas estão a aprender umas com as outras neste contexto. Bailey (2005: 6) descreve-a como "o processo através do qual o conhecimento é disseminado sob uma forma que é mais aplicável a uma dada situação". Isto sugere que não se trata apenas de um simples processo transacional, mas que, para ser bem sucedido, deve ter lugar no contexto adequado para os fins adequados. Este é um tema a que esta tese regressa mais tarde (no Capítulo Oito).

A transferência da aprendizagem também é considerada importante pelo Governo, não só de um programa para o outro, mas também de iniciativas baseadas em áreas para o mainstream, tal como sugerido no testemunho do Governo a um Comité Selecionado, no qual um porta-voz do Tesouro declarou que o departamento tem "um grande interesse na avaliação de todos os tipos de programas" (ODPM 2003a: 11). A ministra do governo, Barbara Roche, declarou que: "é necessário efetuar uma avaliação contínua de todos os programas" e um funcionário do Gabinete do Governo do Nordeste declarou que: "foram tiradas lições de iniciativas de reabilitação anteriores" (ODPM 2003a: 11).

Esta questão é também colocada por autores contemporâneos, como Weinstein (2005: 18-21), que descreve como o Estado de Israel aprendeu lições com os programas do Reino Unido, mas não com as "numerosas universidades, instituições de investigação e consultores (que) estão envolvidos em avaliações" no Reino Unido. Depois de ter observado de perto a situação no Reino Unido, ele ainda é levado a afirmar que "para ser franco, não tenho ideia de até que ponto as suas publicações e conclusões são implementadas pelos decisores" Weinstein (2005: 18-21).

Para este estudo, foi necessária uma base teórica para determinar se a aprendizagem ocorre. A literatura sobre a filosofia e a prática da aprendizagem foi analisada e é evidente que não é adequada uma definição única de "transferência de aprendizagem" e que a aprendizagem é uma atividade ao longo da vida:

A aprendizagem já não se limita ao tempo que passamos como trabalhadores, pais e cidadãos, mas é uma atividade que dura toda a vida, à medida que nos adaptamos constantemente às mudanças sociais, económicas e tecnológicas. Aprender também já não é apenas o que sabemos - os factos e conceitos que pensamos ter na nossa cabeça. Está a ser dada cada vez mais atenção à forma como agimos, aos valores e crenças que defendemos e até à nossa aparência e sentimentos. Por outras palavras, reconhece-se cada vez mais que a aprendizagem molda a nossa maneira de ser e esta, por sua vez, influencia o que e como aprendemos (Paechter *et al* 2001: 1).

Existem numerosas teorias sobre a forma como aprendemos e Doherty e Horne (2002: 15) descrevem como os filósofos têm refletido sobre a natureza da aprendizagem durante 2000 anos. Resumem as teorias em quatro grupos principais, sob os títulos de:

Cognitiva (pensar), Comportamental (fazer), Humanista (combina as abordagens cognitiva e comportamental, mas acrescenta uma dimensão de sentimento e uma dimensão social à aprendizagem) e Aprendizagem experimental através da prática, combinando assim as abordagens comportamental e cognitiva) Doherty e Horne (2002: 15).

O behaviorismo entende que "os indivíduos reagem reflexivamente ao seu ambiente, os processos cognitivos não são enfatizados e as respostas podem ser condicionadas pela recompensa" (Briner 1999). Dada a complexidade e as múltiplas partes interessadas na reabilitação urbana, uma teoria simplificada como esta pode não ser relevante. No entanto, foram observados alguns paralelos nesta investigação com a prática admitida de garantir que o que é medido é o que é feito, o que poderia ser descrito como um ciclo de estímulo-resposta provocado pela necessidade de cumprir objectivos e pela perspetiva de ser avaliado com base neles. Skinner (1938) promoveu a teoria que sugere que as pessoas respondem a acontecimentos no seu ambiente através de alguma mudança na sua ação e podem ficar condicionadas a responder de uma determinada forma. Muitos dos entrevistados deste estudo (referidos no Capítulo 7) salientaram casos em que os profissionais ficaram presos a situações em que estavam constantemente a reagir a críticas ou a requisitos de monitorização. É concebível que estivessem a aprender a reagir a estes estímulos, muitos dos quais pareciam ser negativos e pouco construtivos. Isto ilustra que a aprendizagem tanto de experiências negativas como da avaliação orientada para objectivos pode estar a distorcer a aprendizagem e a incorporar práticas que não são ideais.

Briner (1999) sugere que o humanismo põe a tónica no desenvolvimento de competências de pensamento criativo e crítico, sendo a tónica colocada no desenvolvimento do potencial de "auto-realização" dos indivíduos. Isto sugere que formas mais participativas de avaliação podem ser melhores para libertar a capacidade de aprendizagem dos indivíduos. Esta investigação encontrou provas de que os profissionais têm estado a organizar a auto-aprendizagem para os ajudar nas suas tarefas.

Briner (1999) também descreve como Rogers salienta a importância da aprendizagem experimental, que se caracteriza pelo envolvimento pessoal, sendo auto-iniciada e avaliada pelo aprendente e tendo efeitos generalizados no aprendente. Esta investigação descobriu como os programas de regeneração podem ser significativos e difíceis para os participantes e é inconcebível que os indivíduos não estejam a aprender com estas experiências. A questão crítica é: até que ponto é uma aprendizagem boa e útil? Um inquirido afirmou que a lição aprendida com um programa de reabilitação foi "nunca mais o fazer".

Jarvis (1994: 32-43) adverte que a investigação mostra que, para a maioria dos potenciais aprendentes, a experiência não resulta facilmente numa aprendizagem reflexiva; na verdade, muitos estudantes cavaram "o mesmo buraco mais fundo". Briner considera que menos de 15% das pessoas são capazes de aprender de forma reflexiva por si próprias e que é necessário dispor de alguns meios de apoio (como a orientação) - além disso, são bastante cépticas quanto à eficácia de muitos trabalhos de grupo". Acrescenta ainda que "o facto de alguém poder aprender de forma reflexiva não significa que o faça".

Outra teoria fundamental destacada por Briner (1999) é a teoria da "hierarquia da motivação" de Maslow, que sugere que, antes de os indivíduos poderem maximizar o seu potencial, devem primeiro satisfazer as suas necessidades básicas. Esta teoria tem sido frequentemente aplicada aos locais de trabalho, mas na regeneração pode ser mais significativa para os líderes comunitários não remunerados que têm agora de desempenhar papéis de liderança tão importantes.

O resumo acima apresentado das teorias da aprendizagem serve simplesmente para sensibilizar o leitor para a complexidade do assunto e para a necessidade de não se precipitar em conclusões simplistas de causa e efeito. De facto, Winch (2001: 183) conclui que "não surgiu nada como uma teoria sobre a forma como a aprendizagem ocorre, pois não há nada nos estudos que sugira que estejamos perto, ou que possamos estar perto, de uma tal teoria".

Winch sugere, no entanto, que, em vez de uma "grande teoria", há cinco temas que devem informar um estudo da aprendizagem:

• Existe a natureza social da aprendizagem, ou seja, que as pessoas aprendem com o meio que as rodeia, com a sua educação e desenvolvimento.

• Existe a natureza "afectiva" da aprendizagem, que está intimamente ligada à natureza social do cumprimento das regras e à importância do comportamento reativo.

• Há também a importância da motivação na aprendizagem de algo que é simultaneamente pessoal e está em constante interação com a sociedade.

- Há o amor pelo que se aprende e os exemplos em que "as exigências do amor nos levam a fazer coisas de que outros não nos imaginariam capazes".
- É necessário respeitar o que se está a aprender.

Winch também sugere que uma condição prévia para compreender a aprendizagem é aceitar a importância da diversidade humana e do individualismo e o facto de pessoas diferentes aprenderem coisas diferentes, mesmo nas mesmas circunstâncias. Isto realça a importância, nesta investigação atual, dos estudos de caso que deram acesso direto a quinze dos principais indivíduos envolvidos.

Scott (in Paechter *et al* 2001: 31-41) explica que grande parte da aprendizagem é informal e "situada" no contexto em que o sujeito vive e que a aprendizagem pode provir de uma mistura de memórias, incluindo experiências, de modelos ou colegas, de conselhos de várias fontes e, finalmente, que o sujeito está envolvido em discursos que "actuam para fechar outras possibilidades". O exemplo de Scott é o de como alguém aprende a ser pai ou mãe, mas é útil para ilustrar a forma como a aprendizagem pode ter lugar num domínio como a reabilitação urbana, em que não existem qualificações de entrada ou conjuntos de competências estabelecidos.

No domínio dos programas de regeneração urbana, os temas acima referidos e a compreensão da potencial situacionalidade da aprendizagem são altamente relevantes. Isto deve-se à variedade de partes interessadas e ao leque de antecedentes e experiências que possuem. Na reabilitação urbana, as partes interessadas vão desde as pessoas que vivem e criam famílias na zona (e cuja casa pode ser ameaçada por uma proposta) até aos funcionários públicos que estabelecem (ou seguem) regras centrais e podem ter uma compreensão diferente das condições existentes numa zona. O leque também inclui funcionários que podem ser motivados pela mudança de programa para programa para garantir a promoção e aqueles que não procuraram qualquer envolvimento na regeneração urbana e foram destacados para uma área que podem não compreender verdadeiramente.

Doherty e Horne (2002: 409-451) alertam para o facto de que: "a capacidade de transferir a aprendizagem não pode ser assumida. Os investigadores descobriram que a transferência da aprendizagem não se efectua a menos que os alunos recebam formação específica sobre como transferir a aprendizagem". Este facto sugere implicações muito significativas para a avaliação. Os investigadores consideraram que é necessário um conjunto de ingredientes para facilitar a aprendizagem, incluindo "vontade, competência, resiliência e assunção de riscos" - por conseguinte, a mera produção de um relatório de avaliação pode não ser suficiente para garantir que a aprendizagem se efectua.

Finger e Brand (1999: 136), ao estudarem os serviços públicos na Suíça, também descobriram que os indivíduos precisam de "desaprender comportamentos indesejados". Argyris e Schon (1996: 9-16) defendem o reforço das capacidades para que os alunos possam aprender mais plenamente e sugerem um segundo ciclo de aprendizagem para aumentar a capacidade de aprendizagem dos indivíduos (metacognição). Isto corrobora a quantidade crescente de desenvolvimento de capacidades que está a ser realizada para os participantes na regeneração. Sugere também que é necessário ter cuidado para que os destinatários da aprendizagem tenham a capacidade de aprender no momento em que a aprendizagem é oferecida. A título de exemplo, se as pessoas envolvidas estiverem demasiado ocupadas a participar em reuniões, a preparar propostas de financiamento ou a realizar tarefas processuais como o preenchimento de declarações, podem simplesmente não ter a capacidade de aceitar a aprendizagem.

É possível constatar que existe um leque muito vasto de considerações que influenciam a passagem da aprendizagem de um programa para outro, o que justifica o padrão de provas utilizado nesta tese: a mera produção de informação e a sua publicação e divulgação não constituem, por si só, provas de aprendizagem. A fim de corroborar as provas, foi tentado um processo de triangulação, que permitiu reunir as provas das avaliações publicadas com a teoria correspondente, testada com as entrevistas às partes interessadas nos quatro estudos de caso. Patton (1997) sugeriu elementos de avaliações que podem tornar a aprendizagem mais provável e, nesta investigação, o questionário aos interessados foi concebido para ter em conta muitas destas complexidades.

Quadro nove: Lista de controlo da probabilidade de uma avaliação ser vista e ouvida pelos decisores políticos

Que decisões se espera que os resultados influenciem?
Quando é que as decisões serão tomadas? Por quem? Quando é que os resultados da avaliação devem ser apresentados para serem oportunos e influentes?
O que é que está em jogo nas decisões? Para quem? Que controvérsias ou questões rodeiam as decisões?
Qual é a história e o contexto do processo de decisão? Que outros factores afectarão a tomada de decisão?
O que é que pode acontecer para tornar a decisão irrelevante ou impedi-la de ser tomada? Por outras palavras, quão volátil é o ambiente de tomada de decisão? Qual o grau de influência que espera que a avaliação tenha - de forma realista?
Em que medida é que o resultado da decisão já foi determinado? Que dados e conclusões são necessários para apoiar a tomada de decisões?
O que é necessário fazer para atingir esse nível de influência? Como saberemos depois se a avaliação foi utilizada como previsto? De facto, como se pode medir a utilização?

Fonte: Patton (1997: 378-379).

Ao realizar esta investigação, foi necessário estabelecer padrões de evidência para que se pudessem fazer juízos sobre os dados escritos e verbais. Uma vez que esta investigação revelou poucas provas escritas de transferência de aprendizagem, foi adoptada uma abordagem de "investigação do mundo real", tal como referido por Robson (2002: 35). Esta abordagem inclui uma procura dos "mecanismos e contextos" através dos quais a aprendizagem pode ser transferida. Robson sugere então que é necessário um processo de "seguir estas pistas", ou seja, explorar com os conhecedores os mecanismos em que se deve concentrar.

McInroy (2004: 14) vai mais longe e sugere a importância do papel dos profissionais locais na aprendizagem e na obtenção de soluções aplicáveis a partir do estudo das melhores práticas: "A ênfase na regeneração é colocada no controlo e na avaliação, mas este tipo de conhecimento local é muito mais profundo do que isso, uma vez que realça uma compreensão profundamente enraizada e intuitiva das questões e preocupações".

Não existe claramente uma definição única de transferência de aprendizagem. Deve ser seguido um processo de exploração, reconhecendo que pode haver muitos mecanismos e contextos possíveis e que é tanto o funcionamento do mecanismo como o seu contexto que são importantes para conseguir a transferência de conhecimentos. Por conseguinte, foram adoptadas as duas normas iniciais seguintes para esta investigação:

1) Que a aprendizagem se processa de muitas formas e não tem de ser formal para ser registada como aprendizagem (mas que se devem procurar exemplos para demonstrar a aprendizagem).

2) O facto de a mera produção de informação e a sua publicação e divulgação não constituírem, por si só, uma prova de aprendizagem, deve ser corroborado por algumas provas. Poderiam ser provas documentais ou provas dos que estiveram envolvidos no planeamento e/ou na execução dos programas subsequentes.

Os Charities Evaluation Services (Russell 1998: 3) também examinaram a questão de saber como é que as organizações podem saber se o seu trabalho teve influência no desenvolvimento de políticas e salientaram as dificuldades desta questão, que incluem as influências complexas e multidimensionais na elaboração de políticas, que são difíceis de identificar, e que a elaboração de políticas tende a funcionar de forma indireta e durante longos períodos.

Russell sugere que "por vezes, as políticas parecem ser elaboradas antes de estarem disponíveis provas de avaliação ou, apesar das provas, são frequentemente influenciadas por uma curiosa variedade de factores" (Russell 1998: 3).

3.6 Conclusões sobre as definições

Este capítulo ilustrou que existe um leque muito vasto de definições de avaliação e que não é possível aplicar uma definição única.

Em vez disso, esta investigação utiliza o entendimento de que existem muitos tipos e objectivos válidos para a avaliação, que serão diferentes em diferentes circunstâncias. Nos Capítulos Quatro e Cinco, esta questão é aprofundada no contexto da evolução da avaliação enquanto prática, num contexto de programas de reabilitação e modos de governação em constante evolução.

Da mesma forma, o estudo das definições de regeneração revelou um conjunto muito vasto de definições, mas foi possível chegar a certas caraterísticas definidoras para efeitos de realização de uma investigação eficaz. Estas incluem: uma base territorial; limitação temporal (por conseguinte, não mainstream) e identificação como tal em textos-chave como Robson *et al* (DOE 1994a).

Finalmente, é necessário estabelecer uma forma de identificar a transferência da aprendizagem e a análise da literatura neste capítulo mostrou a complexidade das teorias da aprendizagem. No entanto, foram identificados padrões e métodos (como a lista de controlo de Patton) para que, na análise documental do Capítulo 6 e nos estudos de caso do Capítulo 7, possam ser colocadas as questões corretas e retiradas as conclusões adequadas.

Este capítulo mostrou, portanto, que apesar das muitas complexidades na definição dos termos-chave desta investigação, podem ser desenvolvidos métodos práticos para recolher e avaliar os dados necessários para responder à questão de investigação.

Capítulo 4 - O contexto: programas de regeneração em constante evolução e mudanças na governação do Reino Unido.

4.1 Introdução.

Este capítulo examina o contexto em que a reabilitação urbana evoluiu, em especial as mudanças na forma como as relações entre o governo central e local (e outros parceiros locais) funcionam. Descreve como a natureza da reabilitação urbana mudou radicalmente, passando de programas executados pelo governo (central e local) para programas que são ostensivamente liderados pela comunidade, ou pelo menos pela localidade (com muitas fases intermédias). Estas parecem ser mudanças profundamente enraizadas e não apenas diferentes disposições organizacionais, pelo que afectaram o contexto da transferência de aprendizagem.

A reabilitação urbana desenvolveu-se através de algumas fases-chave, começando com a reconstrução do pós-guerra, quando havia um papel bastante claro para o governo local na liderança da reabilitação, de acordo com objectivos e recursos nacionais. O governo central determinava o que tinha de ser feito, afectava os recursos e o governo local, de um modo geral, cumpria o seu papel através das suas estruturas e responsabilidades tradicionais. Houve algumas excepções a esta situação, como a Comissão das Cidades Novas.

Este capítulo relata como no final da década de 1960 havia um elemento de frustração contínua, apesar de todos os esforços de reconstrução do pós-guerra (ou por causa deles?) com as condições em algumas áreas. O governo central interveio mais estreitamente, introduzindo parcerias com o governo local para garantir acções prioritárias por área. O próprio governo local estava a ser pressionado pela convicção de que a cultura empresarial do sector privado poderia ter lições a tirar para o governo local em termos de eficiência e eficácia.

As maiores mudanças ocorreram com a eleição dos governos de Thatcher, quando se verificou um movimento para restringir o governo local, reduzir a despesa pública, privatizar alguns serviços através de Concursos Públicos Obrigatórios e envolver o sector privado e as técnicas do sector privado na regeneração urbana.

Sob os sucessivos governos conservadores, o governo local começou a perder a sua primazia em termos de regeneração urbana e, em breve, uma pletora de parcerias e quangos partilhava esta liderança. As críticas iniciais a algumas das parcerias e quangos do topo para a base levaram ao envolvimento de parcerias mais alargadas e à participação da comunidade em parcerias de regeneração urbana, mas continuaram a deixar o papel do governo local pouco claro e aparentemente ameaçado. O envolvimento de muitos e variados parceiros, frequentemente novos no domínio da reabilitação urbana, introduziu novas complexidades e desafios à aprendizagem.

A eleição de um novo governo trabalhista em 1997 conduziu a uma mudança no sentido de uma regeneração urbana mais baseada em dados concretos e de regimes de inspeção e auditoria que pressionaram ainda mais a administração local a realizar e melhorar. O Novo Trabalhismo pretendia, de facto, aumentar os recursos de alguns serviços públicos. No entanto, devido à falta de confiança no governo local, procuraram fazê-lo através de um conjunto crescente de acordos de parceria.

O Novo Trabalhismo afastou-se da abordagem descendente da regulamentação governamental para uma abordagem que consiste em estabelecer normas, metas e objectivos e em fazer com que as coligações locais determinem a melhor forma de cumprir essas metas. Depois de um período desconcertante de multiplicação de parcerias e iniciativas, o Novo Trabalhismo procurou racionalizar os assuntos através da criação de parcerias locais únicas "Parcerias Estratégicas Locais" e de Planos Comunitários unificados. Este capítulo também relata como os comentadores consideraram que isto faz parte de uma nova forma de governação que envolve formas de encorajar as agências locais e as comunidades a autogovernarem-se de acordo com regras e incentivos do centro.

Ao analisar estas mudanças ao longo do tempo, este capítulo conseguiu detetar um papel crescente para a aprendizagem, uma vez que os novos regimes, em especial a partir do City Challenge e do Orçamento Único para a Regeneração, exigiram uma avaliação encomendada localmente e a transferência da aprendizagem. Os críticos têm manifestado muitas dúvidas sobre a veracidade de algumas destas aprendizagens, mas este capítulo demonstra como a avaliação, a aprendizagem e a transferência de aprendizagens se tornaram mais vitais à medida que mais actores se envolveram num cenário cada vez mais confuso e que a importância das antigas estruturas de responsabilização foi reduzida, em especial na administração local, e que surgiram novas estruturas.

4.2 Eras da governação local e temas e tendências da regeneração urbana

A política e os instrumentos de reabilitação urbana, tal como definidos no presente estudo, têm sido, em grande medida, produto do governo central e, em cada caso, têm sido executados, em maior ou menor grau, com o governo local. Por conseguinte, a evolução das relações entre os dois níveis de governo pode ser vista como afectando fundamentalmente o desenvolvimento da reabilitação urbana.

Stoker (2004: 11) detectou três eras de governação local desde a Segunda Guerra Mundial. A primeira foi a "administração local eleita num contexto de pós-guerra", caracterizada por uma ideologia dominante de "profissionalismo e partidarismo", a determinação e a gestão dos contributos por uma "democracia à cabeça" e poucos contributos do público. A segunda vaga é descrita como "Nova Gestão Pública" e sugere que esta começou inicialmente nos anos 60 e 70 com a passagem de ideias do sector empresarial, mas só se tornou predominante como forma de impor uma administração local centralizadora e de redução de custos "orientada para a eficiência" e gerencialista, tal como reconhecido por Dunleavy (1980: 45).

Finalmente, Stoker identifica uma tendência, desde a eleição dos novos governos trabalhistas a partir de 1997, para a "governação comunitária em rede" (Stoker 2004: 11). Esta foi identificada por Sullivan (2001: 1-24) como sendo baseada na ideia de localismo e na necessidade de procurar soluções locais para os problemas locais e não se trata de definir serviços, mas mais de satisfazer as necessidades da comunidade e fazê-lo através de múltiplos níveis e múltiplos actores.

Ao considerar a forma como a governação evoluiu e o contexto em mudança e a importância crescente da avaliação, é também importante refletir sobre a forma como a própria avaliação tem vindo a evoluir. Ho propôs que a avaliação evoluiu ao longo de três "eras". Ela sugere que a primeira era foi a Era da Inocência (1968-77), quando a avaliação se destinava a ser formativa mas, de facto, não foi utilizada para conceber programas e foi posta de lado e depois não continuou. Afirma que "uma abordagem tão aprofundada já não se encontra nos estudos de avaliação" e relata que, por exemplo, não foi produzido qualquer relatório final sobre o Programa de Desenvolvimento Comunitário, apesar de afirmar que foram retiradas lições sobre a importância da ação baseada na área (HO 2003: 20).

No entanto, Ho pode estar enganado ao considerar isto como uma era de inocência, tal como Atkinson e Moon (1994: 50) sugerem "é talvez uma das maiores ironias o facto de o Ministério do Interior se encontrar a financiar um grupo de marxistas". Se estes estudos foram politizados, então isso pode ajudar a explicar porque é que, desde então, a avaliação tem sido sempre encomendada com base num mandato apertado (até há pouco tempo, normalmente do governo central, e tem-se centrado nos produtos e resultados determinados pelos financiadores do programa).

A mudança para este tipo de encomenda de avaliação conduziu à segunda era, que Ho descreve como a Era da Dissidência (anos 80), em que os consultores apresentavam mais relatórios sobre os inputs e outputs e as margens de operações ou "afinação fina" do que sobre a substância do programa ou as condições na zona. Ho também sugere que os relatórios do Programa de Desenvolvimento Comunitário tinham sido redigidos de forma a poderem ser utilizados por um público mais vasto e a apelarem a grupos de pressão (Ho 2003: 24). Em contraste, muitos dos relatórios produzidos na Era da Dissidência eram nitidamente condicionais, inconclusivos e, de acordo com as conclusões desta investigação, atractivos para, e utilizados por, um público muito limitado e, normalmente, oficial.

Ho (2003: 31) sugere que esta era a era baseada na ideologia governamental, incluindo a desconfiança em relação às autoridades locais, o impulso para a concorrência que levava à necessidade de medir os contributos e os resultados e a necessidade de ditar a partir do centro o que devia ser feito e por quem. A autora afirma que "a avaliação orientada para os resultados foi apenas uma manifestação da ideologia do governo". Sugere também que o governo confundiu a monitorização do desempenho com a avaliação do impacto das políticas. Este enfoque nas medidas de desempenho atraiu muitas críticas de autores contemporâneos (por exemplo, Brownill 1990 e Docklands Consultative Committee 1990).

Algumas das críticas diziam respeito à abordagem "de cima para baixo" da regeneração urbana, mas muitas delas centravam-se nas fraquezas operacionais e conceptuais das abordagens adoptadas, por exemplo, o estudo de Lever e Moore (1986: 152-5) sobre a regeneração económica de Clydeside, que mostrou cinco fraquezas conceptuais fundamentais na utilização de números de gestão do desempenho para determinar os verdadeiros impactos das políticas (chamaram-lhes: peso morto, distribuição, deslocação, duração e duplicação). Do mesmo modo, Robson *et al* (1994: 39-40) produziram os seus "seis C": contextual, contrafactual, contiguidade, escolha, confusão e combinatório. Estas e muitas outras dificuldades que existem ao basear a avaliação das políticas nos resultados são analisadas em pormenor no capítulo 5 infra.

Pode ver-se, portanto, que havia um considerável ceticismo durante esta "era da discórdia" quanto à aplicação e utilidade da avaliação. No entanto, esta situação viria a mudar à medida que a abordagem da avaliação se alterava, com o Governo conservador a passar de uma abordagem física e económica dominante para uma orientação mais comunitária e social.

A terceira era (década de 1990) é descrita por Ho como a "Era da Aquiescência", tendo apontado as seguintes caraterísticas principais: o regresso ao governo local na liderança da regeneração; um papel renovado para a comunidade; o reconhecimento da importância dos aspectos sociais e comunitários na regeneração e a importância da regeneração baseada na área. No entanto, esta era também introduziu o elemento "desafio", que colocou a avaliação novamente sob um foco diferente, uma vez que o desempenho do programa tinha de ser previsto antecipadamente com um pormenor considerável (resultados por trimestre previstos até sete anos antes). O desempenho seria então medido num regime rigoroso e estereotipado (como no caso do orçamento único para a regeneração) para determinar o futuro do programa e as liberdades que este teria para tomar decisões locais.

Mais uma vez, o papel da avaliação tinha mudado - estava agora diretamente ligado à monitorização central do desempenho local. Assim, havia um incentivo para que os relatórios de avaliação mostrassem que os programas estavam a ter um bom desempenho - a nível nacional, porque o governo central tinha investido a sua reputação nesses programas, e a nível local, porque a continuação do financiamento dependia disso. Estas pressões podem ter significado que houve menos possibilidade de aprender com a avaliação. Mesmo que houvesse lições disponíveis, o calendário dos relatórios (como se mostra no Capítulo 6) tornava a sua transferência improvável, se não impossível.

No entanto, a avaliação final do City Challenge incluía "lições transferíveis" e foi realizado um evento com os diretores executivos para as discutir. No entanto, Ho (2003: 54) concluiu que: "não houve uma discussão formal sobre as lições aprendidas com a avaliação intercalar, nem sobre o seguimento dos tópicos recolhidos durante o estudo intercalar". De facto, a avaliação final só foi produzida depois de o programa ter terminado e de o programa que lhe sucedeu, o Orçamento Único para a Regeneração, estar em curso. Por conseguinte, as lições não foram retiradas a tempo. Tal como foi descoberto durante este estudo (Capítulo 6), há poucas provas de que o trabalho de avaliação deste período tenha informado a política futura num sentido formativo.

As "três idades" permitem uma ilustração útil do facto de a avaliação ter seguido aquilo a que Ho chama um caminho acidentado de expectativas não satisfeitas, expectativas irrealistas, controlo de cima para baixo e compromisso, estando ligada à continuação do financiamento e à aprendizagem não realizada. A autora passa também em revista os principais críticos, incluindo Barnekov *et al* (1990: vii), Stewart (1990: 135) e Lawless (1989: 168), que sublinham a importância da avaliação. A autora resume a situação como "de um modo geral, a impressão geral dada pelos críticos é que a avaliação é um esforço desperdiçado". Este facto é descrito em pormenor por Higgins *et al* (1983: 169), que argumentam que "se há uma única lição que emerge claramente do relato das sucessivas políticas no interior das cidades é a incapacidade de aprender e aplicar a experiência adquirida em cada fase". Lawless reforça esta ideia ao propor que o controlo e a avaliação da política urbana não conduziram a modificações da política nem resultaram numa revisão da política em grande escala. Burton e Boddy (1995) descreveram a avaliação como tendo tido "pouco impacto... numa abordagem política fundamentalmente defeituosa". A questão do impacto da gestão por objectivos e indicadores é analisada mais adiante neste capítulo.

4.3 Esforços de reconstrução no pós-guerra.

A Segunda Guerra Mundial deixou um legado, não só de áreas urbanas devastadas e de sem-abrigo, mas também de um investimento insuficiente em infra-estruturas, em particular na habitação e nos transportes. As expectativas em tempo de paz foram aumentadas pelos compromissos "casas adequadas para heróis" do novo governo trabalhista, pela ascensão do Estado-providência e pela emergência de novas formas de privatismo, especialmente o automóvel particular. As décadas de 1950 e 1960 podem ser descritas como uma era de reconstrução e não de regeneração, uma vez que muitas comunidades foram destruídas pela limpeza de bairros de lata e foram construídas novas propriedades no seu lugar ou novas cidades e subúrbios. Atkinson e Moon (1994) atribuem a mudança de política da reconstrução em massa para a regeneração ao custo absoluto destas intervenções e não a qualquer pressão das comunidades afectadas. Seja qual for o motivo, houve uma mudança da demolição e reconstrução das áreas onde as pessoas vivem para uma tentativa de fazer com que as comunidades nessas áreas "funcionem".

Stoker (2004: 22-4) sugere que existia um paradigma weberiano segundo o qual três instituições políticas eram fundamentais - a liderança política; os partidos e a burocracia; e a democracia local que servia para produzir membros eleitos a partir dos quais os líderes eram escolhidos e aos quais as burocracias prestavam contas. Como Dalton e Wattenberg (2002: 1) afirmam: "A democracia moderna era impensável exceto em termos de partidos políticos".

4.4 A comunidade como foco da política na primeira vez - a comunidade como objeto de regeneração.

A identificação da falta de "comunidade" como uma barreira à regeneração não é uma criação do New Labour; na verdade, reflecte uma política semelhante no final da década de 1960 no Reino Unido, quando o Ministério do Interior (1968: 3) defendeu que a regeneração das cidades britânicas dependia do "crescimento das pessoas na comunidade" e da "consciência da interdependência". Em julho de 1969, o Ministério do Interior anunciou que Liverpool, Coventry e Southwark iriam participar em projectos de investigação-ação baseados em bairros - conhecidos como Projectos de Desenvolvimento Comunitário. A tónica era colocada "no envolvimento dos cidadãos e na autoajuda, numa melhor integração e coordenação dos serviços governamentais e na utilização da investigação para fornecer informações para a ação e para o acompanhamento e avaliação das políticas" (Imrie e Raco 2003: 10).

4.5 Parceria entre a administração central e local.

Os programas de desenvolvimento comunitário eram parcerias baseadas na intervenção da administração central/local. Os programas de desenvolvimento comunitário chegaram a ser doze, após o que foi introduzido o programa Urban numa escala muito mais alargada - ambos os programas dirigidos a comunidades com necessidades especialmente elevadas e complexas.

No final da década de 1970, em especial na sequência do Livro Branco "Policy for the Inner Cities" (DOE 1977), estas políticas estavam a ser gradualmente eliminadas e os recursos aplicados em novas parcerias centro-locais (por exemplo, as Inner City Partnerships) (Taylor 1998). Após a eleição do Governo Conservador, as Inner City Partnerships continuaram, mas foram introduzidos novos veículos do tipo "de cima para baixo", do sector privado, como as Urban Development Corporations. Como afirmam Colenutt e Cutten, a tónica da política era "não nas pessoas e nas comunidades, mas na propriedade e na regeneração física" (Colenutt e Cutten 1994: 236-50). Isto deu início a um afastamento das abordagens de desenvolvimento comunitário durante quase 20 anos. Foi considerado difícil de operacionalizar e ainda mais difícil de medir e avaliar de forma independente as abordagens de desenvolvimento comunitário. A mudança para medidas mais físicas e fiscais facilitaria a avaliação, embora com base num modelo mais simplista de entradas/saídas e efeitos.

Os sucessivos governos conservadores consideravam as autoridades locais como parte do problema e não como a solução. Eram vistas como ineficientes, problemáticas e, nalguns casos, demasiado políticas. Foi exercida uma pressão contínua sobre as autoridades locais para que se comportassem mais como empresas (por exemplo, gestão por objectivos e definição de metas) e para as expor aos rigores do mercado. Foram introduzidos concursos públicos obrigatórios e, nalguns casos (por exemplo, o Serviço Nacional de Saúde), um mercado interno. Estas medidas foram postas em prática para incutir os valores ostensivos do Thatcherismo: economia, eficiência e eficácia. Na realidade, os resultados foram menos claros e muito contestados.

Filkin, que Stoker (2004: 55) descreve como o arquiteto das políticas Best Value do New Labour, comenta

Muitas autarquias encararam os concursos públicos obrigatórios como uma forma de defender as organizações internas da perda de trabalho para proponentes externos. A organização do sector privado era vista em termos hostis e o objetivo era tornar o mais improvável possível que ela ganhasse o trabalho". Assim, em vez de criar serviços locais mais simples e mais eficientes, a CCT pode ter simplesmente encorajado os antigos detentores do poder a garantir que os serviços não funcionassem quando saíssem das suas mãos (Filkin 1999: 5)

4.6 Parceria com o sector privado.

Ao mesmo tempo que expunha os serviços da administração local às formas do sector privado, o governo estava também a colocar a reabilitação urbana cada vez mais nas mãos do sector privado. Atkinson e Moon sugerem que este foi "um período de neoliberalismo apoiado pela intervenção do Estado" e que houve um "fracasso do consenso social-democrata, o novo governo de direita viu o crescimento do Estado como uma barreira à regeneração" Atkinson e Moon (1994: 165). As cidades do interior eram consideradas uma ameaça devido à desagregação das famílias, ao aumento da criminalidade e a outros problemas sociais, e o Governo via a resposta no mercado livre, eliminando o planeamento e outros controlos. Uma diferença fundamental entre o sector privado e o sector público era a capacidade de angariar capital privado e investir, desenvolver e comercializar propriedades. A reabilitação física teve também a vantagem de transformar visualmente locais há muito abandonados e permitiu a criação de infra-estruturas para a economia de mercado.

Ao longo da década de 1980 e no início da década de 1990, a política urbana foi dominada pela regeneração liderada pela propriedade. Por detrás desta regeneração, estava o diagnóstico dos problemas das nossas cidades como um défice de infra-estruturas físicas para apoiar as actividades dos investidores empresariais globais (Imrie e Raco 2003: 3).

Esta declaração ilustra uma era na evolução em constante mudança da política urbana. Esta pode ser classificada como os "anos Thatcher" (Thornley 1993), quando a paciência com as autoridades locais se esgotou e foram criadas agências para eliminar as restrições do lado da oferta ao investimento nas cidades. A declaração política de 1988 "Action for Cities" (HMG 1988) apresentou o sector privado como o líder dos esforços de reabilitação.

Durante este período, as iniciativas foram caracterizadas por regimes fiscais (muitas vezes orientados geograficamente), como as zonas empresariais, programas emblemáticos de recuperação de terrenos e imagens (por exemplo, os festivais de jardins) e iniciativas baseadas em áreas que exigiam cada vez mais a concorrência e a liderança do sector privado, por exemplo, o City Challenge. As perspectivas marxistas sugeriam (Rees e Lambert 1985) que estas actividades eram também um disfarce para reduzir o nível global de despesas e que havia uma dicotomia entre a política de redução do Estado e o facto de todas estas intervenções serem intervenções estatais, embora apoiando o sector privado.

A teoria motriz (pelo menos tal como foi declarada publicamente) era que o investimento e o sucesso das empresas nas cidades conduziriam a uma "transferência" da riqueza para as comunidades locais, de modo a que todos beneficiassem (DoE 1985a). No entanto, para muitos comentadores, este foi um período de intensificação e de desigualdade e pobreza nas cidades (Imrie e Raco 2003: 4). De facto, Schoon considerou esta como apenas mais uma era de intervenções sem sucesso: '100 anos de iniciativas políticas [que] quase não tiveram impacto nos padrões de desigualdade' (Schoon 2001: 83). No entanto, a política urbana, por si só, não pode ser responsabilizada por esta situação, uma vez que houve também muitas mudanças mais amplas e estruturais na economia e na política social e económica.

Imrie e Thomas (1999), referindo-se às Corporações de Desenvolvimento Urbano, também concluíram que havia problemas na contabilização do sucesso ou não destes novos organismos. Sugerem que existem três razões para aquilo a que chamam o "potencial subversivo da avaliação independente": A crescente influência do privatismo e dos valores de mercado no seio do Estado, a nível local e central (por exemplo, a informação que outrora teria sido pública passa a estar sujeita a confidencialidade comercial); o aumento do empreendedorismo urbano (por exemplo, envolvendo uma preocupação com a imagem e uma aversão à má publicidade dos relatórios de avaliação) e afirmam que: "todos estes factores geraram um contexto significativamente diferente e problemático para a condução da avaliação da política urbana" (Imrie e Thomas: 1999).

A década de 1980 também assistiu ao aparecimento de parcerias como uma força motriz, mas as fraquezas desta abordagem foram detectadas muito cedo, por exemplo, em algumas áreas, as autoridades locais (neste caso,

Salford e Manchester) consideraram impossível trabalhar em conjunto "poderiam muito bem ter sido duas cidades diferentes" (sic) (Atkinson e Moon 1994: 78) e Higgins *et al* descobriram que "o conflito entre agências era um tema negativo" (Higgins *et al* 1983: 145). De um modo geral, os autores têm sido críticos em relação ao trabalho em parceria e consideram que os dados das parcerias sugerem que não houve uma coordenação eficaz e que algumas organizações consideraram os acordos como uma ameaça à elaboração autónoma de políticas. No entanto, Bailey (1995) e outros autores concluíram que o trabalho em parceria pode ter muitos pontos fortes a par de eventuais dificuldades.

O fracasso da política urbana não pode ser atribuído inteiramente a este período. Houve também uma desilusão a longo prazo com a capacidade da política para resolver as desigualdades. Schoon afirma que "100 anos de iniciativas políticas quase não tiveram impacto no padrão de desigualdade" Schoon (2001: 83).

Apesar da posição oficial de que haveria menos interferência governamental e burocracia durante o governo dos conservadores, Hood *et al* (1998) descobriram que, entre 1976 e 1995, o número de organismos reguladores dirigidos à administração local aumentou de 57 para 67. Hood estimou também que as despesas com auditoria, inspeção e regulamentação mais do que duplicaram e considerou que a administração local, de todas as instituições, foi a que atraiu o maior grau de preocupação regulamentar.

Stoker (2004: 45) constatou que "a opinião de muitos comentadores sobre a administração local britânica era que a instituição tinha sofrido de forma grave e injusta durante os sucessivos governos conservadores". Loughlin observou que isto tinha levado a uma alteração do carácter básico do governo local, uma vez que este tinha perdido as suas responsabilidades para uma multiplicidade de agências e quangos financiados diretamente pelo centro. Contestou que "as recentes reformas alteraram o carácter básico do governo local. A tradição de uma autoridade corporativa autossuficiente, dotada de um amplo poder discricionário para angariar receitas e prestar serviços, foi diretamente posta em causa..." Loughlin (1996: 56). O Quadro 10 ilustra até que ponto a regulamentação central foi introduzida na altura em que os conservadores perderam o poder em 1997:

Quadro 10: Principais novos reguladores de organismos públicos locais criados pelos governos conservadores de 1979 a 1997.

Organização (ano de criação).	**Tarefa principal.**	**Responsabilidade**
Comissão de Auditoria para os auditores locais e o NHS (1982).	Nomeia auditores para as autoridades locais e os organismos de saúde, efectua estudos sobre a relação custo-benefício e publica indicadores-chave de desempenho.	Reporta ao governo central, nomeadamente ao Ministério do Ambiente.
Magistrates' Court Inspectorate (1994).	Inspecciona a administração e a gestão dos Tribunais de Magistrados.	Gabinete do Lorde Chanceler.
Office of HM Chief Inspetor of Schools (Office for Standards in Education) (1992).	Relatórios sobre cada escola pública, pelo menos uma vez de quatro em quatro anos.	Secretário de Estado da Educação.
Inspeção dos Serviços Sociais (1985).	Gerir os serviços de inspeção nacionais destinados aos prestadores de cuidados e aos utilizadores do sector dos serviços sociais.	Secretário de Estado da Saúde.

Fonte: Hood *et al* (1998: 115; Apêndice III).

4.7 Novo Governo Trabalhista.

O governo local estava num reconhecido estado de crise na altura em que o Novo Governo Trabalhista foi eleito em 1997. Stoker (2004: 215) salienta que o próprio novo governo não tinha a certeza do papel das autoridades locais. Descreve como Robert Hill, o primeiro conselheiro do Primeiro-Ministro para o governo local, considerou que o governo local precisava de se reinventar como líder na área local, com um objetivo mais de identificar e satisfazer necessidades em parcerias locais do que de ser um prestador de serviços. Hill era também claro quanto ao facto de haver um ponto de interrogação sobre o governo local:

Cerca de metade da população, como eles próprios admitem, não sabe quase nada sobre o governo local e está confusa sobre o pouco que sabe... Perante este estado de coisas, vale a pena preocuparmo-nos com o governo local? Sim, mas" deve ser a resposta (Hill 1996: 22).

O novo governo trabalhista estava empenhado em regenerar as cidades britânicas através de uma combinação de inclusão social, renovação de bairros e envolvimento da comunidade, um compromisso assumido ao mais alto nível do governo, incluindo o primeiro-ministro (SEU 1998b). A Unidade de Exclusão Social foi criada e rapidamente criou dezoito equipas de ação política para examinar as causas e as soluções potenciais para os problemas urbanos. Este foi um dos primeiros sinais de uma nova abordagem de "grande tenda" do trabalho em relação à política - os principais intervenientes do governo, do voluntariado e do sector privado, bem como os grupos de reflexão, foram reunidos para produzir relatórios temáticos. As análises recolhidas foram também integradas no principal documento de consulta política: "A National Strategy for Neighbourhood Renewal" (SEU 1998b), que sugere que os principais problemas a ultrapassar incluíam uma dependência excessiva da reabilitação a curto prazo, o facto de os governos não conseguirem aproveitar o conhecimento e a energia das populações locais, uma atenção insuficiente aos problemas do desemprego, da criminalidade e da falta de educação e, o que é particularmente relevante para este estudo: a incapacidade de divulgar o que funciona e de incentivar a inovação. Esta foi uma acusação bastante condenatória da política urbana, mas foi também uma rampa de lançamento para um revigoramento da política urbana.

Stoker identificou três temas da agenda original do Novo Trabalhismo:

renovação democrática; trabalho em parceria "conjunto"; e gestão do desempenho (Stoker 2004: 49). Perri e Peck (2003) observaram que a "modernização" era a palavra de ordem utilizada pelo Novo Trabalhismo para abraçar estas agendas. [th]De facto, pesquisaram o sítio web www.open.gov.uk (o portal oficial do Governo do Reino Unido para informação publicada pelo Governo) em 13 de julho de 2001 e o sítio identificou 53.999 documentos governamentais que estavam atualmente disponíveis e tinham a palavra 'modernização' na sua primeira página (Stoker 2004: 49). Temple (2002: 302-25) sugere que se trata de um afastamento dos líderes que procuram as declarações de princípio corretas para uma compreensão mais pragmática do que funciona e pode ser realizado nas circunstâncias.

Um tema subjacente à modernização é o "assistencialismo empresarial", Stoker (2004: 51-4) afirma que este foi impulsionado pelo Tesouro e utiliza o apoio estatal para incentivar os indivíduos a "fazerem a sua parte" para se melhorarem. Outro tema tem sido a tentativa de "restaurar a capacidade do Estado". Stoker sugere que se trata de um movimento em direção a um governo flexível e que se afasta da retórica anti-governamental da Nova Direita. Assim, o governo local foi encorajado a reestruturar-se e a modernizar-se (por exemplo: utilizar novas tecnologias) e foram introduzidos níveis adicionais de governação, como o Parlamento escocês e a Assembleia galesa. A procura de uma renovação democrática incluiu presidentes de câmara eleitos por sufrágio direto, formas de governo local de gabinete, assembleias regionais, o voto por correspondência e a insistência em que as autoridades locais procedam a consultas e se empenhem efetivamente. Para o efeito, foi incentivada a utilização de uma vasta gama de técnicas inovadoras, como os painéis de cidadãos e os parlamentos de jovens. Os regimes de melhoria e de inspeção também foram associados à consulta. Stoker sugere ainda que a "modernização" inclui também que os gestores públicos não partam do princípio de que a solução para qualquer problema é a injeção de mais recursos.

[th]A Lei do Governo Local (2000) aumentou o âmbito do governo local ao introduzir o poder geral de bem-estar e exigiu mudanças radicais nas estruturas de gestão interna das autoridades locais, com base num compromisso com a doutrina da separação de poderes (Stoker 2004: 126-34), e baseou-se numa doutrina que pode traçar as suas origens no século XVIII (que o poder executivo precisa de ser controlado e desafiado para que a liberdade política seja mantida). Um efeito eficaz destas mudanças foi o facto de um número muito menor de pessoas estar envolvido na tomada de decisões. Isto serve para permitir um processo mais rápido e mais seguro, mas também para criar vencedores e perdedores mais claros entre os vereadores locais, alguns dos quais têm grande influência, mas a maioria dos quais está agora à margem. O problema que estava a ser resolvido era "a falta de clareza na tomada de decisões que enfraquece a ligação entre as populações locais e os seus representantes democraticamente eleitos" (HMG 1999: 19). No entanto, Stoker descobriu que isto se transformou num sistema complexo com responsabilidades pouco claras e dúvidas sobre a legitimidade da governação (Stoker 2004: 41).

Corera salientou que uma dificuldade para o New Labour tem sido o facto de a sua agenda ter "raízes superficiais" - baseada num grupo de elite em torno do Primeiro-Ministro e do Chanceler (Corera 1998: 6-16). Isto pode ter contribuído para o sentimento de que havia necessidade de controlar o governo local com novas diretivas, desafios e formas de medição, uma vez que havia pouca tendência no governo local para adotar voluntariamente estas novas formas de atuação.

Desde então, seguiu-se o que Imrie e Raco (2003: 4) descrevem como uma miríade desconcertante de políticas. Alguns comentadores notaram que, subjacente a isto, estava uma mudança na forma como a própria governação deveria funcionar, com uma estratificação do governo para criar novos níveis de governação comunitária.

O Conselheiro Principal do Primeiro Ministro (Mulgan 1998: 200) descreveu a intenção desta nova forma de governação como

Na medida em que os poderes e as responsabilidades podem ser transferidos para escalas mais pequenas, a política e o governo podem ser libertados para se concentrarem naquilo que só eles podem fazer... de pensar estrategicamente, deixando os cidadãos e as comunidades governarem-se a si próprios (Mulgan 1998: 200).

Stoker considerou também que outro tema central era a tensão entre o aumento da procura de despesas públicas e a convicção crescente de que os cidadãos não queriam pagar mais impostos. Afirma que: "o foco na governação é, em parte, sobre soluções para gerir esta tensão". (Stoker 2004: 20-1). O Best Value é um exemplo da continuação da procura conservadora de uma melhor gestão dos serviços públicos, mas de uma forma menos prescritiva e simplista, atenuando a influência do mercado com julgamentos e consultas locais mais baseados em valores. No entanto, ao mesmo tempo, a iniciativa "Best Value" aplica-se a um leque mais vasto de serviços locais do que os concursos públicos obrigatórios. Assim, ao mesmo tempo que reduziu os controlos, o Governo Central alargou-os e substituiu as soluções governamentais do topo para a base pelo dever de encontrar soluções locais que satisfaçam a agenda governamental do topo para a base.

Como sugerem Hood *et al*, estão a ser utilizados os instrumentos do governo (por exemplo, comunicação, negociação, oferta de incentivos financeiros, etc.) e não o próprio governo. Hood delineia três dimensões-chave da governação através da regulamentação dentro dos níveis de governo:

- Uma organização pública pretende moldar as actividades de outra.
- A supervisão é feita à distância, na medida em que não existe uma relação de ação direta ou de comando.

• O regulador tem uma espécie de mandato oficial para examinar o comportamento do regulado e procurar alterá-lo (Hood *et al* 1998: 8-13).

O Serviço de Inspeção do Best Value foi igualmente incumbido de identificar e divulgar as boas práticas (Davies *et al:* 2001). No entanto, tem havido preocupações generalizadas sobre os custos e o valor do próprio exercício Best Value (Enticott *et al:* 2002).

Pode concluir-se que no centro da agenda de reformas do Novo Trabalhismo está a convicção de que é possível conceber um sistema de melhoria do desempenho com três elementos claros: Padrões definidos de prestação de serviços; inspeção, escrutínio e revisão; desafio, recompensas e incentivos. Isto é altamente relevante para o estudo da avaliação e da transferência de aprendizagem, mas é possível que, após reflexão, o Governo tenha percebido que alcançar estes objectivos é mais difícil na prática do que na política. Muitos dos problemas e encargos do processo de avaliação também se aplicam certamente ao Best Value, mas num leque muito mais vasto de serviços.

4.8 Governo, governamentalidade e governação comunitária em rede.

A análise das declarações e acções políticas dessa época levou teóricos como Etzioni (1996: 87) e Newman (2001: 35-36) a verem estas tendências de regeneração como parte da ascensão de visões comunitárias da sociedade, considerando que as pessoas nas áreas de regeneração têm o dever de agir como aquilo que Dagger descreve como "um membro autónomo de uma comunidade autónoma" (Dagger 2000: 26).

Etzioni descreve este facto como a expetativa de que as pessoas façam "parte de uma ordem social bem equilibrada com uma autonomia socialmente assegurada" Etzioni (1996: 87). Autores como Raco e Imrie (2000: 2187-2204) desenvolveram a sua análise para sugerir que "a mudança para a agenda dos direitos e responsabilidades na política urbana faz parte de transformações mais amplas nas racionalidades do governo".

Sugerem que pode ser utilizado um quadro foucaultiano para compreender a nova agenda política e demonstrar, através da análise do Orçamento Único para a Regeneração, as técnicas de "governamentalidade", ou seja, o processo de fazer com que as comunidades activas se governem a si próprias. Sugerem que a abordagem foucaultiana se relaciona com as mentalidades de governo ou governamentalidade como base para o pensamento e a ação política. A governamentalidade é caracterizada por formas particulares de pensar sobre o tipo de problemas que devem ser abordados por várias autoridades (Foucault: 1991: 87-104). .

Isto foi descrito por Rose e Miller (1992: 181) como "actividades de problematização e resposta com um regime programático de "livros brancos, outros documentos oficiais, comissões de inquérito, etc., todos os quais procuram transformar regimes de prática (governamental)". Também consideram que a governamentalidade também é sustentada pela operação de programas através de estratégias, técnicas e procedimentos que Miller e Rose (1990: 1-31) referem como "tecnologias de governo". Estas tecnologias incluem os programas de regeneração urbana, particularmente no que diz respeito ao facto de aproveitarem a atividade de todos os aspectos de uma comunidade para seguir e implementar as regras do Governo na procura de soluções para os problemas das suas próprias áreas.

Richard Caborn (1999), o ministro da regeneração local, resumiu este facto em linguagem leiga num discurso proferido na primeira conferência nacional de regeneração do novo governo trabalhista: "o sucesso depende de dar às comunidades a responsabilidade de melhorar as coisas, as competências e a confiança para se envolverem e o poder para atingirem realmente os seus objectivos".

Perri e Peck (2003) também descobriram que a "autonomia conquistada" era outra caraterística distintiva do estilo de gestão do Novo Trabalhismo. Este facto foi interpretado por alguns comentadores quase como se o governo local tivesse perdido o seu direito de governar:

As autarquias locais podem voltar a ser autarquias locais, mas devem esperar ganhar esse direito e conquistá-lo individualmente e serviço a serviço. Não devem ser autorizadas a assumir que esse direito lhes pertence por herança (Mulgan e Perri 1996: 3-7).

Isto levou ao aumento da inspeção, que Stoker atribui à "perda de confiança na autorregulação profissional e à preocupação de que as responsabilidades da política local não fossem suficientemente sólidas para garantir que os serviços públicos melhorassem o seu desempenho" Stoker (2004: 94). Stoker constata que os regimes de auditoria e inspeção abrangem agora toda a gama de serviços das autoridades locais.

Na análise de Giddens (1995), este processo inclui o empenho dos indivíduos em monitorizar reflexivamente as suas acções, de modo a poderem prestar contas do que fazem quando solicitados por outros. Assim, os processos de monitorização e avaliação podem ter mudado as suas funções, passando do Governo a verificar se o que está a fazer está a funcionar, para os actores locais a verificarem se estão a seguir as regras do regime. Isto é também o que está a acontecer nos programas liderados pela comunidade, como o New Deal for Communities. Além disso, o Governo ainda está a verificar a nível nacional. De facto, Raco e Imrie (2000: 2187-2204) consideram que a implementação de programas como o Orçamento Único de Regeneração constitui um quadro político liberal ostensivamente avançado que permite aos indivíduos e às comunidades determinarem as suas necessidades e as soluções para as mesmas, mas na realidade são, como Rose os descreve: formas através das quais os problemas urbanos são definidos, rotulados e problematizados pelo governo e "tornados passíveis de ação autoritária em termos de caraterísticas das comunidades e dos seus pontos fortes, culturas e patologias". Rose também sugere que programas como o Orçamento Único para a Regeneração eram: "novos mecanismos para ligar os cálculos e as acções de um conjunto heterogéneo de organizações a objectivos políticos que as governam à distância através da instrumentalização da autonomia regulada" Rose (1996a: 334).

Para efeitos do presente estudo, esta tendência é importante porque representa um novo papel para a avaliação e a transferência da aprendizagem. Agora que as comunidades são actores principais na política urbana (por exemplo, nos programas do New Deal for Communities) e se espera que aprendam com os outros e utilizem práticas baseadas em provas, há uma necessidade acrescida de garantir que tanto a avaliação como a transferência de aprendizagem sejam eficazes. Isto significa também que os comissários da aprendizagem e os guardiões da transferência da aprendizagem também mudaram. Por conseguinte, os temas da avaliação e os indicadores de sucesso mudaram. É particularmente notória a evolução no sentido de medir os resultados (que podem medir melhor as mudanças qualitativas) em vez das realizações e mesmo dos contributos, que são normalmente utilizados como medidas quantitativas. Como sugere Foucault (1991), em troca de um pouco mais de liberdade de ação, os sujeitos ficam sob maior controlo, escrutínio e vigilância por parte do Estado.

De forma preocupante, Raco e Imrie constataram que: "A investigação sobre a implementação do projeto SRB desde 1994 realça estas tendências" (Raco e Imrie 2000: 2187-2204). Foley *et al*, na sua avaliação de uma série de projectos no centro de Inglaterra, constataram que os sistemas de vigilância e de disciplina de gestão estavam a substituir as relações de confiança e a gestão profissional". Embora estes programas possam ter sido criados com a ideia de empowerment, a mentalidade que se desenvolveu foi a da cultura do contrato, o que, evidentemente, reduz a necessidade de confiança. Também descobriram que tanto o Best Value como o Best Practice foram utilizados como métodos para encorajar e impor acções locais "não ideológicas" e "responsáveis" (Foley *et al* 1998: 6380).

Uma mudança significativa identificada por Imrie e Raco (2003:26) é no papel da comunidade, que detectam uma mudança do papel da comunidade de objeto de política para instrumento de política. Consideram que se trata de uma rejeição tanto da confiança dos conservadores no incentivo ao mercado como da confiança dos trabalhistas no Estado. A nova visão é aquela em que os cidadãos activos participam em parcerias entre o governo e a sociedade civil, baseadas na pluralidade de redes sociais mais amplas, e em que a mudança é conseguida "de baixo para cima", proporcionando oportunidades para a política participativa, "a capacitação local e o envolvimento dos residentes nas suas próprias vidas" (Rose 1996: 335).

Assim, mais uma vez, a aprendizagem necessária para uma regeneração urbana bem sucedida já não pode ser reservada a alguns gestores e comissários em locais públicos, mas tem de ser eficaz para públicos amplos e variados. Para além dos efeitos, espera-se agora que a avaliação meça questões processuais, como o grau de envolvimento da comunidade e a capacidade dos grupos-alvo para influenciarem as decisões. Hood *et al* (1998: 16) consideram que esta disseminação do poder e do controlo tem outro efeito pretendido: o de "tornar os resultados e as operações imprevisíveis" e tentaram definir algumas das caraterísticas desta forma emergente de governação que designam por "governação comunitária em rede". Encontraram quatro caraterísticas principais;

- A regulação ocorre no seio do Governo através de regimes de inspeção, objectivos, etc. (por oposição ao paradigma weberiano, em que a regulação era essencialmente feita pelo Governo);
- O mercado é um mecanismo de coordenação fundamental;
- A força crescente da "articulação de interesses", a que Hirschman (1970: 30) chama "voz";
- O reconhecimento de que a "lealdade" (Hirschman 1970: 30) ou a confiança (Fukuyama 1999: 16, 49) é um lubrificante essencial e eficaz para

uma governação bem sucedida (Hood *et al* 1998: 16).

A confiança é descrita por Fukuyama como um mecanismo fundamental para esta nova forma de governação: "Se se puder contar com as pessoas para manterem os seus compromissos, honrarem as normas de reciprocidade e evitarem comportamentos oportunistas, então os grupos formar-se-ão mais facilmente e os que se formarem serão capazes de atingir objectivos comuns de forma mais eficiente" (Fukuyama 1999: 16, 49).

Talvez um exemplo fundamental da conjugação dos temas da agenda do Novo Trabalhismo seja o Regime de Avaliação Global do Desempenho. Este regime reúne a gama de inspecções, avaliações pelos pares e consultas num pacote que pode redefinir completamente uma autoridade local, não em termos da forma como esta ou os seus eleitores a vêem, mas em termos de numerosos organismos e pares cuja tarefa é promover a agenda da modernização através de muitas vias diferentes. A avaliação global do desempenho, tal como o Best Value, está ligada a um regime de melhoria - as autoridades que não cumprem as suas obrigações subscrevem um regime de melhoria que inclui apoio externo em termos de aprendizagem com os outros, coordenado pela Agência de Melhoria e Desenvolvimento. Stoker considera que a avaliação global do desempenho foi desenvolvida porque o Best Value não estava a produzir resultados na medida do necessário. Também considera que esta é uma prova de que, apesar de o New Labour se orgulhar de apoiar o que funciona, também tentará novas iniciativas para obter as melhorias de desempenho de que necessita (Stoker 2004: 106).

4.9 Parcerias estatutárias e permanentes e integração

Para que a Governação Comunitária em Rede funcione, são necessários políticos locais que possam agir e facilitar a expressão da voz em comunidades diversas e reconciliar as diferenças. No entanto, segundo Rhodes, isto corre o risco de "substituir o governo privado pela responsabilidade pública... e receia que "a responsabilidade desapareça no interesse das teias de instituições que constituem a governação" (Rhodes (2000: 77). Stoker pode lançar mais um desafio à renovação democrática, perguntando: quem se pode candidatar dizendo "votem em mim, posso garantir a realização de muito pouco porque o sistema é muito complexo e as alavancas de controlo não funcionam?" (Stoker 2004: 192-214).

O panorama da governação local é muito complexo. O novo governo trabalhista não reduziu o número total de níveis. O Comité de Seleção da Administração Pública da Câmara dos Comuns constatou que o número de organismos locais "quangos" se mantinha a níveis semelhantes aos de meados da década de 1990 - estimava-se que existiam 5338 organismos públicos locais no Reino Unido (HofC 2001: parágrafo 27). Para fazer face a esta complexidade, outra fonte de aumento da atividade local foi a exigência de muitos destes organismos se consultarem mutuamente e elaborarem planos temáticos abrangentes. Inicialmente, a criação de parcerias pelo Novo Partido Trabalhista foi caótica e excessivamente centralizada, um "centralismo caótico" (Stoker 2004: 162) ou um "Estado congestionado" (Sullivan e Skelcher: 2002: 20) em que se gastou muito tempo a criar novas estruturas, mas, no segundo mandato, foi incentivada e, mais tarde, mandatada a emergência de uma rede de parcerias locais com uma Parceria Estratégica Local no topo.

Uma outra tendência dos governos do Novo Partido Trabalhista tem sido a integração das lições aprendidas com as iniciativas de curto prazo e baseadas na área. As pessoas locais não estavam apenas a ser aproveitadas para encontrar soluções para os problemas da sua área, mas também se esperava que as traduzissem em novas formas de gerir e "juntar" os serviços tradicionais. Em muitos aspectos, isto torna o papel da avaliação ainda mais crucial, uma vez que as despesas gerais são muitas vezes superiores às dos programas de regeneração urbana e, por conseguinte, é crucial compreender "o que funciona".

De certa forma, trata-se de um reforço da estratégia do Novo Trabalhismo de tornar os níveis locais de governação responsáveis pela prestação de serviços, incluindo serviços nacionais como o Serviço Nacional de Saúde. Ao mesmo tempo que, ostensivamente, dá poder às pessoas locais para gerirem melhor as coisas, o Governo também está a delegar o seu dever de fazer com que estes serviços funcionem.

Um tema fundamental desta nova ênfase local é o facto de não fazer das autoridades locais o principal prestador presumido de serviços locais, mas de se esperar que uma infinidade de organizações supra-locais, como as Parcerias Estratégicas Locais, assumam a liderança e dêem prioridade aos recursos em todos os principais serviços locais e iniciativas baseadas na área. A convicção é que as outras partes interessadas têm o direito de participar nos debates e nas decisões políticas como parceiros e não apenas porque ignorá-las causaria problemas ou porque poderiam ter acesso a recursos. Perri *et al* (2002: 219-33) sugerem duas razões para a "junção": em primeiro lugar, os problemas podem ser demasiado complexos (por exemplo, a criminalidade) e, em segundo lugar, os problemas das pessoas estão muitas vezes ligados (por exemplo, a pobreza das famílias).

Talvez porque o Governo Central se apercebe de que estas disposições não estão obrigadas a funcionar, existe também um regime crescente de objectivos do Acordo de Serviço Público, revisões da Avaliação Global do Desempenho e requisitos de Melhor Valor, bem como objectivos de serviço estabelecidos a nível nacional para todos os outros actores principais, por exemplo: fundos de cuidados primários, polícia, escolas, etc. De facto, Stoker (ibid) sugere que "praticamente não existe agora nenhum domínio de decisão local em que o governo local seja capaz de operar por si próprio". Por exemplo, no seu segundo mandato, o Novo Partido Trabalhista introduziu os objectivos do Acordo de Serviço Público, através dos quais as autoridades locais concordaram em alcançar melhorias específicas e mensuráveis nos resultados em troca de recursos adicionais. No terceiro mandato, o Novo Partido Trabalhista está agora a lançar os Acordos Locais de Área, que levam esta tendência um pouco mais longe, permitindo aumentar os fundos de uma área em troca de melhorias numa série de serviços-chave para essa localidade.

A agenda de modernização do Novo Trabalhismo (GLE 2004) é também um motor para a Renovação de Bairros, uma vez que reflecte algumas das mesmas estratégias da Estratégia de Renovação de Bairros. A modernização, nos termos do Governo, estendeu-se à forma como as autoridades locais são governadas para tentar torná-las mais eficazes, reactivas e responsáveis. Em termos de transferência de aprendizagem, foi introduzida uma função de controlo, o que significa que os membros das autoridades locais têm agora o dever de controlar os seus próprios serviços locais e, em alguns casos (por exemplo, a saúde), os serviços de outros.

O relatório de investigação da Greater London Enterprises "Turning Neighbourhoods Around" concluiu que "o enfoque no nível do bairro é particularmente relevante porque o bairro é visto como o nível lógico para combinar a intervenção pública com a participação da comunidade" (GLE 2004: 12). Muitas autoridades locais têm agora estruturas do tipo comité de zona ou fórum de bairro. Os objectivos globais da regeneração de uma zona devem ser determinados ou acordados através de parcerias estratégicas locais. O Fundo de Renovação de Bairros destinava-se especificamente a incluir um elemento de "apreciação da forma como as lições aprendidas e as boas práticas de iniciativas de curto prazo podem ser aplicadas através de actividades gerais". Por conseguinte, a tónica foi colocada na transferência da aprendizagem para as actividades gerais e não (ou também) para a próxima iniciativa baseada na área (GLE 2004: 12).

Por conseguinte, o contexto durante este período de estudo, nos primeiros anos do novo milénio, é o de um aumento do número e da importância das estruturas locais. O objetivo era permitir que as localidades se governassem melhor, aprendessem com as iniciativas e os projectos-piloto baseados na área e melhorassem continuamente, ao mesmo tempo que implementavam uma agenda de objectivos cada vez mais descendente.

Houve um afastamento do que, em retrospetiva, parecem ser estruturas centrais e locais simples e responsáveis para uma infinidade de parcerias, agências e corporações supra-locais povoadas por nomeados que podem nunca ter esperado desempenhar tais papéis e podem não ter qualquer aprendizagem adequada. Por exemplo, as Parcerias Estratégicas Locais são compostas por nomeados de uma vasta gama de organismos, como a polícia, os fundos de cuidados primários e o sector privado, bem como por membros do sector do voluntariado.

No entanto, foram lançadas dúvidas sobre a medida em que estes regimes permitiam e não impediam a aprendizagem - Stoker constatou que as parcerias "eram frequentemente lançadas num contexto de concursos mal concebidos e de sistemas de avaliação inadequados... a cultura da medição do desempenho era muitas vezes pouco flexível e, consequentemente, podia retirar valor aos programas em vez de o devolver". O autor constatou também que havia demasiada pressão para ter êxito e que a transferência de boas práticas daí resultante era precipitada e centralizada. Stoker (2004: 163). Perri (2002: 98) constatou que os gestores estavam mais preocupados em encobrir os fracassos e que a prática muitas vezes só é aplicável em circunstâncias locais e leva tempo a ser reconhecida e comprovada.

Atualmente, há também um esforço para simplificar a complexidade das iniciativas baseadas em áreas e de outros programas especiais (GLE 2004: 12), o que é uma repetição da situação em que a Comissão de Auditoria (1989) concluiu que havia uma "manta de retalhos de iniciativas". Tal como anteriormente o Orçamento Único para a Regeneração foi introduzido para racionalizar os programas e foi rapidamente seguido por uma vasta gama de esquemas complexos, as Agências de Desenvolvimento Regional têm agora um "Pote Único" que, na realidade, é apenas uma fonte de financiamento entre uma gama crescente de programas e desafios. No Governo Central, a Unidade de Coordenação Regional está a tentar controlar e racionalizar os programas.

A implementação do projeto do New Labour para uma maior liderança comunitária exigiu programas de capacitação das comunidades. Como afirma o Livro Branco Urbano: "tencionamos reforçar a capacidade das comunidades para se ajudarem a si próprias e promover a coesão social em todo o país". Trata-se de um projeto ambicioso, uma vez que Imrie e Raco (2003: 21) sugerem que "as comunidades devem ser trabalhadas, (re)moldadas e melhoradas (nos termos de Foucault)" e, como sugere Mulgan, "devem ser tornadas mais fortes, mais responsáveis, mais capazes de tomar decisões e de compreender o mundo em que vivem" (Mulgan 1998: 11).

O reverso da capacitação da comunidade é a inevitável mudança do papel do funcionário público e do profissional da administração local. Enquanto anteriormente a sua experiência e formação lhes permitia determinar a política e as acções subsequentes, agora têm de moderar este processo com os papéis de liderança da comunidade e dos parceiros e a tomada de decisões partilhada das parcerias.

Existe alguma margem para o governo local reafirmar o seu papel no âmbito da responsabilidade recentemente introduzida para as autoridades locais de elaborarem estratégias comunitárias para a sua área (DETR 1998) e dos seus recentes poderes discricionários para despender recursos em questões de benefício comunitário. No entanto, este poder discricionário foi reduzido pelo aumento da proporção de financiamento autónomo das autoridades locais (de 1997/8 a 2004/5), que aumentou de 5% para 14%.

Em suma, o mundo em que a avaliação e a transferência de aprendizagem operam mudou para um mundo de maior complexidade e rotatividade de actores, programas e iniciativas. As comunidades e as parcerias locais podem agora definir as suas prioridades, desde que cumpram os requisitos do governo central, e podem determinar quais as intervenções e alterações ao mainstream susceptíveis de funcionar. Nunca antes a avaliação e a transferência de conhecimentos foram tão necessárias a tantas pessoas para responder a tantos desafios.

No entanto, existem algumas reservas quanto à eficácia do trabalho de avaliação realizado no âmbito do projeto New Labour. Stoker concluiu que grande parte da avaliação da atual série de iniciativas do New Labour não passa de um acompanhamento do funcionamento dos programas e sugere que a falta de sofisticação ou profundidade na abordagem da recolha de provas significa que uma estratégia de facto de "lotaria" substitui uma abordagem mais ponderada e reflexiva. Stoker sugere que parece ter sido adoptada uma estratégia deliberada de tentativa e erro, baseada na falta de confiança nas autoridades locais para a execução dos programas (Stoker 2004: 5). Hood (1998: 16) sugere que o objetivo é "controlar o comportamento tornando os resultados e as operações imprevisíveis". Ele sugere que a estratégia da "lotaria" (em vez de qualquer estratégia informada pela aprendizagem) reflecte a posição estrutural, a perspetiva e as contingências políticas do New Labour e identifica quatro factores principais em ação:

- Continuação do modelo de dependência de poder entre o poder local e o poder central.

- O ponto de partida é uma perspetiva fatalista baseada na falta de confiança e no pressuposto de que o governo local não funcionará a menos que seja incentivado e possa ganhar autonomia/confiança.

- Uma estratégia de "prémios para todos", quando necessário, para manter os principais intervenientes do lado, por exemplo, o apoio direto dos diretores das escolas.

- O empenhamento numa campanha permanente nos meios de comunicação social, sugerido por Stoker, leva à tendência para lançar primeiro uma iniciativa política e pensar nas ligações com outras políticas numa fase posterior (Stoker 2004: 75-77).

Rhodes (1997: 112-136) sublinha como o conjunto das relações de poder se tornou extremamente exigente, afirmando que isso significa agora que as autoridades têm de colaborar para atingir os seus objectivos, que têm de trocar recursos e negociar, seguindo as regras do jogo que foram estabelecidas por outros. Poder-se-ia acrescentar que as regras mudam frequentemente e nem sempre são claras. Não basta que as autoridades locais pensem que sabem a melhor forma de abordar uma questão; têm de persuadir outras pessoas de um vasto círculo de interesses. Um conhecimento mais alargado de "o que funciona" parece ser de importância crescente. No entanto, aqui reside um outro dilema, como diz Stoker:

A aprendizagem de lições num sistema centralizado é profundamente problemática. O centro pode dizer que quer coordenar a difusão de boas práticas e dar orientações, mas se a aprendizagem estiver ligada a sistemas de responsabilização e talvez até à ameaça de sanções. A possibilidade de uma aprendizagem aberta é subestimada. Além disso, as lições aprendidas sobre o que funciona têm frequentemente um carácter altamente local (Stoker 2004: 22).

Perri 6 reforça este facto: "Os gestores públicos que receiam as sanções centrais estarão, compreensivelmente, mais preocupados em encobrir os fracassos do que em discutir francamente com os colegas as lições aprendidas" (Perri 6 et al 2002: 98).

4.10 O aumento dos níveis verticais de governação.

Para além do novo localismo, os novos governos trabalhistas introduziram também novos níveis de governação na Escócia (o Parlamento escocês) e no País de Gales (a Assembleia galesa). Antes disso, tinha havido a adesão do

Reino Unido à União Europeia em 1974 e, subsequentemente, uma gama mais vasta de programas com impacto na regeneração urbana. As várias medidas podem ser tipificadas como sendo programas temáticos específicos (por exemplo, "RECHAR" para antigas bacias carboníferas) e fundos estruturais que normalmente fornecem cofinanciamento (como o Fundo Europeu de Desenvolvimento Regional ou o Fundo Social Europeu). Em todos os casos, o financiamento europeu tem de ser compensado por despesas efectuadas pelo governo nacional nas regiões que precisam de "recuperar o atraso" em relação ao resto da Europa. O fundo mais recente e o mais diretamente relevante para as iniciativas de base territorial nas zonas urbanas são as iniciativas comunitárias, que incluem o programa URBAN. URBAN é um programa altamente direcionado (tanto espacial como tematicamente) para pequenas áreas das cidades.

Chapman considera que a Europa está a tornar-se uma componente-chave na formulação de estratégias de regeneração urbana para muitas cidades britânicas. De facto, Chapman refere-se à "europeização" da política urbana Chapman (1995: 73-86). Em termos de avaliação e transferência de aprendizagem, os principais comentários que podem ser feitos são os seguintes:

• Houve uma transferência significativa do financiamento e do controlo do financiamento da regeneração para os programas liderados pela Europa.

• A União Europeia exige a avaliação de todos os seus programas.

• Os programas europeus tendem a basear-se numa área e criam outro nível de complexidade em termos de quais as áreas que são financiadas pela Europa e quais as que não o são. Esta complexidade é agravada pelo facto de os domínios e os montantes de apoio serem diferentes para os diferentes fundos europeus.

• Todos os fundos europeus exigem um financiamento equivalente, pelo que podem desviar a atribuição de fundos das prioridades locais para as prioridades europeias (embora muitas vezes estas sejam as mesmas).

• Os fundos europeus são todos limitados no tempo e estão sujeitos a mudanças na política urbana europeia, bem como a mudanças na demografia da exclusão social e à expansão da própria União Europeia.

• A União Europeia apoia as redes de políticas, por exemplo, quando três ou mais localidades de diferentes países da União Europeia trabalham em conjunto para desenvolver boas práticas. Isto é feito numa base temática (por exemplo, regeneração urbana em cidades com frentes de água significativas).

4.11 Conclusões

Este capítulo descreveu, de forma breve, como o contexto governamental em que a avaliação se desenvolveu registou algumas mudanças radicais. A ascensão da governação reflectiu as mudanças na sociedade e não está de modo algum completa no momento desta investigação - esta não é uma era de governação sem governo (Davies 2001: 195-220). Existem ainda fortes legados institucionais em termos de burocracias locais e centrais estabelecidas, redes profissionais e partidos políticos e, por conseguinte, a avaliação é um produto de, e tem de operar numa paisagem lotada e transitória.

A avaliação tem sido considerada cada vez mais importante pela Nova Direita, porque permite ostensivamente a gestão do desempenho, a concorrência e a economia, e pelo Novo Trabalhismo, porque permite todos esses atributos, mas também permite a prática baseada em provas e a liderança informada da comunidade e das parcerias. A sua importância também aumentou porque, tal como Fukuyama (1999: 4) defende, à medida que as pessoas têm acesso a uma maior quantidade de informação (na Internet, por exemplo), confiam menos no governo e exigem mais informação sobre a razão pela qual se diz que as intervenções funcionam. Há também provas de que confiam menos nos seus líderes eleitos e sentem cada vez mais que a democracia direta, como os referendos, permitiria tomar melhores decisões (Bromley *et al* 2001: 214), o que aumenta a necessidade de analisar e compreender o que funciona e de o colocar no domínio público.

medida que foram surgindo novas estruturas de governação, como as Parcerias Estratégicas Locais, a avaliação assumiu também uma nova importância na apreciação dos processos e dos resultados. A governação comunitária em rede pode também exigir uma maior aprendizagem a partir da avaliação e de outras fontes, devido à contradição inerente ao facto de, ao procurar envolver um leque mais vasto de parceiros, se criarem redes que, uma vez criadas, são fechadas e, por conseguinte, limitadas na sua responsabilidade. Para as responsabilizar, as comunidades e o Governo Central precisam de compreender melhor o que funciona e, de facto, tem de haver uma maior transferência de aprendizagem. Como Rhodes afirmou, "as redes substituem a responsabilidade pública pelo governo privado" Rhodes (2000: 77).

O terceiro capítulo sublinhou a forma como as atitudes em relação à aprendizagem mudaram e, nos últimos anos, a tónica tem sido colocada na aprendizagem ao longo da vida, na aprendizagem pela prática, na aprendizagem em parceria e na aprendizagem centrada no estudante. Reconheceu-se também que as competências necessárias para a regeneração são transversais e nem sempre são adquiridas através do ensino.

A transferência de aprendizagem entre programas de reabilitação urbana e o conhecimento do que funciona parecem ser mais importantes atualmente do que em qualquer outra altura do passado. Reconhece-se que a aprendizagem se processa de muitas formas, tanto formal como informalmente. Por conseguinte, foi imperativo para este estudo examinar a documentação formal (por exemplo, relatórios de avaliação) e ouvir as partes interessadas sobre as suas várias experiências de aprendizagem, cujos resultados são apresentados nos Capítulos Seis e Sete. O próximo capítulo examina as formas como a prática da avaliação surgiu e evoluiu e respondeu às mudanças nas disposições de governação aqui relatadas.

Capítulo 5 - Uma visão geral do surgimento da avaliação, alguns desafios conceptuais e operacionais e uma tipologia da avaliação.

5.1 Introdução.

Este capítulo explora o aumento da importância da avaliação e a razão pela qual é uma área de estudo tão importante. São exploradas dez razões principais que explicam a importância da avaliação na reabilitação urbana:

- O desenvolvimento geral das ciências sociais, que acompanhou o desenvolvimento da política urbana em geral;

- A agenda de modernização do novo governo trabalhista e o surgimento de novas formas de trabalho - a regeneração urbana tem estado no centro da experimentação de novas formas de trabalho - a avaliação dos métodos e efeitos pode ser considerada de importância adicional;

- A constatação, por parte de muitos teóricos e de alguns decisores políticos, de que as avaliações dos programas eram por vezes imprecisas e pouco úteis no seu âmbito e na medida em que informam as políticas em vez de se limitarem a reagir a instrumentos políticos individuais;

- O aumento das despesas com a reabilitação urbana por parte de uma vasta gama de organismos não tradicionais;

- A introdução de elementos competitivos na reabilitação urbana (o que implicou a necessidade de algumas formas de comparação);

- A avaliação tornou-se cada vez mais importante em termos de questões processuais, bem como de resultados de projectos ou programas;

- A falta de compreensão dos problemas e questões nas áreas em causa;

- A avaliação, em si mesma, é efectuada com um custo considerável para os que a encomendam e para os programas e comunidades em causa. Se não estiver a ser aplicada eficazmente, será uma má utilização dos recursos públicos;

- A redução da dependência da experiência e da formação dos funcionários públicos e de outros profissionais;

- Responsabilidade perante o Tesouro, tendo em conta o elevado montante das despesas envolvidas.

Este capítulo examina igualmente a evolução dos objectivos declarados da avaliação. Trata-se de um conhecimento essencial para se poderem fazer juízos sobre o êxito de qualquer transferência de aprendizagem. Os objectivos declarados da avaliação são analisados a partir de onze programas de amostra dos quais estavam disponíveis materiais de avaliação. Verifica-se que estes objectivos foram alterados ao longo do período em análise. Os objectivos são variados ao longo do período, mas surgem algumas mudanças de ênfase.

Os programas mais antigos colocam a tónica nos resultados e nos impactos da intervenção, enquanto os programas mais recentes colocam mais a tónica nos métodos ou abordagens que funcionam. Os programas mais recentes também pedem especificamente lições para o futuro ou lições transferíveis. Este estudo examinou a documentação publicada de programas de reabilitação urbana de um período de três décadas e pode ser detectada uma clara mudança nos objectivos declarados. A partir da leitura da teoria, foram recolhidas e documentadas neste capítulo tipologias de avaliação, que reforçam as definições alargadas de "avaliação". Em seguida, este capítulo discute as provas que põem em causa qualquer suposição automática de que a aprendizagem teve lugar e documenta as muitas razões pelas quais essa transferência pode ser limitada, condicional ou inexistente. Finalmente, o capítulo termina reconhecendo que existem provas documentais de alguma transferência de aprendizagem

5.2 O aumento da importância da avaliação

A avaliação dos programas de reabilitação urbana tem tido uma importância crescente e tem também evoluído tanto em termos do tipo de avaliação efectuada como das razões pelas quais a avaliação foi realizada. A análise da teoria para esta investigação levou à identificação das principais razões pelas quais a avaliação assumiu a importância que tem na reabilitação urbana. A primeira razão é o aumento geral das ciências sociais que acompanhou o desenvolvimento da política urbana em geral. Como afirma Rossi:

Nas últimas décadas, cada vez mais programas públicos estão a ser avaliados de forma sistemática. A todos os níveis de governo, as legislaturas, os ramos executivos e as agências operacionais exigem cada vez mais que sejam geradas provas empíricas credíveis que possam mostrar até que ponto os programas estão a atingir os clientes pretendidos, a produzir os resultados pretendidos e a evitar efeitos secundários indesejados.... O que distingue as avaliações sistemáticas do período posterior à Segunda Guerra Mundial das avaliações do passado é o emprego de metodologias das ciências sociais para gerar provas empíricas sobre a cobertura e a eficácia dos clientes dos programas (Rossi 1999: 521).

Outro fator de motivação tem sido a vontade de tornar a administração local mais empresarial e de introduzir métodos do sector privado na regeneração. Burton e Boddy consideram que: "um aumento acentuado da ênfase dada ao controlo e à avaliação na política urbana" como resultado da tendência mais geral de introduzir princípios, procedimentos e práticas empresariais nos mundos da administração central e local. Consideram também que a aprendizagem não foi a principal força motriz: "A criação da Iniciativa de Gestão de Programas Urbanos anunciou um compromisso renovado com a avaliação, embora o seu título... indique que o seu objetivo principal consistia mais na gestão de regimes de subvenções administrados localmente do que em alimentar a experiência local na elaboração de políticas a nível nacional" (Burton e Boddy 1995: 34).

No entanto, verificaram também que o National Audit Office (1993) utilizou efetivamente esses dados de avaliação para chamar à responsabilidade as Urban Development Corporations e encontrou lacunas significativas no desempenho. Burton e Boddy também consideram o surgimento do City Challenge como algo positivo: "um dos aspectos mais encorajadores do programa City Challenge foi a ênfase dada ao desenvolvimento de um regime mais abrangente e contínuo de controlo e avaliação" (Burton e Boddy 1995: 35).

Uma outra razão para o aumento da importância da avaliação é a emergência de novas formas de trabalho. A regeneração urbana tem estado no centro da experimentação de novas formas de trabalho e, por conseguinte, a avaliação dos métodos e dos efeitos pode ser considerada adicionalmente importante. Turok constatou que o Governo conservador parece ter submetido as políticas de desenvolvimento urbano e regional a um exame mais minucioso do que muitos programas maiores e mais dispendiosos, como os destinados a reduzir o desemprego registado a nível nacional. Considerou que este facto poderia dever-se "tanto à distribuição geográfica do apoio político... como à publicidade negativa que se segue a estatísticas de desemprego elevadas" (Turok 1991: 1544).

As sociedades de desenvolvimento urbano constituíram uma exceção ao padrão de avaliação de rotina de novos programas encomendados pelo departamento patrocinador. O Ministério do Ambiente foi criticado, dada a grande afetação de recursos, por não efetuar um acompanhamento sistemático das Urban Development Corporations (NAO 1988). Atualmente, seria impensável lançar um novo programa de regeneração importante sem garantir a avaliação. A empresa de consultoria Roger Tym and Partners produziu orientações para as parcerias locais em nome do Gabinete do Vice-Primeiro-Ministro e sugere que "Todas as políticas públicas devem ser avaliadas, mas a necessidade é maior em áreas políticas dominadas pela mudança e inovação, como a regeneração" (Roger Tym and Partners 2003: 2).

Desde 1997, os novos governos trabalhistas introduziram modelos mais inclusivos que suscitaram preocupações quanto à eficácia. Houve, portanto, uma necessidade (mas nem sempre um desejo?) de avaliar o que estava realmente a acontecer. A importância desta avaliação aumentou à medida que novas formas de trabalho (como o trabalho em parceria) se estenderam a áreas temáticas cada vez maiores, por exemplo, as Zonas de Ação Sanitária e as Zonas de Ação Educativa.

Este aspeto foi utilmente resumido nos documentos de um seminário da Agência de Desenvolvimento de Londres, que sugeriu as razões pelas quais os programas de regeneração podem ter de ser objeto de avaliação mais do que outros:

- O carácter de curto prazo dos programas de regeneração.
- A necessidade de resultados rápidos e tangíveis.
- O carácter inovador e experimental dos programas de reabilitação.
- O carácter dinâmico dos programas limitados pelo tempo/geografia e a exigência de resultados rápidos.
- Os imperativos temáticos da igualdade de oportunidades, acessibilidade e sustentabilidade (LDA 2002: 1).

Foram introduzidas algumas iniciativas importantes que transformaram as formas de trabalho e de propriedade de grandes áreas urbanas e que foram depois abolidas, na expetativa de que as agências existentes ou outras novas formas de experimentação constituíssem a estratégia de saída. Uma das mais significativas poderá ser a Housing Action Trusts, que produziu algumas mudanças radicais em alguns dos mais problemáticos antigos bairros sociais. Shaw *et al* (DETR 2000d: 5) no seu relatório de avaliação do Housing Action Trust salientam a importância de partilhar experiências e de aprender com elas. Consideraram que, no âmbito do desenvolvimento da política e da prática de reabilitação de áreas, a importância da aprendizagem e da partilha de conhecimentos era clara. No entanto, não justificam como é que isso é "claro", para quem, e como é que as lições devem ser formalmente aprendidas pela miríade de organismos, incluindo os proprietários sociais registados, os fundos de desenvolvimento, as organizações de inquilinos, etc., que levarão por diante este trabalho.

Outra razão para o aumento da importância da avaliação foi a constatação, por parte de muitos teóricos e de alguns decisores políticos, de que as avaliações dos programas eram, por vezes, imprecisas e pouco úteis no seu âmbito e na medida em que informam a política, em vez de se limitarem a reagir a instrumentos políticos individuais. Por conseguinte, nos últimos anos, tem havido uma série de declarações sobre a importância, não só de realizar a avaliação *em si,* mas também de a realizar de forma exaustiva e rigorosa. Por exemplo, Lawless *et al* concluíram que "no Governo, está a ser colocada uma ênfase crescente na garantia de que a política e a prática são informadas através de uma base de provas mais rigorosa e exigente" (Lawless *et al* 2000: 1).

Há aqui uma implicação de que as provas que foram utilizadas até à data foram menos rigorosas e menos exigentes e, claramente, não se podem tirar lições se a investigação não for efectuada adequadamente. Em alternativa, existe talvez um perigo maior de que as lições aprendidas sejam erróneas ou inaplicáveis. Este aspeto é discutido mais adiante neste capítulo. Algumas das fragilidades atribuídas aos resultados da avaliação em programas de reabilitação anteriores podem ser atribuídas ao facto de muitas das avaliações não serem verdadeiramente independentes. A análise da literatura demonstrou que, na maioria dos programas investigados até ao City Challenge, as avaliações foram encomendadas, geridas e publicadas pelo departamento governamental patrocinador do programa avaliado. Embora os investigadores fossem independentes uma vez nomeados, o Governo tinha o monopólio da encomenda da investigação de avaliação.

De facto, como afirmam Fearnley e Pratt, "o City Challenge também introduziu a ideia de avaliação independente ... em simultâneo com os resultados e o impacto". Os autores salientam ainda que as avaliações do City Challenge introduziram a ideia de avaliação do processo em termos da forma como os actores atingem os objectivos do programa através de novas estruturas e parcerias: "Os avaliadores também analisam o processo e examinam a parceria para avaliar se está a funcionar bem" (Fearnley e Pratt 1996: 327-351).

Na altura em que o programa subsequente do Orçamento Único para a Regeneração estava a ser avaliado, havia uma maior orientação governamental sobre a precisão necessária para obter uma visão dos impactos líquidos reais e a documentação da necessidade de garantir que as lições eram transferidas. Esta investigação encontrou pouca documentação publicada que reconhecesse que garantir que as lições são aprendidas pode, em si mesmo, ser um problema. Tal como documentado no Capítulo 3, é evidente que não se pode partir do princípio de que a aprendizagem ocorre apenas como resultado da criação e apresentação da informação. O Dr. Peter Tyler, líder da equipa de avaliação do National Single Regeneration Budget, ao discutir esta questão num documento para um seminário de investigação da Universidade de Westminster, afirmou que as orientações encorajaram uma maior precisão na definição dos objectivos e dos contributos, a sensibilidade de estabelecer resultados "líquidos" em vez de brutos através da utilização de medidas de peso morto, de deslocação e de multiplicador e uma maior sensibilização para a apreciação e a avaliação na informação sobre políticas e práticas (Tyler 2001b).

Ao mesmo tempo, o Governo criou a Unidade de Renovação de Bairros a nível nacional e está a modernizar e a experimentar novas estruturas de governação local. Para efeitos do presente capítulo, é importante considerar que a avaliação terá sido sentida como sendo cada vez mais importante porque:

• Novos fundos holísticos, decididos a nível local, estavam a ser implementados nas 88 áreas mais carenciadas das autoridades locais e cada área tinha de decidir "o que funciona" para poder atribuir o financiamento.

• Estavam a ser implementadas novas estruturas integradas de governação local sob a forma de Parcerias Estratégicas Locais e era necessário saber como dar prioridade às acções e que tipo de estruturas e processos eram susceptíveis de funcionar.

• Foram introduzidas novas estruturas de governo local, como o trabalho em gabinete e, em algumas cidades, a eleição de presidentes de câmara.

- Foram introduzidos regimes de desempenho baseados em juízos de valor, como o Best Value e o Comprehensive Performance Assessment.

- Surgiu uma nova ênfase (ilustrada pela criação, pelo Governo, de uma unidade de coordenação regional) na tentativa de reduzir a multiplicidade de organismos de parceria local, todos eles com diferentes bolsas de actividades de regeneração, e de tentar "integrar" essas actividades nos serviços públicos gerais da zona. Esta situação constitui um desafio muito sério para os avaliadores, devido ao perigo de serem integradas iniciativas com fraco desempenho ou de serem adoptados projectos e intervenções que podem piorar a situação em vez de a melhorar, devido a uma avaliação deficiente ou à incapacidade de garantir a transferência de uma aprendizagem adequada.

Estes pontos são sublinhados na primeira avaliação anual da Unidade de Renovação de Bairros pela então Ministra de Estado, Barbara Roche:

Queremos dar a todos os envolvidos na renovação a oportunidade de aprender com o que funciona - e com o que não funciona. Subjacente à visão de renovação dos bairros está o nosso programa de competências e conhecimentos, que tem por objetivo aprender lições uns dos outros e divulgar boas práticas (NRU 2002b: 5).

A revisão anual continua a sublinhar a importância da aprendizagem tanto para as iniciativas baseadas na área como para o mainstream. Tem havido também uma preocupação crescente, visível desde os programas de alto perfil da Urban Development Corporation, de que a avaliação de quem beneficia exatamente é tão importante como o facto de um programa funcionar por si só. Isto levanta uma série de problemas conceptuais e metodológicos (discutidos no presente capítulo). Comentadores como Downer, que está a desenvolver melhores dados baseados na área sob o título de "Estatísticas vitais em linha", afirmaram, por exemplo, que: "Medir o que muda, quanto muda e para quem está atualmente a preocupar os decisores políticos, os conselheiros e os profissionais em todo o Reino Unido" (Downer 2001: 12).

Outro fator que contribui para a importância crescente da avaliação na reabilitação urbana é o aumento das despesas com a reabilitação urbana por parte de uma vasta gama de organismos não tradicionais. Estes incluem organismos do Serviço Nacional de Saúde, empresas do sector privado, fundos de desenvolvimento, organizações de voluntariado, organizações religiosas, senhorios sociais registados e organismos como o British Waterways Board e a Network Rail. Os organismos que não estão familiarizados com a regeneração exigem provas de que as intervenções e os investimentos funcionarão e estas provas devem agora satisfazer as necessidades de muitos sectores, bem como dos residentes comuns.

Outra consideração é a introdução do elemento competitivo (o que significa que são necessárias algumas formas de comparação) desde a introdução do princípio do "desafio" no City Challenge, em que as localidades tiveram de competir por recursos. Este princípio foi transposto para programas como o Single Regeneration Budget (atualmente conhecido no Governo como Single Regeneration Challenge Fund), o programa Capital Challenge, o New Deal for Communities e as Health Action Zones. Para os autores das propostas e para os responsáveis pela decisão sobre a atribuição dos financiamentos, era essencial que houvesse um tipo de avaliação aceite sobre quais os programas susceptíveis de serem bem sucedidos e em que condições. A avaliação tem um papel fundamental neste território contestado.

Não é apenas o financiamento do Governo Central que exige uma avaliação, uma vez que a maioria dos programas requer agora um financiamento complementar e estes financiadores complementares dos sectores estatutário, voluntário e privado exigem, na maioria dos casos, provas da forma como os seus fundos serão utilizados e, frequentemente, exigem um trabalho de avaliação explícito. Tem havido um crescimento constante de iniciativas para revitalizar áreas degradadas e realça um dos dilemas da regeneração, que é servir tanto as limitações e aspirações dos financiadores como as opiniões da comunidade. A avaliação é cada vez mais solicitada por todas as fontes de financiamento. O aumento da avaliação liderada pela comunidade também levanta um desafio para os avaliadores e os seus patrocinadores, que é: como garantir que a avaliação não só examina as questões importantes para os muitos e diferentes actores envolvidos, mas também como é que as lições podem ser transferidas para públicos com uma capacidade muito variável de as compreender?

Também houve pressões externas ao Reino Unido, Chapman ajudou a explicar a importância crescente da avaliação, uma vez que constatou que o financiamento da União Europeia tem vindo a substituir gradualmente o financiamento do Reino Unido nas cidades e "ao contrário de muitos aspectos da política urbana do Reino Unido, a Comissão Europeia é extremamente rigorosa nas avaliações de programas e políticas" (Chapman 1995: 73-86).

Uma outra razão é que a avaliação se tornou cada vez mais importante em termos de questões processuais, bem como de resultados de projectos ou programas. As parcerias estratégicas locais, por exemplo, são avaliadas em função da eficácia das suas próprias formas de trabalho e de envolvimento com vários sectores, especialmente a comunidade. Outra razão é a falta de compreensão dos problemas e questões nas áreas em causa. Isto é muitas vezes conhecido como a falta de uma "base de referência", ou seja, se for necessário argumentar a favor de um investimento adicional ou de novas abordagens, será que existe um entendimento e um consenso sobre a situação atual? A Ministra do Governo, Hilary Armstrong, salientou uma grande preocupação com o nível de conhecimento pré-existente sobre as zonas de reabilitação. Escreveu no prefácio do relatório da Equipa de Ação Política 18:

Se se sabe tão pouco sobre as condições sociais de uma zona, como é que se podem implementar programas eficazes para combater a exclusão social? Se o nível de privação não for conhecido ou se não for possível estabelecer bases de referência fiáveis, será difícil avaliar se a renovação foi bem sucedida (SEU 1998a: 5).

O relatório da equipa de ação política propõe depois uma estratégia para integrar a informação necessária em todo o governo para compreender os problemas das áreas socialmente excluídas. Uma outra preocupação é o facto de a avaliação ser realizada com custos consideráveis para quem a encomenda e para os programas e comunidades em causa. Se não estiver a ser aplicada eficazmente, será uma má utilização dos recursos públicos. Por último, há também a redução da dependência da experiência e da formação dos funcionários públicos e de outros profissionais, o que torna essencial qualquer outro mecanismo para chegar a acordo sobre "o que funciona".

Das razões supramencionadas depreende-se que as avaliações eficazes têm vindo a assumir uma importância crescente para os intervenientes na política urbana. No entanto, subsistem dúvidas quanto ao facto de a retórica governamental sobre o aumento da aprendizagem se ter traduzido na prática. Já em 2004, um estudo do Kings Fund concluiu que os programas sociais que examinaram não se baseavam em provas concretas e que havia:

Uma lacuna entre a retórica da política baseada em provas e o que aconteceu no terreno... as entrevistas com o Governo Central tornam claro que foram concebidas, em geral, com base em suposições informadas e palpites de peritos, enriquecidos por algumas provas e impulsionados por imperativos políticos (Coote *et al* 2004: 3).

5.3 Os objectivos declarados da avaliação.

Quando a investigação sobre avaliação começou a florescer na década de 1960, a ênfase foi colocada na investigação para determinar a eficácia dos programas. Mas o campo expandiu-se agora para abranger a investigação destinada a melhorar a conceção e a implementação de políticas e programas (Rossi 1999: 521).

Os objectivos declarados da avaliação foram analisados a partir dos programas de amostra utilizados nesta investigação e são apresentados cronologicamente de forma resumida no Quadro 4 (acima). Pode ver-se que estes objectivos mudaram ao longo do período em análise. Os objectivos são mistos ao longo do período, mas surgem algumas mudanças de ênfase. Os programas mais antigos colocam a tónica nos resultados e nos impactos da intervenção, enquanto os programas mais recentes colocam mais a tónica nos métodos ou abordagens que funcionam. Os programas mais recentes também solicitam especificamente lições para o futuro ou lições transferíveis. Esta investigação tem vindo a examinar a documentação publicada ao longo das últimas três décadas de programas de reabilitação urbana e é possível detetar uma clara mudança nos objectivos declarados.

Um estudo do Departamento do Ambiente publicado em 1986 avalia a eficácia global das medidas aplicadas ao abrigo dos poderes da Lei das Áreas Urbanas Interiores de 1978 para declarar áreas de melhoria local e procura "informar o DOE e as autoridades locais sobre a forma como a política se desenvolveu, investigar os métodos actuais de aplicação e avaliar o impacto e a eficácia da política" (DOE 1986). Esta foi uma das várias avaliações analisadas para este estudo e pode ver-se que a ênfase foi colocada na forma como a política foi operacionalizada, como o sector privado reagiu, os benefícios económicos e quaisquer efeitos nas áreas vizinhas. O estudo tinha cinco objectivos: Avaliar a forma como os conceitos de Área de Melhoria Industrial e Área de Melhoria Comercial foram implementados em várias áreas; comparar a prática adoptada por diferentes autoridades locais; examinar a reação do sector privado em várias áreas; avaliar a eficácia da estratégia da Área de Melhoria e das Áreas de Melhoria individuais na estabilização da vida económica de áreas industriais e comerciais mais antigas e na obtenção de outros benefícios, e o objetivo final era avaliar os impactos das Áreas de Melhoria declaradas nas áreas vizinhas (DOE 1986).

A participação das comunidades e a interface entre as comunidades e as empresas foram pouco referidas. Esta pode ser considerada uma intervenção essencialmente física com intenções económicas, ao passo que uma avaliação (DOE 1986), publicada no mesmo ano, das iniciativas ambientais financiadas ao abrigo do Programa Urban, se preocupava mais com os residentes locais e com a distribuição dos benefícios e procurava avaliar: Os benefícios resultantes de diferentes categorias de despesas; a distribuição dos benefícios; os tipos de projectos que proporcionam uma boa relação qualidade/preço para os residentes e as empresas do centro da cidade; e, finalmente, as melhores abordagens para a execução de projectos ambientais e para lidar com quaisquer problemas associados.

No ano seguinte, foi publicada uma avaliação da iniciativa Zonas Empresariais que, mais uma vez, se concentrava nos factores económicos sem analisar de forma holística os efeitos reais no terreno para as comunidades. Os seus objectivos eram duplos: examinar:

(1) A medida em que as zonas mantiveram e/ou geraram atividade económica e emprego adicionais, tanto na zona como nas suas áreas locais.

(2) A medida em que as zonas contribuíram para a regeneração física das suas áreas locais através do fornecimento de infra-estruturas, da melhoria ambiental e da estimulação dos mercados imobiliários locais (DOE 1987: 1).

A avaliação da subvenção para o desenvolvimento urbano, da subvenção para a regeneração urbana e da subvenção para a cidade, realizada para o Inner City Research Programme pela Universidade de Aston, coloca a tónica no êxito dos projectos em si mesmos, mas também examina os efeitos mais amplos da regeneração e as lições a tirar:

O êxito dos projectos subvencionados em termos de contribuição para a regeneração mais vasta da zona local; dos projectos individuais subvencionados em termos de realização dos seus objectivos declarados; a identificação dos factores de êxito e a formulação de recomendações para a futura formulação de políticas (DOE 1988: 62).

Em 1990, a avaliação do Festival Nacional de Jardins manteve o elevado nível de preocupação com a economia e definiu os seus objectivos como

Avaliar a relação custo/eficácia dos Garden Festivals na realização dos objectivos acima enumerados, identificando e examinando as diferenças materiais a este respeito entre os Garden Festivals de Liverpool, Stoke on Trent e Glasgow. Deve ser reconhecida a diferença de ênfase nos objectivos entre os três projectos de festivais (DOE 1990b: 1).

Em 1992, a avaliação da iniciativa governamental "Inner City Task Force" (DOE 1992a: i) ainda mostrava a primazia da relação custo-eficácia como uma preocupação, mas procurava encontrar lições mais amplas para a reabilitação urbana. No entanto, deve considerar-se que a ênfase nos testes de custo-eficácia terá provavelmente predeterminado a natureza do resultado da avaliação e, por conseguinte, limitado a utilidade de quaisquer ensinamentos retirados. Os objectivos foram documentados da seguinte forma

Analisar a eficácia (e, em particular, a relação custo-eficácia) da Task Force;

avaliar os custos e os benefícios do sistema da Task Force; examinar quais os objectivos que foram alcançados com maior êxito e porquê; retirar lições para o futuro do programa e avaliar o impacto potencial a longo prazo do programa na regeneração da área local (DOE 1992a: i).

Em 2000, foi dada uma ênfase muito maior à identificação dos ensinamentos e à sua transferência; por exemplo, a avaliação final do City Challenge indicava que os seus objectivos eram os seguintes

Avaliar as realizações dos projectos, das parcerias e do programa City Challenge; identificar as lições transferíveis, incluindo as boas práticas, para as parcerias de reabilitação actuais e futuras; e contribuir para a divulgação destas lições mais amplas (DETR 2000a: 19). Estes objectivos são importantes porque incluem os resultados das parcerias (ou seja, o veículo para a regeneração) e os ensinamentos transferíveis. A equipa de avaliação tem também o dever de contribuir para a divulgação destas lições, o que prova que foram tomadas medidas para operacionalizar a transferência de aprendizagem.

A ênfase nos veículos de execução, na aprendizagem de lições e na sua divulgação foi mantida em avaliações de programas subsequentes, por exemplo, a avaliação nacional do Housing Action Trust foi muito específica quanto a estes objectivos: "Identificar as realizações dos Housing Action Trusts até à data e as lições de boas práticas que são transferíveis para outras iniciativas de regeneração urbana em geral ....". Outras questões-chave colocadas, para além das questões de avaliação tradicionais relativas aos resultados e à análise custo-benefício, foram as seguintes

• Como foram formulados os programas de regeneração?

• Como é que os Housing Action Trusts se estão a preparar para a sustentabilidade a longo prazo dos resultados da regeneração?

• Como é que os Housing Action Trusts geriram o seu programa de desenvolvimento comunitário e com que sucesso? Como é que o interesse dos inquilinos tem sido mantido ao longo do tempo? Qual tem sido a eficácia dos Housing Action Trusts em ajudar os inquilinos a obter formação e emprego?

• Que organizações estiveram envolvidas no programa de regeneração? Como é que os inquilinos foram envolvidos no desenvolvimento e implementação do programa Housing Action Trust?

• Qual é o grau de satisfação dos inquilinos com a regeneração dos bairros? (DETR 2000d: 9).

Para a avaliação final do orçamento único para a regeneração, foi adoptada uma nova abordagem para avaliar o impacto do orçamento único para a regeneração, avaliando tanto o desempenho do programa do orçamento único para a regeneração em relação aos seus resultados como as alterações reveladas pelos inquéritos sociais às zonas. A equipa de avaliação colocou igualmente questões essenciais que levaram a avaliação a pôr em causa alguns pressupostos fundamentais sobre a abordagem global baseada nas zonas. Concentrou-se igualmente nos meios de execução, colocando questões de fundo sobre os tipos de parcerias que são eficazes e quais são os elementos bem e mal sucedidos de um programa de orçamento único de reabilitação (Tyler 2002b: 7-9).

Em 2002, houve uma mudança percetível de ênfase e uma perceção muito maior da avaliação como sendo um instrumento, não apenas para o organismo responsável pela encomenda, mas para todos os intervenientes na regeneração urbana. O mandato para a avaliação do Novo Compromisso para a Regeneração é significativo, uma vez que este programa estava a ser visto como uma nova forma de trabalhar e uma forma de mudar permanentemente a forma como a regeneração urbana é realizada nas localidades: "Informar o debate entre os principais decisores, identificar os obstáculos à mudança e as estratégias que ultrapassaram esses obstáculos na concretização do Novo Compromisso para a Regeneração do Governo" (Comissão de Auditoria

2002: 3).

O mandato para a avaliação do New Deal for Communities era muito mais claro quanto à aprendizagem pró-ativa e à transferência de lições. Isto é significativo porque o New Deal for Communities foi o maior programa de regeneração urbana em termos de concentração de despesas em pequenas áreas. Atribuiu cerca de 50 milhões de libras a cada zona. Uma zona New Deal for Communities é uma zona com cerca de 3000 agregados familiares. O título do relatório de avaliação reconhece plenamente este novo papel da avaliação: "Evidence into Practice, the New Deal for Communities National Evaluation". Os objectivos da avaliação foram definidos pela Unidade de Renovação de Bairros da seguinte forma

Se quisermos ser bem sucedidos na renovação dos bairros desfavorecidos, temos de saber o que funciona - e o que não funciona - e aplicar as lições não só à CDN mas à implementação de toda a Estratégia Nacional para a Renovação dos Bairros. Se não o fizermos, estaremos a pôr em risco o investimento e o trabalho árduo de tantos na regeneração dos nossos bairros mais desfavorecidos (NRU 2002a: 1).

5.4 Avaliação do mainstream.

O Governo do Novo Partido Trabalhista, em particular a Unidade de Exclusão Social (1998b), defende cada vez mais que os serviços gerais devem liderar a regeneração das zonas, uma vez que são estes serviços que gastam mais dinheiro e tocam a maioria das pessoas e são permanentes e não de curto prazo.

Atualmente, verifica-se um aumento da atividade em torno das análises da iniciativa "Best Value", da Agência para a Melhoria e o Desenvolvimento (IDEA) para a administração local e de iniciativas semelhantes de monitorização do desempenho e de "melhores práticas" para toda uma série de serviços gerais, por exemplo, os serviços de bombeiros, os serviços de saúde e a polícia. Há cada vez mais provas da transferência de aprendizagem que está a surgir para os serviços principais, por exemplo, o esquema "Beacon" gerido pela IDEA, que foi alargado em 2003 para incluir não só as autoridades locais, mas também outros organismos, como os serviços de bombeiros. Este programa identifica as boas práticas e ajuda com um orçamento de 5 milhões de libras para eventos e materiais de divulgação. O exame minucioso do sítio Web da Agência de Melhoria e Desenvolvimento (IDEA 2006), que contém as orientações e os formulários de candidatura, sugere que a avaliação de um serviço não é um pré-requisito para uma candidatura bem sucedida ao estatuto de "Beacon".

Há um cruzamento recente entre a investigação de programas de mainstreaming e de programas de regeneração a curto prazo no trabalho da Comissão de Auditoria e das Comissões de Seleção de ambas as Câmaras do Parlamento. Por exemplo, na sua resposta ao relatório do Office of the Deputy Prime Minister; Housing, Planning and the Regions Committee's report on the effectiveness of Government regeneration Initiatives, o Governo dos Estados Unidos declarou especificamente que a definição de mainstreaming da Social Exclusion Unit inclui um forte elemento de transferência de aprendizagem:

No contexto das iniciativas baseadas na área, a integração é o processo de transferência de políticas, boas práticas ou actividades das iniciativas baseadas na área ou de programas especiais para o núcleo da prestação de serviços gerais (assegurando assim que as melhores práticas da experiência da iniciativa baseada na área são aprendidas, divulgadas e continuadas nos serviços gerais (HMG 2003: 18).

Este capítulo conseguiu mostrar, a partir de um estudo de provas documentais, um processo gradual de mudança que ocorreu ao longo de duas décadas de avaliação da política de reabilitação urbana. Na década de 1980, a avaliação tendia a ser feita de cima para baixo, principalmente quantitativa, encomendada pelo Governo e sem envolver parceiros ou a comunidade, exceto, por vezes, como beneficiários. As avaliações mais recentes envolveram cada vez mais partes interessadas e, mais recentemente, foram encomendadas pelas comunidades, para além dos financiadores. Atualmente, existe um padrão de avaliação a nível do programa nacional que ocorre em conjunto com avaliadores nomeados a nível local. Além disso, há indícios de que os avaliadores locais estão a "transmitir" a avaliação aos gestores de projectos, de modo a que estes não só sejam objeto de avaliação, mas também sejam encorajados a proceder eles próprios à avaliação. Um exemplo é o Pacote de Avaliação Local do Southampton Children's Fund (Wellcoat 2004).

No entanto, isto tem de ser testado em relação ao trabalho real que foi realizado durante este período e também às percepções e motivações dos principais actores contemporâneos. É possível que motivações não declaradas ou subestimadas possam ter afetado a forma como as avaliações foram conduzidas; um exemplo disto pode ser o Livro Verde do Tesouro britânico (2003) (referido no Capítulo 5) que estabelece a forma como todos os programas governamentais devem ser avaliados e mantém a sua ênfase na análise custo-benefício:

A avaliação é uma análise sólida, conduzida da mesma forma que uma avaliação económica e à qual se aplicam procedimentos quase idênticos. Centra-se na realização de uma análise custo-benefício, tendo em conta o que efetivamente aconteceu e não o que se prevê que venha a acontecer (HM Treasury 2003: 7.3).

5.5 Tipologias de avaliações

Embora esta investigação tenha documentado que existem muitas utilizações diferentes para as quais a avaliação é aplicada, existem igualmente muitos tipos de actividades de avaliação e, de facto, existe atualmente um enorme crescimento na gama de abordagens ou estilos. Um desafio de investigação tem sido considerar em que medida o tipo de avaliação efectuada afecta o resultado da transferência da aprendizagem.

Na conceção desta investigação, foi considerada uma série de abordagens possíveis. Teria sido possível afirmar que, se tivessem sido utilizados métodos de avaliação inadequados, a transferência da aprendizagem seria menos provável. Ao considerar esta abordagem, deparamo-nos com a dificuldade de que a adequação ou não dos métodos é, por si só, uma questão de debate que não pode ser resolvida numa tese de doutoramento. Por exemplo, a análise custo-benefício é uma técnica de avaliação estabelecida com muitas aplicações no domínio da regeneração (HM Treasury 2003: 7.3); este estudo não procura julgar como ou onde esta ou qualquer outra técnica é aplicada. Este estudo adoptou a abordagem de identificar e documentar os vários tipos de avaliação e os seus atributos, tal como propostos pelos teóricos (apresentados nas secções 5.5.1 a 5.5.9). Estas tipologias e as suas técnicas ou abordagens servem de base às entrevistas com os intervenientes e às fases de análise e síntese desta investigação para ajudar a tirar conclusões.

Esta secção é conduzida a dois níveis. O primeiro é uma revisão das tipologias e da sua análise e o segundo é uma listagem "global" dos tipos de avaliação com uma tentativa de agrupar os tipos em categorias gerais e, utilizando a crítica e a teoria, definir a sua aplicabilidade a diferentes conjuntos de circunstâncias. Isto permitiu a produção de uma tipologia agrupada de métodos de avaliação com análise da aplicabilidade numa série de contextos de regeneração e uma compreensão dos pontos fortes e fracos.

5.5.1 Aaronovitch

Townley e Wilks-Heeg (1999: 27-41) apresentam uma tabela completa dos tipos de avaliação de Aaronovitch com uma matriz que mostra os principais atributos. Apresenta uma série de tipos de avaliação, começando pela avaliação confirmatória, que se limita a dizer ao comissário que o programa está a funcionar como esperado. Aaronovitch apresenta depois uma variação da Avaliação Legitimadora e sugere um elemento de justificação ativa (ou seja, eliminar as dúvidas sobre um programa ou talvez justificá-lo para efeitos de novo financiamento). Outro papel que ele vê é o da Auditoria, que sugere neutralidade em relação ao objetivo do programa, mas atenção à questão de saber se tudo está a ser feito corretamente. No entanto, a Comissão de Auditoria, por exemplo, interpreta o trabalho de auditoria de forma mais alargada no seu trabalho de avaliação.

A avaliação orientada para objectivos é outro dos seus tipos e o título é provavelmente auto-explicativo. Este tipo de avaliação assumiu grande importância devido ao facto de, nos programas de reabilitação urbana estudados, se ter dado muita ênfase aos resultados, aos marcos, etc. Aaronovitch também introduz tipos que podem ser considerados abordagens e não tipos de avaliação. São elas a Pluralista (que tem em conta mais do que um conjunto de pontos de vista), a das Partes Interessadas (que envolve todos os que têm interesse) e a Democrática. A avaliação democrática sugere um papel ativo na atribuição de direitos formais às pessoas envolvidas e na sua capacitação de alguma forma. Como se pode ver abaixo, quando comparada com as outras tipologias, esta tipologia é um resumo da multiplicidade de variações que foram expressas e, por esta razão (é quase uma tipologia de tipologias), foi utilizada nesta investigação para avaliar os estudos de caso apresentados no Capítulo Seis.

Quadro onze: A tipologia de avaliação de Aaronovitch.
- Confirmação
- Legitimação
- Auditoria
- Orientado por objectivos
- Pluralista
- Partes interessadas
- Democrática (que ele considerava ser a forma de avaliação que todos deveriam procurar).

Fonte: Townley e Wilks-Heeg (1999: 27-41).

5.5.2 Lichfield.

Lichfield *et al* (1975) trabalhavam no domínio do planeamento e consideravam a avaliação principalmente como um instrumento para prever o resultado de planos ou acções propostas. O seu trabalho sobre avaliação é importante porque produziu provavelmente a tipologia mais abrangente de avaliações e possivelmente a primeira tentativa do Reino Unido de documentar a vasta gama de possibilidades. Também sublinha explicitamente a necessidade de "horses for courses", ou seja, que a avaliação tem de se adequar à tarefa e que não pode ser adoptada uma metodologia uniforme em todas as circunstâncias. O seu trabalho não foi utilizado como base para a avaliação das avaliações publicadas neste estudo, porque se referia principalmente a abordagens ex-ante e todos os exemplos de programas recentes de regeneração urbana são post-hoc ou no âmbito do programa. No entanto, as suas ideias sobre os desafios são resumidas abaixo, uma vez que são muito valiosas para considerar os vários tipos e utilizações da avaliação.

Identificou oito famílias de avaliação, compostas por 23 métodos distintos, alguns dos quais pertencentes à família custo-benefício. Lichfield (1996: 37) afirma que, para além da análise do balanço do planeamento de 1956, o método mais antigo conhecido (lista de verificação de critérios) foi utilizado em 1960. Isto indica o crescimento comparativamente recente da avaliação do planeamento.

Lichfield propôs dez critérios para evidenciar "o que a metodologia de avaliação do plano deve satisfazer para desempenhar plenamente a sua função". O autor sublinha a necessidade de escolher a técnica correta para a questão e cita um estudo sobre os transportes públicos em Manchester, em que foram utilizadas dez técnicas diferentes para o mesmo problema e que produziram dez classificações diferentes (Lichfield 1987: Quadro 10.3). Isto levou à conclusão de que pode haver necessidade de sintetizar diferentes ferramentas para um determinado objetivo. Lichfield apresenta a tipologia em quatro grupos: Output (valor, benefício) em geral; custo de input; output e input; output e input em maior escala.

Afirma que:

Pode ver-se que, apesar de o critério de avaliação ser simplesmente "valor", pode ainda ter muitas dimensões, desde as muito restritas (apenas resultados) até às muito amplas (planeamento da estrutura do DOE e cidades interiores). O primeiro é demasiado restrito para a avaliação do planeamento; o segundo aborda questões variadas e critérios variados, cada um dos quais pode exigir diferentes métodos de avaliação (Lichfield 1970: 154).

Ao abordar a análise custo-benefício, Lichfield demonstra como existe uma diferença no tipo de custos e benefícios em que cada tipo de decisor pode estar interessado. Propõe a análise do impacto na comunidade como forma de incluir uma vasta gama de impactos fora do local, incluindo as percepções das partes interessadas. Propõe o seguinte como guia para os avaliadores:

• Que o objetivo do plano é promover o bem-estar da comunidade em causa.

• Que a comunidade é definida pela extensão dos vários impactos e não pelas fronteiras administrativas.

• As diferentes partes da comunidade serão afectadas de forma diferente e, por conseguinte, favorecerão diferentes regimes ou elementos.

• Há que fazer escolhas "políticas" sobre quem ganha e quem sofre.

• Todas estas diferentes comunidades afectadas por diferentes impactos devem ser exteriorizadas para que se possa fazer uma escolha (Lichfield 1970: 154).

De seguida, Lichfield examina a teoria e os princípios da Avaliação do Impacto Comunitário. Esta deriva do desenvolvimento de elementos da teoria sobre a avaliação do impacto, pelo que, por exemplo, os impactos e os seus efeitos nas diferentes comunidades são estudados para criar uma "cadeia de impacto", ou seja, ligando os efeitos às pessoas. Ele descreve isto "como um grande desvio em relação à avaliação convencional do impacto dos efeitos que, de um modo geral, tende a ver os impactos apenas como fenómenos científicos em si mesmos". O autor aponta também como uma das dificuldades a definição de "comunidade", que tem cerca de 94 significados diferentes identificados por Herbert e Raine (1976: 325-38).

Quadro doze: A tipologia de Lichfield.

Apenas saídas	**Entrada e saída**
Lista de controlo dos critérios	Análise financeira
Qualidade do serviço	Análise financeira social
Normas e padrões	Análise de custos e receitas
Metas/objectivos	Planeamento e programa
Programação linear	Orçamentação
Avaliação do impacto	Análise custo-benefício
Fiscal/financeiro	Objetivo único
Ambiental	Custo-eficácia
Social	Minimização de custos
Impacto urbano/comunitário	Análise custo-benefício:
Multi-atributo	Objetivo múltiplo
Multicritério	Avaliação do quadro
	Políticas, resumo da avaliação
Apenas entradas	Otimização
Custos unitários UC	Matriz custo-benefício
Análise de limiares	Planeamento da análise do balanço
Custos de utilização	Análise do impacto comunitário
	Auditoria social

Fonte: Lichfield (1975: 45-64).

5.5.2Greene.

Greene (Denzin e Lincoln 2000: 981-999) sugere que tem havido um "percurso de avaliações efectuadas qualitativamente". A autora constata que "as abordagens construtivistas e qualitativas à avaliação de programas surgiram na comunidade de avaliação dos Estados Unidos na década de 1970 ... a par de duas evoluções significativas no pensamento intelectual e nas crenças sociais", que descreve como o destronamento da ciência experimental como paradigma para a avaliação de programas sociais e as mudanças nos sistemas de crenças da sociedade dos Estados Unidos (declínio da autoridade da teoria padrão das ciências sociais, declínio da autoridade concedida a figuras políticas na sequência do Vietname, etc., e uma sociedade mais pluralista).... "Na sua forma contemporânea, a avaliação de programas sociais é um campo jovem". A autora resume o percurso das avaliações da seguinte forma:

• Avaliações de caixa negra houve uma época inicial da "grande sociedade" em que se efectuavam "avaliações de caixa negra", ou seja, mediam-se os impactos dos programas comparando os que tinham beneficiado com os que não tinham beneficiado. "Está a ser dada pouca atenção aos programas tal como foram implementados ou experimentados".

• "A partir do início da década de 1980, vários teóricos da avaliação começaram a defender a importância da avaliação orientada pela teoria e das avaliações destinadas a compreender e avaliar a teoria da mudança de um programa". Estas avaliações também contribuíram para uma compreensão mais alargada do modo como as intervenções sociais funcionam.

• "O desenvolvimento crescente da abordagem participativa e colaborativa da avaliação oferece um contraponto à recuperação da teoria do programa como uma agenda de avaliação importante".

• Ela sugere (depois de Shadish et al 1991) que, no momento da redação, "os avaliadores participativos orientados para a utilização estão a promover o papel significativo que a avaliação pode desempenhar na aprendizagem organizacional".

• Os avaliadores participativos orientados para a ação social estão a promover o significado do potencial da avaliação para alargar e aprofundar as nossas deliberações e diálogos sobre questões sociais importantes (Denzin e Lincoln 2000: 981-999).

A autora também tenta categorizar as abordagens de avaliação no Quadro 13:

Quadro 13: Tipologia das avaliações de Greene.

Epistemologia	**Valores primários promovidos**	**Audiências-chave**	**Métodos preferidos**	**Questões típicas de avaliação**
Pós-positivismo.	Eficiência, responsabilidade, eficácia em termos de custos, esclarecimento das políticas.	Decisores políticos e decisores de alto nível, a comunidade das ciências sociais.	Quantitativo: experiências e quase-experiências, inquéritos, modelação causal, análise custo-benefício.	Os resultados pretendidos são alcançados e atribuíveis ao programa? Este programa é a alternativa mais eficiente?
O pragmatismo utilitarista.	Utilidade, praticidade, eficácia de gestão.	Gestores de programas de nível intermédio e administradores no local .	Eclético, misto: inquéritos estruturados e não estruturados, entrevistas, observações, análises de documentos, análises de painéis.	Que elementos do programa funcionam bem e quais precisam de ser melhorados? Qual é a eficácia do programa em relação aos objectivos e à missão da organização? Quem é que gosta do programa?
Interpretativismo/construcionismo.	Pluralismo, compreensão, contextualismo, experiência pessoal.	Diretores de programas, pessoal e beneficiários.	Qualitativa, estudos de caso, entrevistas abertas e observações	Como é que o programa é vivido pelas partes interessadas? De que

			s, análise de documentos, dialética.	forma é significativo?
Ciências sociais críticas.	Emancipação, empowerment , mudança social, igualitarismo , esclarecimento crítico .	Os beneficiários do programa e as suas comunidades, os activistas.	Participativa, orientada para a ação: participação dos interessados na definição da agenda da avaliação, na recolha de dados, na interpretação e na ação.	De que forma é que as premissas, os objectivos ou as actividades do programa contribuem para manter as desigualdades de poder e de recursos neste contexto?

Fonte: Denzin e Lincoln (2000: 981-999).

Greene também identifica a avaliação como "um ofício narrativo que envolve contar histórias com o objetivo de compreender, e muitas vezes agir, como a melhoria da prática ou a reformulação da conversa política, no sentido da apreciação do pluralismo e da complexidade" (Denzin e Lincoln 2000: 989-992).

5.5.4Barnekov.

Barnekov *et al* (1990: 123-137) têm uma abordagem muito mais tecnocrática, uma vez que sugerem que foram utilizados três tipos principais de avaliação desde meados da década de 1960, os que dizem respeito, respetivamente, à eficiência técnica, à eficácia e à eficiência económica. No entanto, estes termos também sugerem que devem ser efectuados juízos de valor; por exemplo, quem deve ser o juiz da eficácia?

5.5.5Scriven.

O Thesaurus de Avaliação de Scriven documenta toda uma gama de tipos de avaliação que vão desde o modelo Connoisseurship:

O modelo de Elliot Eisne baseia-se na premissa de que as considerações artísticas e humanísticas na avaliação são mais importantes do que as científicas, não sendo utilizada qualquer análise quantitativa. O avaliador conhecedor examina o produto ou programa em primeira mão. É vulnerável à falácia da perícia irrelevante (Scriven 1991: 92).

até à avaliação caixa negra (avaliação sumativa global), que ele descreve como: "uma avaliação global, muitas vezes breve, fornecida sem quaisquer sugestões de melhorias, identificação de causas, etc. - frequentemente tudo o que é necessário, por exemplo, numa avaliação do consumidor" (Scriven 1991: 74). Para sublinhar que as avaliações podem ser muitas coisas diferentes para muitos objectivos diferentes, Scriven sugere mais vinte e dois tipos.

5.5.6Fetterman.

Fetterman é um dos principais membros da Associação Americana de Avaliação. Fornece materiais didácticos em linha (Fetterman 2003), centrando-se em formas activas e inclusivas de avaliação dos seguintes tipos: Colaborativa; Participativa; Empoderamento e Etnográfica. Fetterman documenta e promove extensivamente a Avaliação do Empoderamento e descreve-a como a utilização de:

...conceitos, técnicas e resultados da avaliação para promover a melhoria e a auto-determinação. Emprega metodologias qualitativas e quantitativas. Embora possa ser aplicada a indivíduos, organizações, comunidades, e sociedades ou culturas, o foco é geralmente em programas (Fetterman 2000: 2).

Explica que a avaliação da capacitação tem uma orientação de valor inequívoca, ou seja, foi concebida para ajudar as pessoas a ajudarem-se a si próprias e a melhorarem os seus programas, utilizando uma forma de autoavaliação e reflexão. Os participantes no programa efectuam as suas próprias avaliações, enquanto um avaliador externo actua frequentemente como orientador ou facilitador adicional. Fetterman considera a avaliação do empoderamento como o culminar do desenvolvimento de técnicas como a investigação-ação, a antropologia-ação, a psicologia comunitária, a avaliação colaborativa e a avaliação participativa.

5.5.7McAllister.

McAllister, em vez de estabelecer uma tipologia, propõe os seguintes critérios para avaliar os métodos de avaliação: sistemáticos; simples; rápidos; económicos; legalmente aceitáveis e abrangentes (McAllister 1986: 277-278). O autor sugere ainda três questões que podem ajudar a distinguir as técnicas de avaliação: Que categorias e impactos são utilizados para estimar os impactos?; Como é que as magnitudes dos impactos devem ser estimadas?; Como é que as classificações que indicam a importância relevante de cada impacto devem ser medidas? Nas suas conclusões, McAllister aborda as seguintes questões decorrentes das tentativas de formas de avaliação sistemáticas ou de "grande índice":

Quadro catorze: Questões de McAllister sobre os Grandes Índices.

- Papel dos peritos.
- Seleção de categorias e medidas.
- Identificação de objectivos.
- Quantificação dos impactos.
- Equidade.
- Efeito nas gerações futuras.
- Viabilidade (Fonte: McAllister 1986: 277-278).

No entanto, a sua principal preocupação em relação aos métodos de "grande índice" é o facto de retirarem a avaliação do pessoal para uma pontuação social composta e "parecerem dizer às pessoas quais devem ser as suas atitudes". Uma proposta que faz é que os relatórios de avaliação incluam declarações que salientem os pontos fortes das alternativas ou a utilização de argumentos falados sobre as alternativas. Afirma ainda que "a avaliação é mais uma arte do que uma ciência" (McAllister 1986: 277-278).

5.5.8Roger Tym and Partners.

Roger Tym e Partners (2003: 2.5), no seu guia de boas práticas, sugerem a existência de três tipos de avaliação: "Também promovem a ideia de que as parcerias locais de regeneração devem efetuar as três avaliações com objectivos principais algo diferentes. A avaliação final tem um objetivo externo para: "cumprir o dever de responsabilidade"... "acima de tudo, para as pessoas que o programa foi criado para beneficiar e para o governo, as autoridades locais e outras agências". A principal função da avaliação intercalar é ajudar a melhorar o desempenho e a avaliação contínua "envolve os gabinetes governamentais/agências de desenvolvimento regional num papel de supervisão porque está diretamente ligada à continuação do financiamento...". Isto explica de forma clara alguns dos diferentes papéis da avaliação e também a importância do momento da avaliação em relação aos programas que estão a ser avaliados (Roger Tym e Partners 2003: 2.5).

5.5.9Fundação Anne E. Casey.

Esta fundação promove a avaliação da Teoria da Mudança como um método preferido para avaliar projectos baseados na comunidade e na família/crianças:

Em termos simples, uma teoria da mudança estabelece as relações de causa (ação) e efeito (resultado) e as convicções subjacentes a um projeto ou iniciativa (Anne E. Casey Foundation 2003: 2).

Esta fundação promove a autoavaliação como uma ferramenta de planeamento e de avaliação. Também promove a autoavaliação como parte de um conjunto de ferramentas para avaliar e reconfigurar os sistemas de acolhimento: "Utilizar dados concretos relacionados com os resultados das crianças e das famílias para orientar a tomada de decisões e mostrar onde é necessário mudar e onde se registaram progressos". Este método de avaliação é utilizado na avaliação da Estratégia Nacional para a Renovação dos Bairros (NRU 2003 a: v e 133).

5.6 Comentário sobre as tipologias.

Esta visão geral da vasta gama de tipos de avaliação e da falta de pontos comuns entre as várias tipologias demonstra que a avaliação continua a ser uma arte ou ciência fluida e contestada. Não existe um certo ou errado estabelecido em termos das formas que as avaliações devem adotar. Existem tendências emergentes, duas das quais identificadas por esta investigação são:

- A tendência para avaliações de tipo mais capacitador, pluralista e das partes interessadas, que pode ser vista como um produto do afastamento das abordagens quantitativas e científicas.

e

- A emergência da governamentalidade, tal como analisada no capítulo IV, como um clima em que as localidades assumem a responsabilidade de garantir a sua própria eficácia (mesmo que não tenham sido elas próprias a definir os objectivos ou as regras).

Ao abordar a hipótese de investigação, relativa à transferência de aprendizagem, pode simplesmente referir-se que existem muitas formas de efetuar essa transferência. A avaliação é claramente realizada por muitas razões diferentes, por pessoas com muitos objectivos diferentes. No entanto, existe um conjunto de teorias, demonstradas acima e melhor ilustradas por Fetterman (2000: 2), que sugere que métodos mais inclusivos e mais capacitantes conduzirão (inevitavelmente?) à aprendizagem em virtude do próprio processo.

Outras formas de avaliação, que são mais confirmatórias do topo para a base ou do tipo auditoria, podem depender de uma redação eficaz, da disseminação e da relevância contextual nos programas seguintes para que a aprendizagem ocorra. Isto significa que não existe uma transferência natural ou inevitável da aprendizagem. A transferência da aprendizagem ainda tem de ser efectuada quando os resultados são conhecidos.

Tendo em conta que existe uma vasta seleção de tipos e abordagens de avaliação possíveis, é importante compreender as dificuldades complexas enfrentadas por aqueles que querem aprender e transmitir a aprendizagem. A próxima secção aborda estas questões.

5.7 Testar o pressuposto da "transferência de aprendizagem".

Foi dito acima que tem havido um esforço concertado para introduzir a gestão por objectivos, metas e medidas de desempenho, mas há pouco consenso sobre quais são as medidas de desempenho mais adequadas. Os primeiros programas de reabilitação, como o Urban Development Corporations e o City Challenge, foram fortemente criticados pelo facto de serem orientados para a propriedade ou "de cima para baixo". Embora os programas do Orçamento Único para a Regeneração tenham adotado um leque muito mais vasto de objectivos e se tenham baseado em programas desenvolvidos localmente, diz-se que a comunidade não teve uma participação adequada na definição dos objectivos e dos indicadores de sucesso. Os programas actuais (por exemplo, o New Deal for Communities) destinam-se a ser orientados e concebidos pela comunidade, incluindo os produtos, os resultados pretendidos e os indicadores de sucesso.

O programa do Orçamento Único de Regeneração utilizou um vasto conjunto de resultados possíveis como indicadores de sucesso. Estes foram agrupados em oito categorias, incluindo empregos, educação, empresas, habitação, instalações comunitárias e instalações públicas, tais como centros de saúde. Estes resultados permitiram quantificar um programa abrangente, de modo a que, a um nível simplista, pudessem ser efectuadas comparações entre propostas. Os proponentes deveriam produzir resultados quantificados para um determinado montante financeiro. Seriam então julgados com base na realização desses resultados. No entanto, os comentadores consideraram que esta abordagem tem muitas falhas.

Na revisão da segunda ronda do orçamento único para a regeneração, Hall (1996) analisou esta questão e concluiu que o sistema "funcionava contra o reconhecimento da contribuição do sector do voluntariado". Considerou que as medidas de resultados não são muitas vezes propícias a apoiar as contribuições dos grupos do sector voluntário e comunitário. Hall sublinhou também mais tarde (Hall 2000: 1-14), após ter analisado três fases do programa do orçamento único para a reabilitação, que existia um conflito inerente entre o objetivo do novo localismo e o elemento centralmente competitivo do programa do orçamento único para a reabilitação.

Isto levanta as seguintes questões: quem define os indicadores? No interesse de quem são definidos? E que efeito têm sobre uma parceria e o seu programa? Atualmente, muitos objectivos são fixados pelas parcerias; Brownill e Darke (1998: 3) propõem que as parcerias não são apenas estruturas e representação, mas também formas de trabalho.

Queixam-se de que é difícil para os grupos geralmente excluídos envolverem-se de forma significativa nas parcerias devido às suas formas de trabalho e destacam a natureza "orientada para os resultados" das parcerias como um problema particular. Não só os indicadores podem não medir com exatidão o êxito ou o fracasso, como podem, em si mesmos, constituir uma barreira estrutural à realização. Se se espera que todas as partes trabalhem em prol de objectivos acordados por consenso ou por maioria numa parceria, podem estar a perder objectivos próprios mais importantes.

As prioridades de avaliação do sector privado, por exemplo, podem não ser do interesse da comunidade. Adair *et al* (1999: 20312045) analisaram as prioridades do sector privado e concluíram que estas se relacionam em grande medida com aspectos como o risco e a clareza dos procedimentos e dos resultados. Oc, Tiesdell e Moynihan (1997) discutem a forma como o mesmo resultado pode ter efeitos diferentes em indivíduos diferentes. Utilizam como exemplo a formação ministrada pelos programas de formação City Challenge e sublinham "a natureza implacavelmente individual da formação e o seu impacto na empregabilidade dos indivíduos". Este facto, sugerem, significa que dentro de uma área de indicadores "Resultados da formação" deve haver uma adaptação aos indivíduos envolvidos. Isto exigiria um nível de acompanhamento muito mais intenso, mas talvez seja necessário para se conseguir uma avaliação exacta?

Uma outra questão levantada por Oc *et al* (1997) é: qual o significado dos indicadores? Afirmam que o City Challenge e os Single Regeneration Budget Outputs podem ser criticados por serem ingénuos e imprecisos, por exemplo, um emprego criado pode ser criado à custa de quatro empregos perdidos fora da área. Não se mede a qualidade do emprego ou a sua duração. Os programas registam como "empregos criados" postos de trabalho temporários que foram criados para gerir partes do próprio programa.

Tem-se trabalhado na tentativa de aperfeiçoar os indicadores de sucesso na regeneração urbana. Um exemplo é Gardiner (1998: 1519-1540) que questiona a utilidade do conjunto de dados de base então utilizado pelas parcerias - o Censo. Ele demonstra como, utilizando a amostra de dois por cento de registos anónimos disponível pela primeira vez após o recenseamento de 1991, "poderiam ser incorporados refinamentos na construção de indicadores com potenciais melhorias na orientação das iniciativas políticas para subgrupos específicos". Sugere que, para avaliar eficazmente o êxito dos programas, deveria ser utilizado um conjunto de dados muito mais pormenorizado, o que poderia resultar de melhorias no próximo recenseamento. Subsequentemente, foram realizados trabalhos para desenvolver estatísticas de bairro e para aperfeiçoar os dados em áreas de superprodutos.

O'Regan e Quigley ilustram as complexas inter-relações subjacentes a qualquer indicador individual. Estudam os efeitos dos padrões residenciais espaciais nos resultados do emprego das famílias "minoritárias". Mostram como, para diferentes grupos étnicos, o mesmo indicador de "sucesso" pode ter efeitos substancialmente diferentes. Afirmam que "os resultados confirmam o facto de que a maior fonte de disparidades nas taxas de emprego entre jovens brancos e de minorias é a discrepância entre o capital humano médio e as caraterísticas do agregado familiar entre jovens brancos e de minorias" (O'Regan e Quigley 1998: 1180-1203).

O nível de análise levado a cabo nos Estados Unidos por O'Regan e Quigley (1998) raramente é empreendido quando se avaliam projectos de regeneração ingleses e, no entanto, apontam para consequências não intencionais significativas da obtenção bem sucedida de resultados. No seu estudo de caso, a mera criação de mais postos de trabalho sem abordar a infraestrutura social poderia fazer com que os jovens das minorias étnicas ficassem comparativamente em pior situação.

Hotchkiss *et al* (1999: 1079-1091) demonstram que os indicadores têm de ser analisados quanto à sua eficácia no seu contexto. Demonstram que um indicador por si só (% de sucesso dos residentes da cidade na nomeação para os lugares a que se candidataram) mostraria que o programa falhou na seleção. No entanto, quando analisado em conjunto com um segundo indicador (número de candidatos residentes na cidade em comparação com os não residentes na cidade), o programa revelou-se um êxito. Apesar de os residentes terem sido comparativamente menos bem sucedidos, devido ao programa, houve mais candidaturas e, por conseguinte, foram nomeados mais residentes do que não residentes.

Há também o problema de os programas serem influenciados por indicadores orientados para os resultados. Isto pode levar a uma concentração nos objectivos em detrimento da realização de um programa holisticamente equilibrado. Existe um paralelo contemporâneo no atual debate sobre as listas de espera do Serviço Nacional de Saúde. Diz-se que a consecução de um objetivo pode ser feita à custa da consecução de outros objectivos clinicamente mais importantes. Até às últimas fases do programa do Orçamento Único para a Regeneração e do New Deal for Communities, o "cabaz" de resultados era definido a nível nacional. Existia a possibilidade de ter resultados adicionais a nível do programa, mas estes não eram considerados tão importantes para determinar o êxito do programa e, por conseguinte, o financiamento.

Um outro ponto fraco da regeneração baseada em objectivos de resultados é a associação da consecução dos objectivos ao êxito da regeneração. Brownill e Darke (1998: 32) sugeriram: "a definição de objectivos pode promover uma forma mecanicista de pensar, equiparando a regeneração à obtenção de resultados..." Propõem que a regeneração inclusiva é um processo que atravessa todas as fases da regeneração. Encarar os resultados como parte desse processo pode levar à "criatividade na definição de objectivos". Recomendam "métodos inovadores para monitorizar os resultados, incluindo medidas qualitativas e o envolvimento dos residentes".

Os indicadores de sucesso na regeneração caracterizam-se por se basearem em produtos ou resultados definidos pelas próprias parcerias. Inevitavelmente, baseiam-se nas expectativas das parcerias e dos fornecedores e não necessariamente nas das pessoas em nome das quais a regeneração é efectuada. Por conseguinte, é perfeitamente possível que um programa cumpra 100% dos objectivos, mas falhe completamente em satisfazer as expectativas da comunidade que está a ser regenerada. Este problema deveria estar a ser resolvido agora que o envolvimento da comunidade é um requisito na preparação das propostas para os programas do New Deal for Communities e na preparação das estratégias comunitárias pelas parcerias estratégicas locais.

Hastings *et al* (1996) sublinham a importância do envolvimento da comunidade em todas as fases do processo como forma de assegurar que o programa e os seus produtos/resultados estejam em sintonia com as necessidades e prioridades da comunidade. De facto, em termos de desenvolvimento comunitário, sugerem que o nível e a natureza do envolvimento da comunidade em si é um indicador de sucesso para os programas. Propõem uma série de testes para o sucesso do envolvimento da comunidade com base no impacto causado pela comunidade em cada fase do processo. Também sugerem preditores para o sucesso do envolvimento da comunidade, examinando a história das estruturas comunitárias que tiveram um contributo bem sucedido (Hastings *et al* 1996: 45-47).

Os indicadores devem, portanto, ser considerados como limitados pela época em que foram criados e pela visão ou falta dela de quem os estabeleceu. Também tendem a refletir os valores (ou a falta de valores) dos seus proponentes. Os programas contemporâneos colocam uma maior ênfase na visão da comunidade, o que conduzirá, sem dúvida, a novos desafios na definição de indicadores de sucesso. Organizações como a Groundwork Trust desenvolveram ferramentas para medir o sucesso do envolvimento da comunidade e para envolver a comunidade no processo de avaliação (Groundwork 2000).

Os indicadores podem também ser adequados para um objetivo mas não para outro, por exemplo, testar a responsabilidade económica ou financeira. Há uma ênfase crescente nos indicadores de processo para equilibrar os objectivos de produção/resultado. O conceito de utilização de indicadores de processo é desenvolvido no trabalho de Gwilliam *et al* (1998: 10) que desenvolvem "factores de mudança" para avaliar o êxito de iniciativas em áreas suburbanas. Estes factores são depois aplicados ao conjunto de resultados dos programas. Esta é uma forma dinâmica de avaliação contextualmente relevante, uma vez que a ferramenta é concebida para a tarefa. As actuais rondas de programas de regeneração, por exemplo, o New

Deal for Communities e o SRB6 , baseiam-se muito mais em resultados determinados localmente do que na adesão a resultados definidos a nível nacional. A avaliação efectiva destes programas será um desafio e exigirá um exercício semelhante ao realizado por Gwilliam *et al.* Este conceito também é utilizado por Moseley, que usa as Avaliações Paroquiais como um exemplo em que o processo de realização da avaliação pode ser tão importante como quaisquer trabalhos que se sigam à publicação. Tendo investigado a prática em todo o Reino Unido e a teoria, escreve sobre a "dualidade de objectivos" na avaliação dos processos e do produto que interessam a diferentes partes interessadas (Moseley 1997: 200). Se os indicadores forem utilizados mais para testar se os processos são corretos e menos para medir se os resultados pré-determinados estão a ser alcançados, há mais possibilidades de a avaliação ser mais valiosa para os programas ao longo da sua vida e também de as lições serem transferíveis.

5.8 Razões pelas quais o pressuposto da transferência da aprendizagem pode ser questionado.

5.8.1O calendário das avaliações.

Esta investigação constatou (Capítulo 6) que o calendário das avaliações significa frequentemente que o programa seguinte foi anunciado antes de a avaliação do anterior estar concluída. Este facto também se verificou com a utilização de programas "Pathfinder" (programas que pilotam ou experimentam abordagens antes do lançamento nacional). Por exemplo, ainda em 2005, a Rede de Gestão de Bairros (NMN 2005: 5) referiu que "a forma de trabalhar da gestão de bairros está a espalhar-se muito antes de serem conhecidos os resultados do programa Pathfinder". Outro problema com a calendarização é que o programa pode estar efetivamente encerrado na altura em que a avaliação é efectuada. A avaliação da iniciativa governamental "Inner City Task Force" (DOE: 1992a: i) refere que a avaliação teve início após o encerramento das três Task Forces. O pessoal da

Task Force tinha-se dispersado e os dirigentes tinham começado novos empregos:

Este facto aumentou a dificuldade de iniciar rapidamente a avaliação, de organizar o programa de entrevistas e de obter o conhecimento pormenorizado do pessoal do Grupo de Trabalho ... a avaliação decorreria mais facilmente, sem perda de independência, se pudesse começar dois ou três meses antes da data de encerramento do Grupo de Trabalho (DOE: 1992a: i).

Outro elemento do calendário é o facto de os resultados dos programas de reabilitação poderem demorar muitos anos a ser mensuráveis (em alguns casos, podem nunca o ser) e de as lições aprendidas poderem ser apenas parciais, na melhor das hipóteses. Por exemplo, ao estudar as parcerias e a criação de capacidades na regeneração de zonas industriais periféricas em Londres, Bailey concluiu que: "Os dados de ambas as áreas sugerem que a regeneração social e económica é um processo a longo prazo, provavelmente apenas mensurável ao longo de décadas" Bailey (1997: 275). Redfearn (2005a) referiu que, após quatro anos de vida do programa, a avaliação do Sure Start, a publicar em breve, não teria decorrido o tempo suficiente para se chegar a conclusões fiáveis. Um exemplo poderoso do problema da calendarização é a transição do City Challenge para o Single Regeneration Budget. Fearnley e Pratt consideram que o calendário foi um obstáculo definitivo à transferência de conhecimentos:

A medida em que as lições do City Challenge serão aprendidas está agora em dúvida. Apenas dois anos e meio após o City Challenge, o Orçamento Único para a Regeneração irá substituí-lo, o que significa que as lições destas avaliações não podem ser tidas em conta. O Orçamento Único para a Regeneração engloba muitas caraterísticas do seu antecessor, e muitas questões resultantes da avaliação do City Challenge seriam relevantes para ele, mas é demasiado cedo para que as conclusões destas avaliações sejam tidas em conta e para saber verdadeiramente quais foram os êxitos e quais foram os fracassos deste tipo de política (Fearnley e Pratt 1996: 327351).

Turok, depois de analisar uma série de programas, concluiu que as conclusões dos estudos de avaliação podem ser encontradas "demasiado tarde para influenciar a política de uma forma importante" (Turok 1991: 1543-50). A pressa em introduzir novos programas parece ter sido um obstáculo à aprendizagem; nalguns casos, pode ter havido prazos que escaparam ao controlo do Governo do Reino Unido. Por exemplo, num programa europeu, verificou-se que: "A novidade do Desenvolvimento Económico Comunitário nos Fundos Estruturais de 1994-96 significava que, na altura das avaliações, tinha decorrido muito pouco tempo para que os benefícios para o emprego se acumulassem (Armstrong *et al* 2002: 457-481)".

5.8.2A ausência de atividade de avaliação.

Em alguns dos casos, provavelmente mais controversos, houve críticas à falta de atividade de avaliação. A título de exemplo, a experiência das Corporações de Desenvolvimento Urbano foi criticada pelo facto de "a avaliação crítica do seu legado ter sido ilusória, apesar de ter sido encerrada nessa altura" (Florio e Brownill 2000: 53). Os autores apresentam como possíveis razões para que esta avaliação não se tenha efectuado Perda de interesse; desilusão ideológica; uma mudança nos valores políticos e nas práticas de planeamento ou uma mudança no modus operandi da London Docklands Development Corporation. A London Docklands Development Corporation produziu uma série de dez "monografias" que retratavam a sua própria visão do seu sucesso. Uma alegada fraqueza desta justificação post-hoc criada internamente é que as afirmações "parecem basear-se numa reinterpretação da história" (Florio e Brownill 2000: 55) .

Imrie e Thomas ficaram surpreendidos com a "ferocidade dos seus ataques" quando abordaram a Cardiff Bay Urban Development Corporation para efetuar uma avaliação independente e relataram que outros investigadores políticos tinham recebido "um tratamento muito mais duro". Os autores concluem: "Na origem destas reacções agressivas está a antipatia pela avaliação externa de uma organização que caracteriza as principais tendências da política urbana nos anos 90" (Imrie e Thomas 1999: 123137).

Estes exemplos anteriores de relutância em efetuar a avaliação parecem ser isolados, uma vez que todos os outros programas investigados neste estudo tiveram avaliações formais publicadas. Isto ainda deixa a questão de saber até que ponto os programas são totalmente avaliados, uma vez que em cada caso são elaborados termos de referência e alguns elementos dos programas são incluídos e outros excluídos.

5.8.3A qualidade da atividade de avaliação.

Este estudo encontrou muitas deficiências e dificuldades na prática da avaliação, o que suscita preocupações quanto à qualidade de quaisquer conclusões que possam ser tiradas. Não existe um sistema formal de aferição ou acreditação para as avaliações em Inglaterra (embora existam orientações no sítio Web da Sociedade de Avaliação do Reino Unido, não foi encontrada qualquer referência a este sistema em nenhuma das avaliações publicadas), pelo que parece não ter havido um regime aceite de garantia de qualidade. Por conseguinte, as normas têm de ser acordadas entre o cliente e o avaliador (eventualmente com a influência de um financiador externo), podendo o cliente ser também o organismo que gere o programa que está a ser avaliado. A avaliação intercalar da regeneração de antigas zonas de exploração de carvão (DETR 2000c) constitui um exemplo das insuficiências evidenciadas, na medida em que concluiu que a avaliação das actividades de regeneração deve ser efectuada com maior frequência e de forma sistemática, para além da gestão do projeto, e envolver no processo as empresas e as populações locais.

Uma equipa (chefiada pelo Professor Lawless), ao examinar as provas para apoiar as iniciativas baseadas na área, sugere uma hierarquia de provas que vai desde "dados ricos e convincentes" até à "observação e descrição" e concluiu que

Existe um conjunto considerável de dados que examinam a prática da reabilitação de zonas e os impactos específicos alcançados por iniciativas individuais. No passado, estes dados não foram geralmente recolhidos ou analisados de uma forma comum e as avaliações tiveram de lidar com uma série de problemas técnicos. Esta diversidade de abordagens e os condicionalismos da prática de avaliação limitam o grau em que se podem tirar lições informadas e rigorosas da experiência adquirida nos últimos 20 anos (Lawless et al 2000: 7).

Lawless, no entanto, sugere que esta situação pode melhorar: "as provas que estão a ser reunidas para avaliar novas iniciativas baseadas na área, tais como o Orçamento Único para a Regeneração, o New Deal para as Comunidades e a saúde... devem aumentar consideravelmente o nosso conhecimento sobre o que funciona e porquê" Lawless et al (2000: 7).

5.8.4Dificuldades metodológicas.

Há uma grande variedade de dificuldades na conceção de qualquer forma de avaliação, mas a avaliação de iniciativas complexas (com até 80 projectos activos) em áreas em rápida mutação, com numerosas parcerias diferentes activas ao mesmo tempo, é um desafio típico de programas como o Orçamento Único para a Regeneração (que, ironicamente, foi introduzido para simplificar o panorama da regeneração). É um exemplo de um programa complexo de avaliar, mas isso pode ser atribuído ao facto de se tratar de um programa holístico que engloba muitos regimes que anteriormente eram avaliados separadamente. Ao avaliar estas dificuldades, Tyler afirmou num seminário que, em termos de dificuldade de avaliação, o Orçamento Único para a Regeneração estava provavelmente no topo da lista (Tyler 2001b).

5.8.5Documentação e divulgação dos resultados

Nos últimos anos, a Comissão de Auditoria, a Unidade de Renovação de Bairros e outras entidades, como a Fundação de Investigação Joseph Rowntree, têm-se esforçado por dar ênfase à documentação e à divulgação dos resultados.

No entanto, ainda em 2000, a avaliação intercalar da regeneração de antigas zonas de exploração de carvão concluiu que "parecia haver pouca consciência da disponibilidade ou relevância dos dados de avaliação existentes no que diz respeito ao que poderiam ser objectivos realistas, mas de teste" (DETR 2000c: 3) e, ao comentar o lançamento de Open Information for Birmingham (um sítio Web de divulgação de informações e práticas sobre regeneração), Churchill pôde afirmar: "As avaliações tendem a ser escondidas do domínio público e o conhecimento tem sido desperdiçado" (Churchill 2001: 12-13).

A mera presença de actividades de avaliação não é suficiente, é também necessário que estas sejam coerentemente definidas e interpretadas de modo a que sejam retiradas as lições corretas para cada parceria ou área em causa, e não é claro como é que isto pode ser conseguido. Harding comentou, ainda em 2002, que:

Massas e massas de "inteligência urbana" chegam ao Whitehall através de avaliações de projectos, programas de investigação, auditorias e interações informais com os "prestadores de serviços". Mas este conhecimento não permite ter uma visão coerente do desempenho das cidades. Nem fornece uma análise convincente das principais forças motrizes que moldam o futuro urbano a nível regional, nacional e internacional (Harding et al 2002: 14).

Lawless et al (2000: 2), analisando um vasto domínio de políticas e práticas de reabilitação, concluíram que: "A base de dados não teve tanto impacto como poderia ter tido. Uma proporção considerável de provas não consegue envolver a comunidade política. Isto pode dever-se à aparente falta de vontade dos investigadores para identificarem plenamente as implicações políticas das novas provas".

Estes problemas estão agora a ser resolvidos pelo "Sistema de Gestão do Conhecimento" da Unidade de Renovação de Bairros, que se destina a ultrapassar alguns dos problemas acima referidos.

Uma outra dificuldade é que se as avaliações estiverem a analisar as coisas erradas, as lições podem nunca ser aprendidas e podem ser tiradas conclusões erradas. Na sua visão geral das provas do êxito das iniciativas baseadas em áreas verdes, Lawless não se mostrou otimista quanto ao estado da avaliação:

As avaliações de todo o programa tendem a identificar os custos líquidos de produção em vez de se centrarem nos resultados; não foi dada a devida atenção às inter-relações entre diferentes vertentes políticas, como a educação, a saúde, a criminalidade e a habitação; as avaliações de programas dizem pouco sobre o que se passa no terreno no âmbito de projectos individuais e fornecem poucas lições transferíveis para os profissionais durante a vigência do programa em causa (Lawless et al 2000: 2).

Critica também a ênfase crescente na divulgação das "melhores práticas", que é amplamente promovida, mas para a qual esta investigação encontrou pouca justificação consistente:

As parcerias podem estar relutantes em afetar um fluxo de recursos ao trabalho de avaliação; as instituições de caridade de investigação e os conselhos de investigação apoiaram o trabalho que melhorou a base de provas. No entanto, os primeiros tendem a concentrar-se em boas práticas de investigação baseadas em estudos de caso que frequentemente carecem de rigor (Lawless et al 2000: 2).

A Unidade de Renovação de Bairros (2002c: 22-23), ao examinar a avaliação, concluiu que, para muitas iniciativas baseadas na área, a avaliação continua a ser uma atividade secundária, subordinada às tarefas mais imediatas de execução de programas e projectos e de acompanhamento do desempenho. Constataram igualmente que a avaliação das iniciativas locais continua a ser fragmentada e não tão avançada como seria de esperar. Salvo raras excepções, cada iniciativa baseada na área é avaliada por si só, numa base de programa a programa. No entanto, as áreas prioritárias tendem a ter numerosas iniciativas locais, pelo que poderá ser necessário um tipo de avaliação mais holística. Isto sugere a necessidade de algum tipo de quadro nacional, regional e local para avaliação e partilha de lições.

Turok concluiu que "uma crítica frequente é o facto de eles (estudos de avaliação) se tornarem fins em si mesmos e serem desviados por considerações técnicas de relevância prática limitada" (Turok 1991: 1543-50). Refere-se depois a Barnekov et al (1990: 232-3) que concluíram que a avaliação tem pouco impacto em comparação com as escolhas políticas na tomada de decisões. Turok também constatou que os indicadores e objectivos estabelecidos pelos programas de reabilitação urbana eram "por vezes deliberadamente limitados e introspectivos" (Turok 1991: 1543-50).

5.8.6Saber o que funciona - O papel dos sistemas de prémios de boas práticas.

Para que a transferência da aprendizagem se efectue, é necessário que haja alguma aceitação do que é "bom" e do que não é e de como isso pode variar consoante o contexto. Roberts e Sykes sugerem que um dos problemas é que "não existe um acordo único ou preciso sobre o que constitui a melhor prática e, consequentemente, o que é considerado excelente numa localidade, sector ou atividade pode ser ignorado noutro local" (Roberts e Sykes 2000: 298). Os autores chamam a atenção para a importância de calcular o valor acrescentado mais alargado dos programas de reabilitação. Apontam dois problemas específicos: A tendência para confundir eficácia com eficiência e a ausência de qualquer tentativa real de avaliar as consequências ou resultados globais que decorrem dos esforços de reabilitação. Sugerem também a necessidade de uma abordagem mais holística da avaliação:

Não existem ainda estudos longitudinais totalmente avaliados sobre a ação integrada em toda uma aglomeração.... Atualmente, o cálculo exato do valor acrescentado global a longo prazo da reabilitação urbana continua a ser uma questão de especulação (Roberts e Sykes 2000: 298).

Lawless (1995: 261-70) argumentou que este problema reflecte uma falta de investigação primária e de literatura, especialmente relacionada com a prática da política urbana e com as lições que podem ser retiradas do estudo da experiência internacional.

5.8.7Problemas conceptuais e de dados.

Tyler constatou, ao examinar um grande número de programas do orçamento único para a reabilitação, que o trabalho de avaliação não foi capaz de avaliar sistematicamente o impacto das iniciativas baseadas na área nos resultados globais da reabilitação devido a uma série de problemas conceptuais e de dados. O autor salientou uma série de obstáculos a uma maior coordenação da avaliação. Estes incluem:

- As diferentes bases espaciais de muitas iniciativas e, por conseguinte, a dificuldade de comparar o mesmo com o mesmo;

- Diferentes agendas, interesses e objectivos para muitas iniciativas e, consequentemente, diferenças na identificação e especificação do que deve ser avaliado;

- Diferentes linhas de base (em termos de escala espacial, tempo e conteúdo);

- Problemas com a obtenção de informações de bairros vizinhos e iniciativas que são vistas como estando em concorrência direta;

- Problemas em torno das estratégias de saída, sem que nenhuma iniciativa baseada na área queira admitir o fracasso e, por conseguinte, sem vontade de abordar a avaliação de uma forma conjunta, caso esta revele inadequações

(NRU 2002c: 10-11).

Preocupava-se com a sustentabilidade e considerava crucial a transferência de conhecimentos:

Com poucos mecanismos para garantir que as iniciativas bem sucedidas continuem (no mainstream ou como projectos), há pouco empenho em pensar na sustentabilidade. Existe um perigo real de que o trabalho dos ABI se perca quando as iniciativas chegarem ao fim. O governo, tanto a nível central como local, deve investir na transferência da aprendizagem dos ABIs para a prestação regular (NRU 2002c: 30).

Nalguns casos, como no caso do programa Sure Start, foram emitidas orientações para ajudar os avaliadores a determinar a forma de atribuir custos e benefícios entre programas em áreas com múltiplas iniciativas baseadas na área. Embora, no caso do Sure Start, as orientações indiquem que "é de facto uma questão de bom senso" (NESS 2001: 48).

5.8.8Liderança política e imperativos.

Há algumas provas de que os ditames políticos determinaram a conceção dos programas, por exemplo, Stewart (1998) concluiu que "em particular, vemos programas em que os imperativos políticos se sobrepõem à eficiência funcional em detrimento tanto da administração pública adequada como da realização política". Refere-se também à substituição, nos anos 80, do "conjunto" de práticas regulamentares por uma "cacofonia de dissonâncias". Estava a referir-se à proliferação de novas agências e parcerias (Stewart 1998: 77-90).

5.9 Conclusões

Este capítulo estabeleceu o contexto para a investigação que se segue, mostrando como a avaliação dos programas de reabilitação urbana ganhou importância, como a sua aplicação tem sido feita por razões muito diversas e como a aplicação e os objectivos da avaliação têm mudado ao longo do tempo. Mostrou também as graves dificuldades que têm existido no desenvolvimento de qualquer abordagem consistente ou coerente da avaliação ao longo dos anos e as muitas barreiras que existem à transferência da aprendizagem. No entanto, a teoria apresenta alguns indícios claros da transferência de ensinamentos. A análise documental e os estudos de caso apresentados nos capítulos seguintes examinam o que realmente aconteceu, pesquisando a documentação e falando em profundidade com os actores contemporâneos.

Capítulo 6 - Análise documental da avaliação nos relatórios.

6.1 Introdução.

Este capítulo apresenta uma panorâmica da evolução das iniciativas de regeneração urbana baseadas na área em Inglaterra e examina os tipos de avaliação que foram realizados. Procura realçar as mudanças na forma como as avaliações foram executadas e quaisquer provas de que as lições aprendidas na avaliação de um programa foram transmitidas a outros. A seleção de programas abrange o período desde a avaliação das Industrial and Commercial Improvement Areas em 1986 até aos dias de hoje (Neighbourhood Renewal Fund e New Deal for Communities).

Tabela Quinze: Os temas que emergiram do estudo da teoria nos capítulos quatro e cinco incluem:

- Informação de má qualidade ou inexistente em termos de iniciativas baseadas em áreas.
- O aparecimento e a formalização de uma linha de base para os programas.
- A dificuldade enfrentada pelos avaliadores quando os objectivos do programa não estão claramente definidos.
- Verificou-se que as mudanças na base dos programas ao longo do tempo frustram a avaliação.
- Os enigmas conceptuais são muito importantes.
- O calendário das avaliações em relação ao próprio programa e a quaisquer programas futuros que se destinem a informar.
- Os problemas associados à utilização de indicadores para avaliar o desempenho.
- O crescente envolvimento das partes interessadas.
- À medida que o tempo avança, há cada vez mais provas de que a avaliação se destinava a ser divulgada e utilizada para transferir a aprendizagem.

Para cada programa avaliado, é feita uma tentativa de relacionar o tipo de avaliação com a tipologia de avaliações de Aaronovitch (ver Capítulo 5). A tipologia de Aaronovitch foi escolhida porque combinava simplicidade com uma cobertura abrangente da evolução da avaliação. As iniciativas políticas foram analisadas pela ordem cronológica em que a sua avaliação foi publicada. Isto deve-se ao facto de a ênfase deste capítulo ser colocada na análise das avaliações e não nas operações dos próprios programas.

Este capítulo relata a forma como a análise das avaliações efectuadas ao longo de duas décadas mostrou que o processo de avaliação evoluiu, muito em linha com a reflexão sobre a regeneração em geral. No entanto, continuam a existir questões de longa data sobre a qualidade dos dados, os indicadores e a proliferação de iniciativas. Este capítulo também refere que esta análise encontrou algumas provas documentadas de que, em resultado do trabalho de avaliação, se registou a transferência de lições.

6.2 Uma análise das avaliações publicadas por programa.

Esta secção documenta os resultados da análise documental dos principais programas avaliados durante o período de estudo e de algumas outras avaliações holísticas realizadas nessa altura. Esta análise centrou-se na probabilidade de o processo e a natureza das avaliações terem facilitado a aprendizagem e não nos resultados da avaliação.

6.2.1Zonas de melhoria industrial e comercial.

A avaliação das Áreas de Melhoria Industrial e Comercial (DOE 1993a) foi uma avaliação no âmbito do programa produzida por uma equipa interdepartamental. Este estudo avalia a eficácia global das medidas implementadas ao abrigo dos poderes da Lei das Áreas Urbanas Interiores de 1978 para declarar áreas de melhoria locais. Este foi um dos primeiros exemplos de uma iniciativa baseada numa área, com base nas antigas Áreas Industriais e Comerciais.

A metodologia do estudo envolveu três etapas. A primeira consistiu na recolha de informações sobre todas as Zonas de Beneficiação Industrial e as Zonas de Beneficiação Comercial. Isto foi possível graças à obrigação de apresentar "documentos de declaração" no início de cada zona de melhoramento. No entanto, em 1981, este requisito foi abolido e, por conseguinte, a informação disponível deteriorou-se.

Em seguida, procedeu-se à avaliação dos níveis de despesas das autarquias locais em 88 zonas de melhoria.

A segunda fase foi composta por estudos de casos, que consistiram numa mistura de medidas quantitativas de input/output e de trabalho qualitativo baseado em entrevistas e descrições profissionais. Foram entrevistados os operadores e os beneficiários do programa, bem como 140 residentes. A terceira fase consistiu em comparar as práticas e avaliar a eficácia global da abordagem. Para tal, foram examinados três critérios: efeitos sobre o emprego; efeito de alavanca do sector privado e confiança do sector privado.

Uma questão de avaliação foi o facto de os objectivos declarados da intervenção serem geralmente o desenvolvimento económico, mas, na prática, as subvenções foram concedidas para trabalhos essencialmente ambientais que só indiretamente produziriam resultados de desenvolvimento económico, como a criação de empregos. Uma recomendação é a necessidade de uma abordagem muito mais sistemática da declaração das zonas de melhoria industrial e comercial e da manutenção de informações de acompanhamento adequadas, para que a avaliação no futuro seja mais eficaz.

6.2.2Zonas empresariais.

A avaliação das Zonas Empresariais foi publicada em 1987 pelo DOE (1987) Inner City Research Programme e foi realizada pela PA Cambridge Economic Consultants. O programa teve início em 1980 e ainda estava a funcionar quando a avaliação foi realizada, embora com algumas alterações que o enfraqueceram. Tratou se de uma experiência muito mais focalizada do que muitas iniciativas baseadas em áreas, tanto em termos geográficos como políticos. As Zonas Empresariais ofereciam uma série de incentivos fiscais e reduções nos requisitos processuais, tais como controlos de planeamento e declarações estatísticas, em áreas bem delimitadas em todo o país.

Um dos desafios metodológicos da sua avaliação prende-se com o facto de alguns dos incentivos terem sido reduzidos à medida que os programas governamentais foram sendo alterados, por exemplo, o Development Land Tax foi abolido e algumas das taxas do Industrial Training Board foram abolidas. As técnicas utilizadas incluíram um inquérito às empresas (760 entrevistas presenciais, 1100 questionários postais). Foram também realizadas entrevistas com funcionários das autarquias locais e com uma série de empresas activas no mercado imobiliário local. Pode dizer-se que se trata de entrevistas a potenciais beneficiários e a actores-chave interessados e não a partes interessadas em geral.

Os custos públicos diretos e indirectos foram determinados para estabelecer uma análise do tipo custo-benefício. A avaliação concluiu que o programa foi bem concebido, na medida em que "incentivou simultaneamente o desenvolvimento de novas instalações em locais até então abandonados ou negligenciados e atraiu empresas para essas instalações". Afirmou também que "a experiência conseguiu atrair capital financeiro privado de outras partes do país, incluindo a cidade de Londres, para áreas com graves problemas de desenvolvimento económico" (DOE 1987: 9).

Foram obtidos benefícios mais amplos do que apenas os relacionados com os postos de trabalho adicionais líquidos e com os intervenientes no domínio da promoção imobiliária. A determinação dos beneficiários finais dos incentivos financeiros foi considerada difícil devido a outros efeitos, por exemplo, alguns proprietários aumentaram as rendas, anulando assim alguns dos benefícios pretendidos das poupanças nas taxas comerciais.

Um dos principais benefícios foi a limpeza de terrenos abandonados, atraindo mais investimentos e criando um efeito de demonstração do potencial de locais degradados no centro da cidade. A assistência (financeira) das Zonas Empresariais foi considerada mais importante do que qualquer outro tipo de assistência no âmbito de outros programas governamentais. 88% das empresas consideraram que a isenção de taxas era o principal benefício. Os benefícios em termos de infra-estruturas foram considerados críticos por 4% das empresas e significativos por 25% das empresas.

Surgiram recomendações para o controlo e a avaliação; foi dada alguma atenção à necessidade de desenvolver indicadores adequados. Uma das recomendações foi a necessidade de criar um sistema de registo dos componentes da mudança que permitisse uma avaliação anual dos progressos (como tinha sido feito no passado pelo Ministério do Comércio e da Indústria). Esta foi uma sugestão inicial do que atualmente é mais amplamente promovido como avaliação da "teoria da mudança". A conclusão geral é que:

Estão a ser proporcionados benefícios reais às zonas designadas e às economias locais circundantes. A relação custo/eficácia da experiência poderia ser melhorada através da redução do peso morto das deduções de capital e dos desagravamentos fiscais, que poderiam ser diferenciados consoante as zonas e os sectores económicos ou mesmo reduzidos ao longo do tempo (DOE 1987: 88).

Em comparação com a tipologia de Aaronovitch, pode dizer-se que a avaliação é altamente confirmatória/legitimadora, mas também intensivamente orientada para a auditoria/objectivos. A abordagem pluralista foi limitada, uma vez que as únicas partes interessadas envolvidas foram os beneficiários, os potenciais beneficiários ou os principais actores. Não foram solicitados outros pontos de vista, por exemplo, sobre se os métodos ou os resultados eram positivos ou não.

6.2.3Festivais de jardim.

O programa dos Festivais de Jardins foi lançado em 1980, na sequência de discussões entre os ministros e o sector paisagístico e hortícola. O DOE elaborou um documento interno intitulado "Garden Exhibitions in the United Kingdom" (DOE 1980a) para considerar a adoção da prática continental no Reino Unido - próxima do modelo alemão.

A avaliação do programa dos Festivais de Jardins foi efectuada post-hoc. Foi iniciada após o último Festival de Jardins e concluída em 1990 (DOE 1990b), tendo sido efectuada a dois níveis: uma análise custo-benefício baseada em entradas e saídas financeiras e uma avaliação da paisagem melhorada baseada, nomeadamente, em pareceres profissionais. Foi feita referência à utilização final do sítio, mas não foi feita qualquer tentativa de considerar o valor da utilização final em termos sociais ou de regeneração global. O programa tinha objectivos limitados e a avaliação reflectia esse facto.

A avaliação produziu um boletim de avaliação ambivalente para os Garden Festivals e não fez recomendações para programas de regeneração mais alargados. Uma constatação importante foi o facto de se ter considerado que houve demasiada confiança (não realizada) em pressupostos de que Stoke teria aprendido com as lições do anterior (Liverpool). Isto sugere que não existia um meio formal de garantir que um festival aprendesse com o(s) anterior(es). Se a avaliação for analisada à luz da tipologia de Aaronovitch, pode dizer-se que é altamente confirmatória/legitimadora, mas também intensivamente orientada para a auditoria/objectivos. Foram utilizados juízos profissionais para avaliar questões como a qualidade da paisagem.

6.2.4Grupo de Trabalho para o Interior da Cidade.

O programa da Inner City Task Force foi objeto de uma avaliação post-hoc para o Ministério do Ambiente por consultores da PA Cambridge Economic (DOE 1992a). O programa decorreu de 1986 a 1992 e a avaliação teve início no final do programa (1991) e foi publicada em 1992. A abordagem metodológica de base consistiu, em primeiro lugar, na utilização de um quadro de custos/benefícios em que foram estabelecidos os custos brutos dos sectores público e privado. Os benefícios brutos são então estabelecidos a partir de "indicadores de benefícios". Os custos e benefícios líquidos são então estimados tendo em conta a deslocação e outros efeitos secundários. Para o efeito, o estudo dos projectos foi reforçado por entrevistas.

Esta avaliação assenta na mesma base que uma avaliação anterior da Task Force Inner City, realizada em 1990, de modo a que os resultados sejam comparáveis, mas com alguns estudos de casos de projectos de maior dimensão. O estudo concluiu que os seis objectivos intermédios das Task Forces, normalmente designados por "objectivos transversais", não podiam ser avaliados de forma quantitativa, por exemplo, o reforço da capacidade das organizações locais de desenvolvimento económico. Isto foi feito através de um estudo mais pormenorizado dos projectos e de entrevistas adicionais. As lições para a avaliação futura foram as seguintes

- A abordagem do estudo de casos é valiosa e deve ser mantida.
- As avaliações deveriam ter sido iniciadas três meses antes do encerramento dos grupos de trabalho.
- A monitorização post-hoc é provavelmente demasiado dispendiosa, mas os exercícios pontuais podem ser a melhor forma de o fazer.
- É necessário trabalhar mais sobre o conceito e a medição do reforço das capacidades locais (DOE 1992a: x).

Avaliado à luz da tipologia de Aaronovitch, este estudo foi, por conseguinte, simultaneamente orientado para a auditoria/objetivo e, em certa medida, pluralista/participante, na medida em que procurou obter opiniões através de entrevistas a uma série de beneficiários públicos, privados e voluntários, mas não na medida em que não procurou obter opiniões gerais sobre o programa junto de pessoas que não participaram no mesmo.

6.2.5Avaliar o impacto da política urbana.

Em 1994, o Centro de Estudos de Política Urbana, o Instituto Europeu de Assuntos Urbanos e a Universidade de Durham concluíram um importante trabalho de avaliação. Intitulado "Assessing the impact of Urban Policy" (DOE 1994a), foi encomendado pelo Inner City Research Programme, uma vez que as avaliações anteriores tinham sido efectuadas a nível de programa, mas considerou-se necessário considerar o impacto em todo o domínio político. Esta avaliação foi post-hoc para alguns programas e in-programme para outros que ainda estavam a decorrer.

Este estudo procura medir o impacto global da política urbana na última década. A equipa de investigação identificou numerosos problemas conceptuais e metodológicos relacionados com esta tarefa: Em primeiro lugar, as mudanças na política urbana ao longo do período dificultam a caraterização de um conjunto único de objectivos políticos ao longo do período. A equipa respondeu a esta dificuldade adoptando os quatro objectivos das cinquenta e sete Áreas Urbanas Prioritárias que eram os alvos do programa Ação para as Cidades. Os enigmas conceptuais enfrentados pela análise podem ser resumidos como: o contrafactual; o confundido; o contextual; a contiguidade; o combinatório e o problema da escolha variável. O estudo refere que, entre estas várias dificuldades, "a de ter em conta o argumento contrafactual é de longe a mais problemática - e, em última análise, insolúvel" (DOE 1994a: 4-5).

A metodologia de investigação baseou-se em três vertentes complementares: Análise quantitativa ou estatística dos resultados socioeconómicos em relação aos contributos financeiros em 123 áreas (incluindo áreas que não beneficiam e áreas que apenas beneficiam marginalmente das intervenções); informação qualitativa proveniente de inquéritos a residentes e empregadores; discussões com peritos no terreno. As conclusões significativas incluem: a importância do desenvolvimento de coligações de intervenientes; a necessidade de um papel mais importante para as autoridades locais, a necessidade de reforço das capacidades das comunidades; a necessidade de uma maior coerência entre e dentro dos departamentos governamentais, com uma definição clara de objectivos estratégicos e menos ambiguidade na orientação dos recursos.

Foram efectuadas avaliações a nível nacional e local. Ao examinar os objectivos governamentais para avaliar o programa, o estudo constatou que existiam mais de cem. Por conseguinte, a equipa de investigação agrupou-os em objectivos políticos de alto e baixo nível.

No início, foi efectuado um estudo de viabilidade para compreender como se poderia medir o impacto global da política. Este estudo serviu para verificar se a avaliação proposta produziria resultados defensáveis. Este trabalho teve as seguintes vertentes Até que ponto a Ação para as Cidades representa bem os objectivos globais da política urbana; definição do núcleo urbano; até que ponto os objectivos nacionais são bem interpretados no terreno; e em que medida os departamentos avaliam o sucesso dos seus próprios programas. Esta última vertente abordou o problema da "enorme variação dos dados conservados" e o problema de objectivos pouco claros e de fluxos de informação deficientes entre programas e departamentos patrocinadores. O estudo concluiu que o panorama era muito heterogéneo, mas que os programas mais recentes estavam a levar mais a sério as medidas de resultados e os procedimentos de acompanhamento e dispunham de melhores sistemas desde o início. O estudo refere que "um desenvolvimento promissor é a preparação, no início da vida de um programa, de estudos de base, gerados através de fontes de dados existentes e de inquéritos especiais".

O estudo também constatou uma grave falta de avaliação local e considerou que as principais razões para tal são: dificuldades metodológicas; prioridades organizacionais; limitação do mandato; volume de dados sobre o desempenho operacional; falta de informação de base; ligações ténues entre os responsáveis pela execução dos programas e o programa Ação para as Cidades; frequência das mudanças políticas; ênfase na informação estratégica; falta de dados longitudinais e falta de observadores independentes.

As recomendações para futuras avaliações incluem;

- A política deve incorporar conscientemente a avaliação e a apreciação;
- Os programas deveriam ter de definir previamente os seus objectivos e efeitos propostos;
- Devem ser preparadas informações de base;
- As entradas devem ser monitorizadas regularmente numa base espacialmente desagregada (DOE 1994a: 441-443).

É discutida uma estratégia nacional de informação para a qual todos os exercícios locais de recolha de informação poderiam estar em conformidade e contribuir. Utilizando a tipologia de Aaronovitch, este estudo, sendo uma avaliação muito abrangente, abrange os três tipos de avaliação: confirmatória/legitimadora, na medida em que tenta demonstrar que a política urbana tem o impacto desejado; auditoria/orientada por objectivos, na medida em que tenta medir, em grande escala, os efeitos líquidos de input/output; e pluralista/interveniente, na medida em que realiza entrevistas e debates com um vasto leque de actores e residentes.

6.2.6Subvenção ao desenvolvimento urbano

A avaliação da subvenção para o desenvolvimento urbano foi uma avaliação no âmbito do programa efectuada para o programa de investigação sobre as cidades do interior do Ministério do Ambiente pela Universidade de Aston (DOE 1993b). A avaliação consistiu em dois elementos - uma avaliação do impacto e uma análise operacional. A avaliação do impacto foi o elemento central desta avaliação e consistiu no exame de uma amostra de sessenta e cinco projectos executados e setenta e sete projectos mal sucedidos em quinze áreas de autoridades locais.

A metodologia incluiu entrevistas com promotores, funcionários das autoridades locais e outros envolvidos no processo e a contagem dos resultados em termos de: Investimento privado; empregos; melhorias no ambiente físico e; oferta e reabilitação de habitação.

De acordo com a tipologia de Aaronovitch, tratou-se de uma avaliação confirmatória/legitimadora e de uma avaliação orientada para a auditoria/objetivo. Não pode ser descrita como pluralista/participativa, uma vez que apenas foram entrevistados os que tinham um interesse direto - não houve qualquer tentativa de procurar opiniões de terceiros, como a comunidade.

A avaliação operacional analisou os processos do Ministério do Ambiente e das autoridades locais para a promoção do regime, a receção, o tratamento e a apreciação das propostas e, em seguida, o acompanhamento do programa. Foi identificado o papel de um "facilitador" para reunir todas as partes e garantir a apresentação de propostas de qualidade. A qualidade de muitas propostas do sector privado foi considerada "abismal". Existe, assim, um precursor da ênfase dada posteriormente nos programas ao reforço das capacidades. A avaliação considera que os empreendimentos no interior das cidades não são atractivos para as instituições financeiras nacionais.

O estudo afirmava: "Ao contrário do regime UDAG nos EUA, nunca houve um número suficiente de boas propostas para estimular a realização de concursos para a assistência ao desenvolvimento urbano" (DOE 1988: 16).

O programa de subvenções para o desenvolvimento urbano foi considerado bem sucedido na obtenção de um efeito de alavanca para o sector privado. O custo por novo posto de trabalho parece ter sido bem comparado com o de outros programas, mas foi considerado difícil de comparar, uma vez que os dados e a metodologia diferem consoante os programas. No entanto, apenas 18% dos postos de trabalho foram preenchidos por pessoas anteriormente desempregadas.

Um êxito foi o facto de metade dos locais reabilitados terem envolvido a remoção de terrenos abandonados, vagos ou subutilizados. Há também indicações positivas sobre a qualidade dos projectos de construção e a contribuição para a conservação de edifícios históricos. Foi considerado necessário um quadro estratégico de regeneração para fornecer as infra-estruturas necessárias e um ambiente de alta qualidade para estimular o interesse do sector privado.

A avaliação constatou que o tempo necessário para o tratamento das candidaturas era considerado um problema. Um grande número de candidaturas inadequadas ou inelegíveis avançou demasiado no processo de candidatura. Foi recomendado o financiamento de estudos de viabilidade em casos difíceis. A avaliação dos projectos foi considerada boa para a maioria dos projectos, mas muito fraca noutros casos. Verificou-se que as previsões de novos postos de trabalho tinham pouca ou nenhuma relação com os novos postos de trabalho efetivamente criados pelos projectos. Verificou-se a necessidade de uma avaliação mais coerente, o reforço das competências de avaliação foi considerado uma prioridade e a avaliação sugere um sistema de avaliação a dois níveis. Foram consideradas necessárias orientações mais claras sobre esta matéria para as autoridades locais e o sector privado. O estudo identificou igualmente a necessidade de mais projectos de demonstração regionais para incentivar o interesse e a necessidade de melhorar as medidas e os métodos utilizados para prever os benefícios económicos, sociais e ambientais.

Embora tenha havido uma abordagem ponderada para consultar as partes interessadas, incluindo os representantes da comunidade local, tratou-se de um exercício orientado para a auditoria/objetivo, tal como descrito por Aaronovitch, com algum movimento no sentido de uma abordagem pluralista/partes interessadas.

6.2.7Subvenção da cidade.

Em 1993, foi também publicada uma avaliação do programa City Grant (DOE 1993b). Esta avaliação foi efectuada para o Inner City Research Programme pela Price Waterhouse. Tratou-se de uma avaliação do City Grant no âmbito do programa, mas de uma avaliação post-hoc dos seus dois predecessores: Urban Regeneration Grant e Urban Development Grant.

A avaliação tinha quatro objectivos:

- Avaliar o êxito dos projectos subvencionados na contribuição para a regeneração mais ampla da zona local;
- Avaliação dos projectos individuais em função dos seus próprios objectivos;
- Identificação dos factores de sucesso;
- Recomendações para o programa atual e para a política futura.

O objetivo do City Grant era (DOE 1993b: 5) "ajudar os projectos de desenvolvimento do sector privado nas 57 zonas urbanas interiores que, de outro modo, não poderiam prosseguir devido ao facto de os custos do projeto excederem o valor do desenvolvimento concluído". Foram medidos cinco tipos de impacto: Mercado imobiliário, económico, ambiental, social e comunitário e relação custo-benefício. Esta avaliação não teve como objetivo avaliar o impacto do programa no seu conjunto, nem se preocupou com a forma como o programa funcionou. Estas questões foram objeto de uma investigação separada sobre a subvenção para o desenvolvimento urbano realizada por Aston

Universidade. A avaliação foi efectuada em duas fases e a segunda fase foi alterada de modo a incluir: a medida em que os regimes subvencionados induziram o desenvolvimento em zonas vizinhas, a deslocação do mercado imobiliário, a criação de emprego e o valor dos terrenos.

A metodologia consistiu na realização de trinta e seis estudos aprofundados sobre amostras de projectos cuidadosamente escolhidas com base em critérios de seleção. Para cada estudo foi efectuado o seguinte

- Estudo documental de ficheiros de casos e dados de base sobre a economia local e o mercado imobiliário.
- Entrevistas com o promotor, o Ministério do Ambiente e a autarquia local.
- Inquérito aos ocupantes do regime.
- Discussão com agentes imobiliários.
- Visita ao local.
- Consulta dos representantes da comunidade local (DOE 1993b: 6).

Para todas estas actividades, são dadas notas explicativas, exceto sobre a forma como foi realizada a consulta comunitária. A avaliação do impacto social e comunitário foi complicada pelas alterações introduzidas nas orientações. Inicialmente, o regime de subvenções para o desenvolvimento urbano estabelecia especificamente que os projectos deviam contribuir de forma demonstrável para satisfazer as "necessidades sociais especiais das zonas urbanas interiores". Quando a subvenção municipal substituiu este regime, não existia tal requisito, embora este tenha sido posteriormente mencionado nas orientações revistas.

O impacto económico foi avaliado com base na medida única de criação líquida de emprego adicional. O impacto ambiental foi avaliado com base em indicadores derivados e, em seguida, em visitas profissionais (como na avaliação dos Garden Festivals (DOE 1990b)). Um ponto fraco é o facto de o cálculo final da relação qualidade/preço se basear no cálculo do custo por emprego adicional líquido criado e no rácio de financiamento público/privado. Não foram tidos em conta os outros benefícios, como os sociais e comunitários. O estudo concluiu que existiam benefícios ambientais e sociais significativos para as comunidades, mas que estes não eram explicitamente tidos em conta nas avaliações, o que dificultava uma avaliação coerente do desempenho dos projectos. A avaliação produziu uma série de recomendações políticas. Destaca-se a necessidade de objectivos mais claramente especificados "o que tornaria o processo de avaliação mais preciso". Considerou-se também que seria útil se o departamento esclarecesse que estava a analisar uma matriz ou um quadro de resultados equilibrado dos objectivos atingidos e não todos os objectivos atingidos por cada projeto.

6.2.8Sociedades de Desenvolvimento Urbano.

As "Urban Development Corporations" foram outra iniciativa baseada numa área muito restrita, mas com um organismo facilitador e impulsionador para acompanhar a regeneração. Imrie e Thomas investigaram a avaliação das Urban Development Corporations e afirmam que

Há uma escassez de avaliações publicadas sobre o desempenho das Sociedades de Desenvolvimento Urbano. O que existe é uma série de textos díspares, alguns encomendados pelo governo, bem como investigação académica, que se centram frequentemente em casos isolados ou em aspectos específicos do funcionamento das Sociedades de Desenvolvimento Urbano... o efeito global é, pois, parcial e limitado em termos de cobertura, com uma visão fragmentada das operações, práticas e efeitos políticos das Sociedades de Desenvolvimento Urbano (Imrie e Thomas 1999: 24).

Imrie e Thomas assinalam três omissões principais nas avaliações das Urban Development Corporations: A dinâmica institucional da formulação da política das Urban Development Corporations; as ligações entre as Urban Development Corporations e outras organizações e os custos distributivos da política das Urban Development Corporations. Afirmam ainda que a investigação do Department of Environment Transport and the Region sobre as Urban Development Corporations (DETR 1997) sempre se baseou estritamente em critérios do tipo "bricks and mortar". Citam muitos comentadores que se mostraram muito descontentes com a utilização de medidas quantificáveis tão limitadas, cujo principal objetivo era justificar os programas como tendo um "retorno demonstrável" para o erário público.

Outros comentadores, por exemplo, McAllister (1980: 277-278) apelaram à introdução de um elemento subjetivo baseado nos sentimentos locais das pessoas afectadas. Imrie (1996: 1445 - 1464) apelou ao envolvimento das comunidades na conceção e funcionamento das avaliações. Como refere Turok (1991: 1543 -50), estas preocupações são motivadas pela incapacidade das medidas de critérios normalizados reflectirem adequadamente as diferentes necessidades e opiniões de grupos diversos. Brownill *et al* (1997) argumentaram que foi a natureza das Corporações de Desenvolvimento Urbano como organizações "capazes de fazer" as coisas, em vez de avaliarem os impactos, que levou a esta abordagem deficiente da avaliação, mas Robson *et al* (DOE 1994a) salientaram que a avaliação não era uma prioridade em toda a política urbana em geral.

O National Audit Office (1993) avaliou a segunda e a terceira gerações das Urban Development Corporations, mas considerou difícil estabelecer a solidez do desempenho de cada Urban Development Corporation e a relação qualidade/preço devido às definições das medidas de desempenho, à possibilidade de atingir os objectivos e à fiabilidade dos dados relativos aos resultados. Um problema grave foi a ausência de qualquer elemento local e independente de controlo e avaliação (DOE 1994a).

Uma avaliação (ou crítica) independente foi realizada pelo Comité Consultivo das Docklands. O Comité criticou a forma como o impacto da London Docklands Development Corporation devia ser medido: "Para o Governo e a corporação, o impacto económico devia ser medido apenas em termos financeiros e físicos" (DCC 1990: 22). Verificaram que o Governo se contentava em afirmar simplesmente que um investimento privado substancial deveria conduzir a um aumento do emprego - de facto, o National Audit Office constatou que tinha havido pouca avaliação sistemática das

Urban Development Corporations (NAO 1988).

O Docklands Consultative Committee (DCC 1990: 22) salientou igualmente que o All Party House of Commons Employment Committee (House of Commons 1988) tinha rejeitado esta abordagem e recomendado que fosse atribuído um mandato adequado à London Docklands Development Corporation, incluindo objectivos mais vastos, nomeadamente objectivos para a comunidade local e benefícios para as áreas adjacentes. O Comité Consultivo das Docklands considerou que a não publicação de informações pormenorizadas e actualizadas sobre o mercado de trabalho impedia um acompanhamento e uma avaliação adequados da London Docklands Development Corporation. Além disso, os resultados dos inquéritos só foram divulgados depois de terem tido qualquer hipótese de serem úteis para a avaliação do programa. Os próprios consultores da London Docklands Development Corporation, Peat Marwick, McClintock, constataram a falta de políticas e objectivos claros que permitissem avaliar as iniciativas, bem como sistemas de informação inadequados. A London Docklands Development Corporation, de acordo com o Docklands Consultative Committee, "não tem indicadores do que está a tentar alcançar com o dinheiro e recusa-se sistematicamente a estabelecer quaisquer indicadores, apesar da pressão da Comissão do Emprego da Câmara dos Comuns" (DCC 1990: 66). Não foi possível aplicar a tipologia de Aaronovitch a este caso, uma vez que não existia um único relatório de avaliação.

6.2.9Desafio da cidade.

O programa City Challenge foi um dos pontos de viragem na política urbana. O Governo (DOE 1992a) alegou que o estímulo da concorrência, impulsionado por orientações de concurso altamente prescritivas, transformaria a forma como as autoridades locais e os seus parceiros abordam a tarefa de reabilitação urbana. Em termos de avaliação, iniciou-se uma tendência para a realização de uma avaliação intercalar e de uma avaliação final. Em 1991, o Secretário de Estado, Michael Heseltine, anunciou na Câmara de Comércio de Manchester uma nova abordagem da reabilitação urbana, que ele considerava como tendo:

- Ênfase na concorrência como catalisador para desencadear a criatividade local.
- Os projectos que demonstrem espírito de iniciativa e visão serão recompensados.
- Os recursos foram transferidos para oportunidades e incentivos.
- Recursos concentrados num número mais reduzido de projectos de maior dimensão.
- Recompensar os planos que demonstrem a necessidade e a oportunidade e que tenham tido a imaginação de associar as duas.
- As parcerias são essenciais "combinando o sentido vitoriano do impulso competitivo com a obrigação social".
- Nova ênfase no envolvimento da comunidade (Oatley 1998: 111).

A mudança foi no sentido de uma abordagem de "desafio" em detrimento das empresas nomeadas "de cima para baixo", que podiam contornar os processos democráticos locais (incluindo os controlos de planeamento) e não envolviam estruturalmente as comunidades. Na nova abordagem, as próprias localidades desenvolveram parcerias, identificaram prioridades e propuseram soluções. O City Challenge era, por conseguinte, diferente dos regimes anteriores, uma vez que era: competitivo; direcionado (para uma pequena área); abrangente; baseado em parcerias; orientado para os resultados; e limitado no tempo. Também tinha uma delegação significativa; recursos significativos (37,5 milhões de libras por zona); regeneração sustentável; estruturas de execução e participação e uma revisão anual e planos de ação (DETR 2000a: 27-28).

A análise de Oatley e Lambert sobre a mudança para o City Challenge inclui muitos produtos dos resultados da avaliação, mas não da aprendizagem. Incluem entre as suas razões "...o fim de Thatcher, a recessão económica, a recessão imobiliária sustentada, o fracasso de Canary Wharf - levantando dúvidas sobre a regeneração baseada na propriedade, a onda crescente de críticas dos organismos profissionais e o peso da burocracia" (Oatley e Lambert 1998: 109-115).

Fearnley e Pratt (1996: 331-351) estabelecem semelhanças entre o discurso de Heseltine (em 1991) e o discurso de Peter Shore (em 1977) quando este lançou as Inner City Partnerships. Salientam também que o City Challenge introduziu a ideia de avaliação independente e de avaliação a nível nacional. Foi introduzida a avaliação do trabalho efetivo das parcerias e os problemas encontrados com a avaliação incluíam as questões das pequenas áreas e dos limites. Também descobriram que:

A avaliação do Stratford City Challenge mostrou que é provável que os impactos demorem algum tempo a ser visíveis, muitas vezes para além da escala temporal do projeto. Isto significa que não só é difícil aprender com a experiência do City Challenge, como também desvia a atenção dos objectivos a mais longo prazo, qualitativos e potencialmente mais valiosos ... levanta a possibilidade de que o que é feito é o que é possível dentro das limitações do programa - e não o que é necessário para a área e a sua população Fearnley e Pratt (1996: 331-351).

A equipa de avaliação de Stratford constatou igualmente a possibilidade de conflitos entre a abordagem empresarial do City Challenge e os procedimentos das autoridades locais. Uma das principais lições foi que a imposição de novos mecanismos de regeneração não pode ser feita isoladamente do processo contínuo de governação da zona. A questão de saber se as lições foram aprendidas é duvidosa, uma vez que, após apenas dois anos e meio do programa City Challenge, foi anunciado o Orçamento Único para a Regeneração. Como afirmam Fearnley e Pratt (1996: 327-351), "a chegada do Orçamento Único para a Regeneração e a morte do City Challenge significam que as lições destas avaliações não podem ser tidas em conta". No entanto, o novo programa foi visto como um ponto de viragem. Lawless afirmou que "o City Challenge pode ser visto como um protótipo para testar ideias de concorrência para o financiamento da reabilitação urbana realizada por parcerias multissectoriais no contexto de um modelo contratual ou de política urbana" (Lawless 1996: 27).

A análise de Oatley foi que "o City Challenge era um mecanismo para alterar tanto os objectivos substantivos da política urbana como os processos de formulação e execução de políticas". Desde então, este paradigma competitivo passou a dominar a política pública britânica, em relação a financiamentos específicos e não só (Oatley 1998: 109). A avaliação intercalar do City Challenge concluiu que este tinha: "Galvanizou parcerias locais eficazes; promoveu uma abordagem estratégica; fez tentativas genuínas de integração entre áreas políticas e; obteve um valor acrescentado genuíno do trabalho conjunto" (DOE 1996a: 181).

Oatley encontrou alguns sinais alarmantes (Oatley 1998: 207), citando uma investigação recente sobre os projectos City Challenge, que concluiu que as prioridades de despesa tinham sido distorcidas, afastando-se das necessidades básicas e privilegiando projectos do tipo "sabor do mês".

A avaliação final do City Challenge foi efectuada para o Ministério do Ambiente, dos Transportes e das Regiões pela KPMG (DETR 2000a). A metodologia de avaliação combinou abordagens "ascendentes" e "descendentes": A procura de parcerias "ascendentes" e de impactos do projeto envolveu uma análise pormenorizada ao nível do projeto, incluindo inquéritos aos beneficiários. O impacto global foi obtido através da extrapolação dos resultados a nível dos projectos. O programa "descendente" e os indicadores secundários analisaram as mudanças nos indicadores agregados e procuraram determinar em que medida as mudanças nestes indicadores podiam ser atribuídas às actividades das parcerias.

O processo incluiu entrevistas pormenorizadas com membros da equipa executiva da parceria, pessoal do Gabinete do Governo da Região e parceiros. Em todas as trinta e uma parcerias foram utilizadas técnicas de avaliação bastante intensivas, incluindo: Consultas "O que é que funciona?", que consistiram em entrevistas diretas com os parceiros. Este trabalho contribuiu para o desenvolvimento da política de regeneração na sequência da Comprehensive Spending Review e de uma análise dos materiais de base e das avaliações das parcerias locais. Foram preparados dados de acompanhamento dos resultados e das despesas das parcerias e dos projectos para as categorias de projectos, por exemplo; foram selecionados estudos de casos de habitação e de parcerias (utilizando critérios) calculados para garantir que as questões de investigação eram abordadas e, em cada área, teve lugar o seguinte

- Discussões com os Diretores Executivos.
- As consultas aos parceiros foram efectuadas com dois ou três parceiros por zona.
- Grupos de voluntários residentes e grupos de discussão comunitários.
- Foram realizados 4800 inquéritos presenciais a residentes, 400 entrevistas telefónicas a empresas e vinte e dois inquéritos a agentes imobiliários (DETR 2000a 196: 203).

Além disso, foram selecionados 16 estudos de casos de projectos e realizadas 219 entrevistas a gestores de programas e projectos e 1500 inquéritos telefónicos e presenciais a "beneficiários de projectos". Foram feitas perguntas como a qualidade da execução e da gestão do projeto, o seu impacto nas pessoas a quem se destinava e se os benefícios seriam duradouros. Também foram inquiridas as zonas que não tiveram êxito. Os estudos de base e os relatórios de avaliação elaborados pelas parcerias apresentavam algumas lacunas e incoerências significativas - a equipa de inquérito teve de elaborar novas informações. A falta de dados actualizados a um nível suficientemente preciso constituiu um problema. A recolha de dados primários foi importante, embora muitas vezes dispendiosa. Em algumas áreas, foram realizados inquéritos factuais e de opinião.

A equipa de estudo constatou que havia uma ênfase quase universal na necessidade de se concentrar nos resultados e não nas realizações. As realizações não diziam quem eram os beneficiários e os programas sentiam que tinham de substituir as realizações do projeto quando um projeto fracassava por um novo projeto com as mesmas realizações. A equipa de estudo constatou que: "As medidas de resultados também podem ser facilmente manipuladas". As questões relativas às realizações incluíam: definições, contabilização ao longo do tempo, medição das realizações e dupla contagem. 20% dos gestores de programas afirmaram ter tido dificuldades com os resultados. Este facto é preocupante, tendo em conta que os resultados eram fundamentais para a avaliação do programa.

Os impactos em termos de relação custo-benefício foram avaliados como primários, secundários, terciários e mais alargados, utilizando uma combinação de contabilidade custo-benefício e avaliação da relação custo-benefício. A avaliação da adicionalidade inclui a consideração de efeitos de fuga, peso morto, deslocação e multiplicação. A relação custo-benefício foi composta por eficácia, eficiência e economia. O impacto económico e social global do programa é apresentado numa contabilidade custo-benefício. Houve questões metodológicas relacionadas com a avaliação da relação custo-eficácia quando existem várias realizações, tendo sido adoptadas quatro abordagens alternativas:

- Uma avaliação a nível do projeto utilizando uma matriz de custos, resultados e realizações por tipo de projeto.

- Uma medida agregada da relação custo-eficácia (abordagem do cabaz de benefícios).

- Custo-eficácia ponderado.

- Avaliação do "custo de regeneração" de referência (DETR 2000a: 236-249).

O estudo concluiu que a enorme diversidade de avaliações locais significava que não havia consistência suficiente para fazer comparações significativas em todas as áreas. No entanto, o estudo concluiu com uma visão positiva relativamente à aprendizagem:

O City Challenge foi um programa inovador e muito bem sucedido, que constituiu a base para uma mudança radical na política de reabilitação. Muitas das suas caraterísticas foram incorporadas em programas subsequentes de regeneração e de desenvolvimento local. O programa fornece lições importantes para as actividades de reabilitação actuais e futuras (DETR 2000a: 17).

Em comparação com a tipologia de Aaronovitch, esta avaliação foi: Altamente confirmatória/legitimadora e orientada para a auditoria/objectivos, mas também pluralista/participada, na medida em que foram entrevistadas pessoas da comunidade e do sector do voluntariado envolvidas no City Challenge. Esta investigação apresenta explicitamente "lições para a política";

- A necessidade de uma estratégia local clara que ligue os problemas às soluções.

- Reconhecimento de que o City Challenge tem uma escala de tempo curta e que algumas zonas levarão 10-15 anos a melhorar.

- Necessidade de pessoal de alto nível que permaneça no programa.

- O trabalho em parceria foi bem sucedido, mas é necessário investir tempo no reforço da confiança e numa maior integração, por exemplo, dos orçamentos.

- Co-relação entre os maus desempenhos e o fraco envolvimento da comunidade - é necessário dedicar tempo ao reforço das capacidades também para garantir que os projectos e as melhorias sejam sustentados.

- Necessidade de estratégias de saída sustentáveis para os projectos e consideração de fluxos de receitas contínuos, etc.

- É necessário investir tempo considerável para que o controlo e a avaliação sejam corretos desde o início (DETR 2000a: 185-193).

6.2.10 Orçamento único para a regeneração.

O orçamento único para a reabilitação foi introduzido enquanto o City Challenge ainda estava a funcionar e colocou muitos desafios em matéria de avaliação. O Departamento de Economia Fundiária da Universidade de Cambridge teve a tarefa de efetuar a avaliação intercalar (no âmbito do programa) (DETR 1998). A equipa considerou que o Single Regeneration Budget exigia a avaliação mais complexa de sempre: "O orçamento único para a regeneração parece estar no topo da lista dos programas difíceis de avaliar". Alguns dos problemas salientados incluem: a enorme amplitude dos benefícios - tanto as medidas relativamente fracas dos benefícios que surgem como os problemas de os reunir num cabaz; problemas de medição dos ganhos nacionais de um programa tão centrado no local e de medição dos benefícios da abordagem de parceria (DETR 1998: 64-65). Concluíram que era necessário utilizar a abordagem normalizada das diretrizes "EGRUP" (HM Treasury 1995) para chegar a uma relação custo-benefício da medida, mas a avaliação deveria também incluir

- Capacidade do programa para melhorar o funcionamento do mercado.

- Prestação de serviços gerais.

- Funcionamento do sector voluntário e comunitário.

- Justificação subjacente à medida.

- Medidas para benefícios do orçamento único de regeneração, por exemplo, fluxos de emprego ao longo de 7/8 anos (DETR 1998: 64-65).

A equipa também identificou a necessidade de uma medida mais ampla de adicionalidade, uma vez que a natureza de muitos projectos do orçamento único de regeneração é tal que os efeitos benéficos das intervenções podem ser muito abrangentes. Outra dificuldade recorrente foi a de conseguir áreas adequadas para as medições. Por exemplo, a deslocação no modelo "EGRUP" baseia-se nas zonas de deslocação para o trabalho, mas tal não pareceu adequado à equipa de avaliação para os programas muito locais do orçamento único de regeneração. Pode haver muitos programas do orçamento único de regeneração bastante diferentes numa zona de deslocação para o trabalho.

A principal diferença encontrada pela equipa é que o âmbito do Orçamento Único para a Regeneração é muito mais vasto do que os anteriores mecanismos de política urbana e regional, pelo que procuraram descobrir se existem efeitos genuínos na área decorrentes da prestação de serviços, da concentração de recursos e do estímulo de parcerias desta forma. A equipa também estava interessada em identificar, ou pelo menos aproximar-se dos "totais e das margens", por exemplo, com resultados em termos de emprego, é necessário considerar quaisquer efeitos nas taxas de desemprego na zona ou uma mudança cultural manifestada em taxas de permanência ou uma mudança de atitude entre empregadores ou candidatos a emprego, etc. Assim, é o efeito global que se procura, se possível.

Outro domínio que mereceu especial atenção foi o das minorias étnicas. Não só seria medido o sucesso da participação das minorias negras e étnicas como utilizadores, mas também o seu envolvimento como parceiros. Considerou-se também importante estudar se, no final, as coisas estão mais ou menos polarizadas em termos de envolvimento das minorias étnicas. A avaliação incluiu entrevistas diretas com líderes negros e de minorias étnicas. O envolvimento da comunidade também foi considerado um elemento importante da avaliação.

Houve uma série de questões metodológicas relacionadas com os custos, por exemplo, o desconto e o reconhecimento dos rendimentos. A avaliação procurou obter um conjunto muito mais sofisticado de medidas de desempenho. A equipa declarou: "Será importante desenvolver medidas para o nível de alavancagem do esforço do sector privado e do voluntariado". Esta afirmação reconhece uma tendência crescente para contar o que não tinha sido contado anteriormente, em especial o tempo dedicado pelas pessoas a projectos comunitários. Isto vem juntar-se à tendência para aumentar a avaliação qualitativa; pode ser visto como uma forma de medir as contribuições dos intervenientes para além do seu envolvimento.

Um dos desenvolvimentos mais significativos da avaliação do orçamento único para a reabilitação foi a proposta de que "as bases de referência devem incluir uma medida ou uma apreciação qualitativa da capacidade institucional e da forma como a exclusão social é abordada". Esta proposta baseia-se na consciência crescente de que, para que as zonas sejam bem sucedidas, é necessária uma "espessura institucional" (Amin e Thrift 1995: 91-108) e que, para que os projectos de reabilitação sejam sustentáveis, é necessário que haja capacidade no terreno. Isto está ligado à necessidade identificada de medidas de durabilidade dos resultados. Uma das questões de aprendizagem para esta avaliação foi o facto de a avaliação intercalar do City Challenge ter demonstrado a importância dos fóruns comunitários. A equipa de avaliação estava interessada em ver até que ponto as boas práticas tinham permeado o orçamento único para a regeneração.

Na tipologia de Aaronovitch, esta avaliação é confirmatória/legitimadora, orientada para a auditoria e também pluralista/participada. Embora aborde algumas das questões da avaliação democrática, tais como o envolvimento e o reforço das capacidades dos grupos locais, não se propõe estruturalmente alargar a democracia, aumentar a justiça social e construir capital social, tal como previsto por Aaronovitch.

Um documento de reflexão do Ministério do Ambiente sobre a avaliação do orçamento nacional único para a reabilitação apresenta o desafio fundamental das avaliações actuais. Até agora, a metodologia de avaliação tinha-se concentrado, em grande medida, numa análise dos resultados adicionais brutos e líquidos dos projectos e programas, mas isto tem a limitação de "medir os resultados globais da regeneração ou as alterações dos resultados num bairro". É necessário medir mais benefícios "a jusante". (Tyler 2002b: 166).

Esta avaliação combinou a avaliação tradicional baseada nas realizações com dados sobre os resultados obtidos através de inquéritos locais. Deu também muito mais importância ao estabelecimento de linhas de base que possam medir tanto o efeito direto das realizações como os benefícios cumulativos e holísticos das actividades. Dado que existem centenas de regimes de orçamento único para a regeneração, era muito importante garantir que as linhas de base fossem coerentes, mas a equipa de avaliação verificou que não o eram. A equipa de avaliação verificou que "não existe outra alternativa senão a realização de inquéritos sociais que são objeto de políticas de reabilitação multifacetadas, se se pretender avaliar os principais impactos nos resultados exigidos" (DETR: 1998: 76).

A avaliação do orçamento único para a regeneração introduziu, assim, a necessidade de inquéritos em grande escala como a única forma de saber realmente que mudanças estão a ocorrer na zona. No entanto, os inquéritos também foram considerados como tendo as suas limitações, incluindo o número de pessoas que entram e saem de uma zona e o facto de, em qualquer zona, o painel, uma vez selecionado, envelhecer com o tempo, pelo que as suas caraterísticas mudam de qualquer forma.

6.2.11 A regeneração das antigas bacias carboníferas.

Este tema foi avaliado pela parceria SQW/BBP (DETR 2000c). Pode ser considerado como uma avaliação no âmbito do programa, uma vez que muitas das iniciativas investigadas ainda estavam operacionais. Este estudo tinha três objectivos principais: Estabelecer uma base de referência; avaliar a eficácia provisória e a relação custo-eficácia e retirar ensinamentos transferíveis. Os principais resultados foram os seguintes:

As actividades de reabilitação eram, em geral, menos eficazes e rentáveis quando comparadas com os parâmetros de referência extraídos das avaliações de actividades semelhantes noutros locais. O acompanhamento e a avaliação das actividades de reabilitação deviam ser realizados com maior frequência e de forma sistemática, de modo a ir além da gestão do projeto e a envolver as empresas e os cidadãos locais no processo (DETR 2000c: 1).

Constataram também que o desenvolvimento e a avaliação dos projectos de regeneração (e a fixação de objectivos) deviam ser mais bem informados por estudos de viabilidade e de procura e por provas cumulativas de estudos de avaliação. Constataram que parecia haver pouca consciência da disponibilidade ou da relevância dos dados de avaliação existentes no que diz respeito ao que poderiam ser objectivos realistas, mas de teste, e que pouca atenção parecia ter sido dedicada ao acompanhamento e à avaliação da eficácia e da relação custo-eficácia das diferentes formas de intervenção (a não ser numa aceção limitada de auditoria).

Recomenda-se a avaliação dos resultados através de uma maior utilização de painéis de residentes e de empresas para redefinir os objectivos e as tarefas, conforme adequado. Utilizando a tipologia de Aaronovitch, esta avaliação não foi confirmatória/legitimadora, uma vez que foi, de certa forma, exploratória; foi orientada para a auditoria/objetivo, na medida em que comparou o desempenho com regiões não produtoras de carvão, e foi pluralista, na medida em que teve em conta os pontos de vista de diferentes actores. Poder-se-ia dizer que se aproximava de uma avaliação democrática, na medida em que defendia a atribuição de poderes específicos.

6.2.12 Novo Compromisso de Regeneração.

A Comissão de Auditoria (2002) efectuou uma avaliação dos progressos do Novo Compromisso para a Regeneração. Os objectivos (propósitos declarados) da avaliação eram informar o debate entre os principais decisores, identificar os obstáculos à mudança e as estratégias que ultrapassaram esses obstáculos na concretização do Novo Compromisso para a Regeneração do Governo. Os métodos de avaliação utilizados e as componentes operacionais basearam-se, em grande medida, numa análise documental, num inquérito telefónico e em entrevistas aos principais intervenientes da Parceria Estratégica Local. Verificou-se que a participação das partes interessadas se baseia nos pontos de vista dos "detentores do poder" nas Parcerias Estratégicas Locais e não procura obter os pontos de vista da comunidade (para além dos que fazem parte das Parcerias Estratégicas Locais) ou da população em geral. No entanto, no futuro, as Parcerias Estratégicas Locais terão de ter uma representação da comunidade. Na tipologia de Aaronovitch, situa-se entre as avaliações do tipo Auditoria/objetivo e Pluralista/partes interessadas.

O momento da avaliação (2002) foi durante o programa (fases iniciais) e a metodologia consistiu num estudo baseado em entrevistas para avaliar a forma como as Parcerias Estratégicas Locais se estão a preparar para implementar o Novo Compromisso de Renovação e identificar barreiras e incoerências na abordagem do Governo. As lições para a política/recomendações incluíram:

• O Governo tem de reafirmar o seu empenhamento em reduzir o fosso entre as zonas mais desfavorecidas e as zonas de comparação.

• Assegurar a adoção de uma abordagem corporativa da renovação de bairros em todo o governo.

• Devem ser introduzidos objectivos baseados na vizinhança.

• Os acordos locais de serviço público devem ter objectivos que permitam colmatar esta lacuna.

• É necessário ter uma justificação clara para quaisquer outras iniciativas baseadas na área e reduzir o seu número.

• Deve ser adoptada uma abordagem diferenciada para o apoio oferecido às parcerias estratégicas locais.

• Não confiar apenas nas parcerias estratégicas locais a curto prazo.

• Acções a considerar pelos prestadores de serviços locais (Comissão de Auditoria 2002).

O relatório explica que a forma de dar feedback ao programa e a outras partes interessadas consistiu no facto de o relatório ter sido enviado diretamente a todas as parcerias estratégicas locais e estar disponível para todos em www.renewal.net. O relatório refere igualmente que o Novo Compromisso para a Regeneração se baseou nas lições de programas anteriores, em especial as que foram aprendidas através das equipas de ação política. Uma avaliação anterior do Novo Compromisso para a Regeneração foi realizada pela Fundação de Investigação Joseph Rowntree e destina-se a alimentar as Parcerias Estratégicas Locais, sendo este um exemplo raro (descoberto por esta investigação) de uma avaliação adaptada diretamente para alimentar lições numa iniciativa sucessora. As lições a retirar foram sobretudo de carácter processual, devido à fase inicial de desenvolvimento:

• Construir uma parceria de confiança leva tempo.

• A liderança é crucial.

• O número de membros deve ter a amplitude adequada ao objetivo, mas não mais do que isso.

• É essencial dispor de uma equipa executiva com recursos adequados.

• Ao fim de dois anos, a maioria, se não todas, as Parcerias Estratégicas Locais estavam a transitar do planeamento de acções para a execução.

• Continuou a haver resistência à flexibilização dos orçamentos gerais e a nível nacional (Russell 2001: vii- ix).

O estudo sugeriu então as principais tarefas que as Parcerias Estratégicas Locais enfrentam sob os seguintes títulos: Desenvolver a sua visão e estratégia, conseguir uma mudança global dos sistemas, envolver os parceiros do sector privado, desenvolver estratégias de envolvimento da comunidade, medir o valor acrescentado da parceria, mecanismos de responsabilização e parceria central-local. Tratava-se de uma avaliação combinada pluralista/participante e democrática, uma vez que estava diretamente relacionada com questões processuais para garantir que o empoderamento conjunto funciona.

6.2.13 Rumo a um renascimento urbano.

As conclusões da Task Force Urbana (Urban Task Force 1999) baseiam-se num exercício mais alargado do que uma avaliação, mas, ainda assim, introduzem algumas questões importantes no debate. A Task Force descobriu fragilidades inerentes à forma como é feito o acompanhamento e a avaliação dos projectos de reabilitação:

• A falta de transparência leva a pouca confiança no facto de os dados terem sido calculados numa base coerente;

• A confiança nas realizações em vez de nos resultados;

• Excesso de confiança nos indicadores nacionais e não locais;

• Ênfase excessiva nas estimativas ex ante das realizações potenciais do projeto para satisfazer o modelo de avaliação económica do Tesouro, o que conduziu a uma declaração excessiva das realizações reais;

• Dupla contagem entre organizações.

As suas principais recomendações eram importantes e reflectem as conclusões de avaliações anteriores: a necessidade de avaliações "do berço ao túmulo", incluindo um período considerável no final, e a necessidade de desenvolver indicadores definidos localmente (Urban Task Force 1999: 290).

6.2.14 Empresas de reabilitação urbana.

As Sociedades de Regeneração Urbana têm vindo a surgir como um instrumento político para cidades especialmente selecionadas que têm problemas intratáveis que impedem a realização de projectos e que têm um claro potencial de desenvolvimento. Na medida em que estão a surgir ao longo do tempo (embora aprovadas centralmente) e são empresas facilitadoras e não autoridades substitutas, algumas das lições das sociedades de desenvolvimento urbano podem ter sido aprendidas. O Department for Transport Local Government and the Regions realizou uma consulta sobre propostas para avaliar as Urban Regeneration Companies.

Sugerem que qualquer quadro de acompanhamento e de avaliação desenvolvido para as sociedades de reabilitação urbana deve aprender com a experiência do City Challenge, em que as avaliações locais careciam de coerência e de comparabilidade. Cada Sociedade de Regeneração Urbana deve estabelecer um quadro de acompanhamento com indicadores comuns.

A abordagem recomendada para monitorizar e avaliar as URCs é uma abordagem que combina e equilibra os contributos a nível local e nacional. As URCs efectuariam o acompanhamento local, a gestão do desempenho e, se necessário, avaliações, que as orientariam no seu trabalho e complementariam e informariam a avaliação nacional. Uma avaliação nacional deverá ser encomendada pelo DTLR, com contributos significativos do PE. A nível nacional, a avaliação basear-se-ia na investigação-ação, com feedback regular para a Urban Regeneration Company (DTLR 2001: 5).

Este aspeto é importante, uma vez que programas como o Sure Start estão a realizar a sua avaliação nacional sem dar feedback aos programas locais até ao final. Haverá também inquéritos, incluindo avaliações das partes interessadas (na sequência da constatação do orçamento único para a regeneração de que os inquéritos de base e os inquéritos quantitativos e qualitativos subsequentes são essenciais). O quadro de avaliação baseia-se na abordagem delineada pela União Europeia e revela uma clara aprendizagem e desenvolvimento em relação a programas anteriores, em particular, a ênfase explícita na aprendizagem e na transmissão de lições. Este facto revela uma cultura de aprendizagem muito mais forte na avaliação, com a aceitação franca de que algumas coisas correrão bem e outras não. Haverá uma abordagem "de baixo para cima" e "de cima para baixo" semelhante à avaliação do City Challenge. Esta é atualmente a norma para a avaliação. A avaliação será efectuada pelo Gabinete do Vice-Primeiro-Ministro (que era então o Ministério dos Transportes, do Governo Local e das Regiões), mas com um contributo significativo das parcerias inglesas no seu papel em relação às boas práticas. Estas propostas significam um avanço em direção aos tipos mais pluralistas e democráticos de Aaronovitch.

6.2.15 Revisão das iniciativas baseadas na área.

A Unidade de Renovação de Bairros e a Unidade de Coordenação Regional encomendaram um projeto de investigação de dois anos sobre as iniciativas baseadas na área (NRU 2002c: 21). Tratava-se de uma investigação tanto a nível do programa como post-hoc, uma vez que alguns dos programas ainda estavam a decorrer. É alarmante que, tendo em conta os 30 anos de experiência de avaliação no Reino Unido, este estudo tenha constatado que a avaliação "continua a ser uma atividade secundária, subordinada às tarefas mais imediatas de execução de programas e projectos":

- Bases espaciais variáveis.
- Agendas, interesses e objectivos diferentes.
- Linhas de base diferentes.
- Problemas de partilha de informações (por vezes devido à concorrência).

• Problemas relacionados com as estratégias de saída, sem que nenhuma iniciativa local esteja disposta a admitir o fracasso.

• Constataram que "os estudos nacionais dão pouca atenção à avaliação do utilizador ou da comunidade e, no entanto, as definições claras de sucesso diferem consoante o ponto de vista do observador".

Os sinais positivos foram:

• Houve alguns exemplos de trabalho de colaboração na avaliação, por exemplo, entre o Orçamento Único de Regeneração e a Zona de Ação Sanitária.

• Tanto a nível nacional como local, as avaliações estão a começar a incluir novos métodos que incorporam teorias de mudança - representando múltiplos interesses.

- Há um maior interesse na forma como as parcerias estratégicas podem desenvolver indicadores para objectivos comuns (NRU 2002c: 22).

Uma das principais recomendações do estudo é que o Governo invista na transferência da aprendizagem das Iniciativas Territoriais para o mainstream. Este estudo mostra que, apesar da evolução óbvia da regeneração, tal como é descrita neste documento, ainda há muito a fazer. Os participantes mostraram-se também particularmente preocupados com o facto de os decisores não reconhecerem que nem tudo funciona e, por conseguinte, não aceitarem críticas. Este ponto encontra eco na investigação das partes interessadas realizada para esta tese e descrita no Capítulo Sete. Como é que se podem tirar lições valiosas se os principais actores pensam que tudo tem de ser apresentado como um sucesso?

6.2.16 New Deal para as Comunidades.

O programa New Deal for Communities é uma iniciativa baseada em áreas muito específicas, que se concentra em pequenas áreas com apenas cerca de 4000 agregados familiares, ou seja, uma grande zona habitacional ou um grupo de pequenas zonas e ruas. Os princípios fundamentais do New Deal for Communities consistem em alcançar uma transformação estratégica através de: envolvimento e apropriação por parte da comunidade; um programa de aprendizagem com acções baseadas em provas sobre "o que funciona" e o que não funciona; um compromisso a longo prazo para produzir mudanças reais; a criação de agências dedicadas à renovação de bairros com as comunidades no centro, em parceria com agências-chave (NRU 2005: 9).

Por conseguinte, é importante examinar as propostas de avaliação da atual ronda de iniciativas de política urbana. O New Deal for Communities é o principal programa da estratégia do Governo para combater a privação nos bairros mais carenciados do país. Faz parte da Estratégia Nacional de Renovação de Bairros, que está a ser executada através da Unidade de Renovação de Bairros do Ministério dos Transportes, do Governo Local e das Regiões. Mais de £1,9 mil milhões foram atribuídos a 39 parcerias do New Deal for Communities, a gastar durante um período de dez anos na resolução de problemas em cinco áreas-chave: desemprego e falta de trabalho; saúde; educação; crime e segurança comunitária; e habitação e ambiente.

Um consórcio de organizações de investigação obteve o contrato do Ministério dos Transportes, do Governo Local e das Regiões para efetuar a avaliação nacional do programa de regeneração New Deal for Communities. O consórcio é liderado pelo Centre for Regional Economic and Social Research da Sheffield Hallam University, com uma equipa de dezassete universidades e empresas de consultoria com experiência na avaliação de programas de renovação de bairros. O objetivo da avaliação é avaliar o impacto, a eficácia e a relação qualidade/preço do programa New Deal for Communities, contribuir para o aconselhamento das parcerias locais em matéria de execução e desenvolver a base de dados para a futura política de reabilitação local. A avaliação será desenvolvida em cinco vertentes de trabalho:

- Trabalho da central de dados;

- Trabalhar com as parcerias do New Deal for Communities na análise do contexto local e das parcerias locais, incluindo entrevistas com um relatório anual e feedback direcionado;

- Equipas temáticas de políticas, incluindo estudos de casos;

- Difusão e publicidade;

- Trabalho de estudo de caso (NRU 2002a: 12-14).

A avaliação será equilibrada entre dados e abordagens probatórias, com grande ênfase na abordagem das partes interessadas. Será uma avaliação Pluralista/Stakeholder com elementos de avaliação Democrática de acordo com a tipologia de Aaronovitch. A primeira fase foi uma avaliação de âmbito (NRU 2003b). Este estudo examina em que medida os programas do New Deal for Communities se estavam a estabelecer e as dificuldades e realizações até à data. Baseia-se, em grande medida, em entrevistas com as pessoas envolvidas e na análise de documentos fundamentais. O estudo descreve algumas das dificuldades generalizadas que as parcerias do New Deal for Communities têm tido na operacionalização dos objectivos de longo alcance e possivelmente contraditórios do programa, que é o de ser da base para o topo, mas atingir objectivos e despesas do topo para a base.

O estudo concluiu que:

- Um forte empenhamento a nível local no envolvimento e capacitação da comunidade.

- Um forte empenhamento por parte de alguns parceiros e acordos de parceria que se estabelecem em algumas áreas.

- Uma gama crescente de projectos em curso.

- Era difícil conseguir um envolvimento efetivo da comunidade em simultâneo com o planeamento estratégico.

- Que era difícil conseguir uma integração efectiva (NRU 2002a: 12).

As disposições relativas ao feedback do programa e de outras partes interessadas consistem no facto de o projeto ter sido partilhado com os programas New Deal for Communities. Uma série de documentos sobre "o que funciona" foi enviada a todos os programas New Deal for Communities com base na experiência dos programas de regeneração até à data. Além disso, a Unidade de Renovação de Bairros produziu e disponibilizou o Sistema de Gestão de Conhecimentos. A avaliação e a revisão estão integradas no programa New Deal for Communities, tanto a nível das parcerias como a nível nacional. Todos os anos, cada parceria participa numa análise informal dos progressos realizados a meio do ano, em novembro. Segue-se, em fevereiro, uma revisão anual mais formal com o Gabinete do Governo e a Unidade New Deal for Communities, na qual os resultados anuais são avaliados em função dos objectivos estabelecidos no Plano de Execução. Nos Anos Três e Seis, as parcerias são submetidas a uma análise mais aprofundada dos progressos, através da revisão e reavaliação dos seus dados de base e dos seus objectivos mínimos. A Unidade de Renovação de Bairros está empenhada em fazer com que as parcerias se apercebam de que não estão sozinhas. O primeiro relatório de avaliação nacional afirma que:

É disponibilizado às parcerias um vasto sistema de apoio e aconselhamento. Para além de documentos de orientação regularmente actualizados, são igualmente organizados seminários a nível regional e acções de formação. As parcerias são encorajadas a criar redes regionais de apoio e aconselhamento com o New Deal for Communities e outras parcerias e a estabelecer programas de aprendizagem locais para reforçar as capacidades nos bairros do New Deal for Communities" (NRU 2002a: 15).

A aprendizagem estabeleceu-se como uma forma de trabalho e não apenas como uma parte da avaliação e da revisão. As orientações do Ministério do

Ambiente, dos Transportes e das Regiões sobre a avaliação do programa New Deal for Communities estabelecem uma distinção entre avaliação e controlo:

A avaliação é vital para avaliar e melhorar o impacto da sua estratégia. Difere do controlo na medida em que analisa de forma crítica o que foi alcançado como resultado do New Deal for Communities e também as razões pelas quais as coisas correram bem ou mal. Deve ser parte integrante da gestão do programa e do projeto (DETR 2000b: 6).

As orientações sublinham a necessidade de avaliar o impacto dos projectos individuais e o desempenho do programa no seu conjunto. As orientações também sublinham a necessidade de monitorizar a igualdade racial e utilizam o termo mais amplo de "aqueles que normalmente enfrentam a exclusão social". As orientações definem as questões que a avaliação deve incluir:

Relevância - do projeto/esquema para o que está a tentar fazer; viabilidade - a conceção e a execução correram bem? O projeto/esquema atingiu os seus objectivos? Sustentabilidade - os benefícios estão a ser mantidos? (DETR 2000b: 13).

Sustentabilidade é um termo atualmente utilizado na avaliação que foi pouco utilizado nos regimes anteriores analisados para esta investigação, por exemplo, Zonas Empresariais (ver acima, este capítulo).

Há uma afirmação algo surpreendente de que "a avaliação do projeto será feita no final do projeto". Esta mensagem é confusa quando considerada em conjunto com os requisitos de avaliação do projeto no mesmo documento:

No final do ano 3, no ano 6 e no final do programa, devem ser realizadas avaliações críticas do programa como um todo e da contribuição dos projectos individuais (DTER 2000b: 13).

Dado que cada parceria é obrigada a efetuar revisões intercalares e anuais, estas declarações poderiam realçar dois objectivos da avaliação: A necessidade de avaliar os projectos que estão a produzir resultados interessantes (ou talvez não produzam resultados) à medida que o programa se desenvolve e a necessidade de verificar o desempenho dos projectos quando estes chegam ao fim. Este dilema sublinha que, mesmo no programa mais recente (New Deal for Communities), existe a possibilidade de as lições dos projectos serem aprendidas demasiado tarde para serem integradas no programa. A ênfase é colocada na medição da base de referência e aceita-se, apesar das críticas do relatório da Equipa de Ação Política 18, que tal:

Por conseguinte, incluirá a repetição dos mesmos inquéritos aos residentes e a recolha de dados actualizados a partir de fontes de dados existentes (tais como dados sobre o desemprego) para examinar as alterações relativamente ao original. As avaliações também utilizarão os dados que foram recolhidos através do acompanhamento regular do projeto associado às mudanças na área, para avaliar as mudanças que o New Deal for Communities está a provocar (SEU 2000: 5).

Atualmente, os programas do New Deal for Communities devem ser objeto de uma avaliação local por uma pessoa ou instituição independente. Em geral, as avaliações devem ser coerentes com as diretrizes do Tesouro sobre avaliações. A orientação atual é HM Treasury (1995) "A framework for evaluations of regeneration projects and programmes". A avaliação nacional tem como aspeto fundamental a "investigação-ação". O objetivo é fornecer um feedback útil às parcerias, e a outros, durante o período de vida dos seus programas. Para que tal aconteça, segundo as orientações, é essencial que a avaliação principal seja uma parceria genuína entre todos os que têm interesse no êxito do programa.

Avaliada à luz da tipologia de Aaronovitch, esta proposta é pluralista/participada e aproxima-se mais de uma avaliação democrática, na medida em que o programa New Deal for Communities é liderado pela comunidade e deve haver margem para que os mais afectados utilizem a avaliação como uma força de capacitação que lhes permita controlar melhor a forma como o programa é gerido e responsabilizar os vários intervenientes. Deverá também significar que as comunidades aprendem com o processo e, consequentemente, tornam-se mais capazes de gerir a regeneração nas suas áreas. Pode, no entanto, existir o obstáculo da necessidade de respeitar os programas de despesas acordados e de responder a crises no âmbito do programa.

Pela primeira vez, este programa fornece Relatórios Nacionais de Avaliação sobre temas como "What works in neighbourhood renewal - Reviews of the evidence base" (O que funciona na renovação de bairros - Análises da base de provas), publicados sobre os seguintes temas: criminalidade; educação; saúde; habitação e ambiente físico e falta de trabalho, e estão todos disponíveis gratuitamente no sítio Web da Unidade de Renovação de Bairros: www.neighbourhood.gov.uk/publications.asp. Assim, desde o início, é aceite que existe uma série de abordagens possíveis para cada questão e que estas são contestadas. Trata-se de uma mudança considerável em relação à abordagem anterior, que consistia em desafiar as localidades a identificarem os problemas, a chegarem a soluções e, em seguida, a elaborarem planos trimestrais pormenorizados que mostravam como seriam abordadas as questões em relação às quais seriam julgadas. A Universidade de Sheffield Hallam está a liderar a avaliação do New Deal for Communities com uma equipa de dezassete universidades e consultores que trabalham em todos os trinta e nove programas. A Unidade de Renovação de Bairros documentou também a transferência de aprendizagem no seu próprio relatório anual, que concluiu que, em Bradford, "o NDC provou ser um verdadeiro Pathfinder, inspirando mudanças na prestação de serviços em toda a cidade. O pessoal da NDC faz parte do Grupo Diretor que concebe a estratégia para o planeamento da ação de bairro em Bradford" (NRU 2002b: 48).

6.2.17 Housing Action Trusts.

As Universidades de Newcastle e Northumbria (DETR 2000d) realizaram uma avaliação do programa Housing Action Trust no âmbito do programa. Este foi outro exemplo de uma avaliação concebida explicitamente para divulgar lições e boas práticas. Na verdade, intitulava-se "Transferable Lessons from Housing Action Trusts" (Lições transferíveis dos fundos de ação no domínio da habitação). Esta avaliação foi concebida para conduzir diretamente a recomendações de práticas dentro e fora do programa Housing Action Trust. O Ministério do Ambiente, dos Transportes e das Regiões definiu as questões de investigação e a metodologia adoptada consistiu em utilizar os dados qualitativos e quantitativos recolhidos, reforçados por mais de oitenta entrevistas com parceiros, funcionários e outras pessoas envolvidas. Foram também realizados workshops com os residentes de cada área do Housing Action Trust estudada. Entre os problemas técnicos enfrentados contava-se a dificuldade de separar os efeitos de múltiplas iniciativas, pelo que grande parte da investigação substantiva foi efectuada com base nas entrevistas e no trabalho dos grupos de discussão. A equipa de investigação considerou que se tratava de uma avaliação importante porque podia centrar-se na forma como a regeneração holística baseada na área evolui e funciona.

A avaliação baseou-se na publicação "A life's Work" (Audit Commission 1999), que sugere que, para além dos resultados em matéria de habitação, deve ser considerada a transformação da zona do programa. Também se baseou no trabalho de Parkinson e Newburn (1998), "A framework for evaluation of the New Commitment to Regeneration Pathfinder areas", que sugeria que, para além de aferir o custo das opções políticas, as avaliações deveriam procurar melhorias no processo de tomada de decisões durante o período de vigência de uma iniciativa.

O estudo concluiu que "são evidentes as incoerências nos dados de medição do desempenho entre os diferentes Housing Action Trusts, com implicações para uma avaliação eficaz. O quadro de monitorização e avaliação no âmbito do qual os Housing Action Trusts funcionaram desenvolveu-se gradualmente". A equipa de investigação concluiu que, como os Housing Action Trusts tiveram origem numa fase anterior de regeneração, eram anteriores à ênfase mais recente no estabelecimento de dados de base e de indicadores de desempenho significativos e coerentes no início do programa. Citam duas lições fundamentais sobre a avaliação do programa: em primeiro lugar, o desenvolvimento de indicadores que sejam significativos para todos os interessados e, em segundo lugar, a importância do trabalho de inquérito aos residentes para captar a informação menos quantitativa. Quanto à questão da transferência da aprendizagem, a equipa concluiu que:

A transferibilidade das lições de boas práticas tem vários limites importantes. Em primeiro lugar, os HAT tiveram acesso a recursos financeiros substanciais que foram vitais para lhes permitir regenerar fisicamente os seus bairros com o objetivo de estabilizar as suas comunidades e criar condições para a sustentabilidade a longo prazo. Em segundo lugar, as condições locais em termos de comunidade, economia e factores externos relacionados com o contexto político específico significam que cada programa baseado na área terá um conjunto diferente de recursos para trabalhar. Por último, os mecanismos que criaram os bairros desfavorecidos, em primeiro lugar, podem limitar o que pode ser alcançado pelos parceiros locais (DETR 2000d: 2).

Tratou-se claramente de uma avaliação combinada de auditoria/objetivo e de avaliação baseada nas partes interessadas, de acordo com a tipologia de Aaronovitch.

6.3 Resultados do estudo de avaliações documentadas.

Uma das questões fundamentais é a qualidade da informação. Um tema recorrente é o facto de tanto as avaliações como a teoria associada referirem problemas em termos de iniciativas baseadas na área (por exemplo, Tyler 2002a). Ao longo dos anos, tem havido pontos de vista contraditórios, que vão desde o facto de se considerar suficiente monitorizar as mudanças em toda a área urbana até ao ponto de vista, agora prevalecente, de que são necessárias estatísticas a nível local (sub-domínio) e também inquéritos especiais. Em 2004, este conceito foi aperfeiçoado para "Super-Output Areas".

Uma tendência clara ao longo do tempo tem sido o aparecimento e a formalização de linhas de base para os programas. Esta evoluiu de uma situação em que, em muitos casos, era inexistente, passando por uma fase em que as linhas de base eram essencialmente quantitativas, para a situação atual em que as linhas de base representam um compêndio de informações existentes e novas, com inquéritos de grande escala especialmente encomendados, que incluem informações sobre atitudes, bem como medidas quantificáveis. Outro tema que emerge deste estudo é a dificuldade com que os avaliadores se deparam quando os objectivos do programa não estão claramente definidos ou quando estão claramente definidos mas, na realidade, as acções estão a ser realizadas por uma razão completamente diferente.

Parece muito importante que, se os programas de reabilitação forem objeto de uma avaliação intensiva, essa avaliação seja efetivamente utilizada para ter impacto e melhorar a política. O pano de fundo desta investigação atual é a aparente falta de provas escritas exaustivas de que as lições da avaliação foram transmitidas à medida que foram surgindo novos programas de reabilitação.

Verificou-se que as mudanças na base dos programas ao longo do tempo frustram a avaliação. Foi o que aconteceu quando os próprios programas, ou as suas prioridades, mudaram ao longo de sucessivas vagas e quando outras alterações políticas afectaram a capacidade de funcionamento do programa.

Os enigmas conceptuais são muito importantes e podem tornar-se cada vez mais complexos se forem anunciadas cada vez mais Iniciativas por Área abrangendo diferentes prioridades, diferentes áreas e envolvendo uma vasta gama de partes interessadas. A questão de saber se uma avaliação sólida é realmente possível surge nesta análise e deve continuar a ser uma questão abrangente, a não ser que surja uma hierarquia ou matriz simplificada de Iniciativas Territoriais em resultado das Parcerias Estratégicas Locais e das análises do Governo das Iniciativas Territoriais através da Unidade de Coordenação Regional (NRU 2002c, ver Secção 6.9 abaixo).

A calendarização é uma questão importante para a transferência da aprendizagem. Uma das condições necessárias para que a aprendizagem seja transmitida é que o trabalho de avaliação tenha sido calendarizado de modo a permitir a transferência de conhecimentos. Ou seja, que um programa tenha sido avaliado antes de o programa seguinte ter sido concebido ou iniciado. As avaliações inglesas são apenas um elemento de possível aprendizagem; há algumas, mas poucas, provas de que programas como os Garden Festivals (DOE: 1990a) foram informados pela experiência europeia e americana. Alguns profissionais consideram também essencial que a avaliação comece suficientemente cedo no programa para que os dados "antes e depois" possam ser recolhidos corretamente e o programa informado pelos resultados emergentes. Isto é bem explicado no projeto de documento de discussão sobre Avaliação e Estratégias Locais do programa New Deal for Communities de Clapham Park:

A avaliação deve ser considerada e planeada logo no início do ciclo de vida do projeto, como uma parte sempre presente da execução, para garantir que a medição dos progressos é tão relevante e informativa quanto possível (CPP 2004: 3).

Não existe uma correlação evidente entre o momento em que as avaliações foram efectuadas e o momento em que o programa seguinte foi lançado.

Quase todos os novos programas foram lançados antes da avaliação dos seus predecessores imediatos. Pode talvez dizer-se que, quando o City Challenge foi lançado, poderia ter beneficiado de uma série de avaliações anteriores que tinham sido publicadas nessa altura. No entanto, a conceção do programa não parece ter sido informada por essas avaliações. O modelo do City Challenge, liderado por parcerias público-privadas e baseado em áreas, parece ter surgido de mudanças nas convicções políticas da altura.

Pode então verificar-se que o orçamento único para a regeneração foi lançado antes da avaliação do City Challenge, mas há provas de que o orçamento único para a regeneração retirou algumas lições da avaliação intercalar do City Challenge (por exemplo, o valor dos fóruns comunitários). O New Deal for Communities foi igualmente lançado antes de a avaliação do orçamento único para a regeneração estar concluída.

No entanto, o Novo Compromisso para a Regeneração, que constituía a base da abordagem da Parceria Estratégica Local/Renovação de Bairros, foi implementado à luz das avaliações publicadas das zonas-piloto. A Unidade de Renovação de Bairros (NRU 2002a: 130) confirmou que a calendarização constituía um problema, afirmando que a avaliação do New Deal for Communities "difere num aspeto da maioria destes tipos de estudos - tem lugar durante e não após o período de vigência do programa. Isto permite-nos tirar lições mais imediatamente e corrigir mais rapidamente as coisas que possam estar a correr mal".

Deve também considerar-se que os funcionários que encomendam e supervisionam as avaliações estariam cientes das lições emergentes do trabalho de avaliação antes das datas de publicação, o que poderia atenuar o problema de o programa subsequente ser lançado antes de a avaliação do programa anterior estar concluída. As avaliações do Inner City Research Programme, por exemplo, foram orientadas internamente por grupos departamentais ou interdepartamentais, pelo que teria havido uma oportunidade de aprendizagem precoce sobre as mesmas. Desde o City Challenge, as avaliações foram também encomendadas por programas locais, pelo que existe também o potencial de aprendizagem por parte das partes interessadas à medida que o trabalho é efectuado. No entanto, a análise dos resultados dos estudos de caso sugere que as oportunidades para tal foram muito limitadas. Este facto deve-se principalmente ao momento em que os novos programas foram lançados em relação aos programas anteriores. Por conseguinte, pode concluir-se que, em muitos casos, mas não em todos, o calendário constituiu um obstáculo à transferência da aprendizagem.

Quadro dezasseis: Transferência potencial de aprendizagem com base no tempo.

Programa	**Possível introdução de avaliações**
Programa Urbano.	Nenhum ou eventualmente programas de desenvolvimento comunitário?
Zonas empresariais.	Nenhum.
Subvenção para o desenvolvimento urbano, subvenção para a regeneração urbana e subvenção para a cidade.	Nenhum.
Festivais de jardim.	Experiência internacional.
Grupo de Trabalho para o Interior da Cidade.	Política urbana e zona de melhoria industrial e comercial.
Zona de melhoria industrial e comercial.	Nenhum ou programas de desenvolvimento comunitário.
FSE Obj3 Prioridade 3.	Todos os programas anteriores.
Desafio da cidade.	Todos os programas anteriores.
Orçamento único para a	Apresentado antes da avaliação do City

regeneração.	Challenge.
Housing Action Trusts.	Este facto pode ter sido informado pela investigação e avaliação da habitação.
New Deal para as Comunidades.	Introduzido antes da publicação da avaliação do orçamento único para a regeneração, mas com base nas avaliações intercalares.
Novo Compromisso de Regeneração.	Com base na avaliação do City Challenge, do orçamento único para a regeneração e de outros programas.
Fundo de Renovação de Bairros.	Trabalho da Unidade de Exclusão Social, avaliação do Orçamento Único para a Regeneração e Novo Compromisso para a Regeneração.

6.4 Problemas conceptuais na utilização da informação.

Tal como analisado no capítulo 5, as avaliações documentadas revelam que os operadores têm dificuldades consideráveis no desenvolvimento e na utilização dos indicadores. Existem também pontos de interrogação constantes em vários programas sobre a exatidão e a utilidade dos indicadores. Muito trabalho tem sido efectuado em resultado de programas recentes e do aparecimento de grupos como a New Economics Foundation. No entanto, ainda não se sabe se este trabalho conseguirá acompanhar as exigências cada vez mais complexas das novas iniciativas de base territorial e das parcerias estratégicas locais.

Já em 1992, o Inner City Research Programme do Department of the Environment encomendou uma investigação sobre "Developing indicators to assess the potential for urban regeneration" (DOE 1992e). Este é o relatório de uma tentativa de identificar indicadores para avaliar o potencial das áreas do Programa Urban para a regeneração física. Através da análise da literatura e de consultas, foram identificadas seis categorias de recursos: Locacionais, Financeiros, Infra-estruturais, de Amenidade, Intangíveis e

Humanos (DOE 1992e: 20). Isto fornece um quadro para uma lista de controlo dos pontos fortes e fracos de uma zona. Estes indicadores são então pormenorizados e avaliados em função de cinco requisitos de aplicabilidade: Disponibilidade de dados, especificação geográfica, séries cronológicas e dinâmica, implementação e interpretabilidade. A maioria dos indicadores foi testada em três áreas exemplares do Programa Urbano.

Esta investigação identificou que um dos principais problemas é o facto de poucas fontes geográficas serem codificadas geograficamente de forma a facilitar a recolha de dados nas zonas urbanas. No entanto, a investigação sugere que "este problema é atenuado pelo facto de o potencial do centro da cidade ser, na sua maioria, moldado à escala mais alargada da área da autoridade local ou da economia local, pelo que poucos indicadores precisam de ser operacionalizados à escala do centro da cidade" (DOE 1992e: 20).

Tratou-se de uma tentativa frustrada de desenvolver um conjunto completo de indicadores de mudança que abrangesse todos os aspectos da vida numa zona. O seu ponto fraco fundamental, tal como acima referido, era o facto de não poder medir com exatidão as iniciativas baseadas na área, uma vez que a informação específica da área não é recolhida. Foi identificada uma clara necessidade de dispor de estatísticas até ao código postal e de uma recolha mais rotineira de estatísticas a nível local. O relatório tornou claros os problemas com que a atual prática de avaliação ainda se debate: "a recomendação principal é que a necessidade de monitorizar, comparar e avaliar - ou seja, a necessidade de indicadores - se torne mais central na conceção de políticas do que tem sido até à data" (DOE 1992e: 20).

A investigação reconhece a importância da coesão da comunidade e propõe duas medidas para esse efeito: a polarização espacial e a atividade dos grupos de voluntários.

Outra constatação importante é que muitas das estatísticas recolhidas dizem respeito a "problemas", o que dificulta a utilização de indicadores para avaliar as "oportunidades". Dez anos mais tarde, o relatório da Equipa de Ação Política 18 da Unidade de Exclusão Social (SEU 2000) continuava a debater-se com esta questão. Este relatório da Equipa de Ação Política enumera exaustivamente os problemas de informação deficiente e não partilhada que ainda existem, apesar do reconhecimento generalizado destes problemas em sucessivos trabalhos de investigação e avaliação. O relatório prossegue declarando quase desespero perante a situação atual: "Os sucessivos governos investiram milhares de milhões de libras nos bairros desfavorecidos do país. No entanto, há poucas provas concretas ou informações sobre quais os programas que funcionaram" (SEU 2000: 12).

A título de exemplo, uma análise de 335 iniciativas de segurança comunitária efectuada pela Her Majesty's Inspectorate of Constabulary revelou que apenas 47 tinham sido devidamente avaliadas (HMIC 1998: 30-33). A ausência de avaliações rigorosas de técnicas e abordagens em muitos domínios da política - e de dados adequados para o fazer - significa que se pode desperdiçar dinheiro em medidas que não funcionam e que os programas bem sucedidos não são implementados" (SEU 2000: 12). O relatório da Equipa de Ação Política 18 concluiu igualmente que:

A falta de informação de qualidade obriga novas parcerias, zonas e outras iniciativas a recolher novos dados e a inventar novos indicadores. Isto faz-nos perder tempo e dinheiro. Por exemplo, as zonas do New Deal for Communities (NDC), como Norwich e Tower Hamlets, tiveram de despender somas avultadas para efetuar investigação, incluindo inquéritos de atitude e estabelecer indicadores de base. O montante gasto nestas zonas variou entre 40 000 e 50 000 libras (SEU 2000: 12).

Isto decorre logicamente da conclusão da equipa de avaliação do orçamento único para a regeneração de que a única forma de medir realmente os impactos é encomendar inquéritos sociais. A conclusão da equipa de avaliação do orçamento único para a reabilitação é que a única forma de medir realmente os impactos é encomendar inquéritos sociais. A falta de informação criou quatro problemas fundamentais: a falta de sensibilização para os problemas e tendências dos bairros por parte das comunidades, do governo local e nacional; o diagnóstico deficiente dos problemas conduziu a estratégias governamentais e à afetação de recursos deficientes; a falta de informação obrigou os novos programas a gastar tempo e dinheiro na recolha de novas informações; e a falta de informação tornou difícil saber se as políticas funcionam (DETR 1998: 76).

A convicção de que a produção de mais e melhor informação pouparia aos programas a necessidade de produzirem a sua própria informação necessita de uma análise cuidadosa. O facto de existirem mais de 600 programas diferentes do Orçamento Único de Regeneração, todos eles necessitando de medir uma vasta gama de coisas diferentes (por exemplo, desde a melhoria das competências parentais até à descontaminação de terrenos) sugere que seria necessária uma enorme base de dados de informação sobre quase todos os aspectos da vida.

Na sequência do trabalho das Equipas de Ação Política, a Unidade de Exclusão Social produziu a Estratégia Nacional para a Renovação dos Bairros (SEU 2001). Esta estratégia identifica como falha fundamental a insuficiência de informação e a sua má utilização, afirmando ainda que os fracassos e os êxitos dos programas principais e das intervenções especiais não foram identificados. Assim, ao mais alto nível da política, reconheceu-se, embora após mais de 30 anos de programas de regeneração urbana e de avaliações de programas, que a incapacidade de aprender as lições, de as transmitir e de as aplicar estava a atrasar o progresso de muitas zonas desfavorecidas.

6.5 Aumentar o envolvimento das partes interessadas.

Algumas das primeiras avaliações estudadas (por exemplo, as Zonas Empresariais) tiveram pouco ou nenhum envolvimento mais alargado das partes interessadas. Uma mudança significativa ao longo do tempo foi o envolvimento de muitos mais interessados em aspectos dos programas. Isto significa que é muito mais fácil efetuar uma abordagem de avaliação das partes interessadas, especialmente com as comunidades locais. É evidente que a consulta das partes interessadas e dos residentes locais tem sido um tema de longa data durante o período de estudo. Grande parte da avaliação foi efectuada com os beneficiários, mas há também um fio condutor claro do trabalho realizado ao longo dos anos com os não beneficiários. Este aspeto pode perder-se à medida que os programas actuais se apresentam como programas inclusivos e se assume que todos são beneficiários.

6.6 Relação entre as avaliações locais e nacionais.

A relação entre as avaliações locais e nacionais também evoluiu durante o período estudado. Inicialmente, a tendência era para tratar as avaliações locais como estudos de casos de programas nacionais, mas atualmente há uma tendência para realizar avaliações locais que são encomendadas localmente e conduzidas de forma independente. Esta tendência vem juntar-se normalmente às grandes avaliações nacionais, que também têm elementos locais.

6.7 Evidência de transferência de aprendizagem.

A partir desta análise documental, surgiram algumas provas de que a transferência de aprendizagem foi especificamente planeada e facilitada de alguma forma. Um exemplo é a avaliação das Zonas de Melhoria Industrial e Comercial que, no seu relatório final, afirma

Os resultados desta investigação já foram assimilados pelo Departamento e, em grande parte com base neste trabalho, foi emitida uma nota de orientação (DOE 1993 a: 1).

Um outro exemplo foi a avaliação do relatório do Fundo Social Europeu para o Objetivo 3, Prioridade 4, que afirma que a avaliação se destina a fornecer lições para programas actuais e futuros, em particular o programa do

Objetivo 3 para 2000-2006, tendo sido disponibilizado um resumo no sítio Web do Ministério da Educação e Ciência (DfEE 1999).

Existem algumas provas limitadas de que a avaliação conduz a alterações em programas futuros, por exemplo, a avaliação do City Challenge (DETR 2000a: 24) conclui que: "O City Challenge representou uma mudança significativa na política de reabilitação. Abordou muitas das limitações das anteriores iniciativas de política urbana". O relatório cita as lições que o City Challenge retirou do relatório transversal "Assessing the Impact of Urban Policy" (DOE 1994a). O relatório apresenta cinco áreas em que se verificou que o City Challenge aprendeu com o estudo transversal do Departamento do Ambiente, realizado por Robson *et al.* À luz do fracasso das iniciativas anteriores, o relatório salienta uma série de pontos que os responsáveis e os destinatários das políticas consideraram ter sido abordados pelo City Challenge.

A avaliação do Novo Compromisso para a Regeneração conclui que o programa se baseou nas lições aprendidas com programas anteriores, em especial as que foram aprendidas através das equipas de ação política. Reconhecem que: "os esforços do governo central e local, em cooperação com outros, para aprender com as tentativas anteriores de regeneração de áreas carenciadas e para formar um consenso sobre a forma de proceder" (Comissão de Auditoria 2002: 5).

Existem algumas provas documentadas de que a aprendizagem é aplicada na conceção de futuros programas. Por exemplo, a avaliação das Parcerias Inglesas (NAO 1999: 2) refere especificamente que "O relatório procura extrair lições da abordagem das Parcerias Inglesas. Caberá ao Ministério, às recém-constituídas Parcerias Inglesas e às Agências de Desenvolvimento Regional levar por diante as recomendações do relatório". Tratava-se de uma referência ao novo papel que as Parcerias Inglesas iriam assumir após a criação das Agências de Desenvolvimento Regional e a assunção de muitos dos activos e deveres da Comissão para as Cidades Novas. No seu relatório "Turning Areas Around", o Dr. Peter Tyler e a sua equipa de avaliação nacional em Cambridge concluíram que, com referência às lições do programa do Orçamento Único de Regeneração

A resposta política foi o desenvolvimento de parcerias estratégicas locais e a atribuição de financiamento através do New Deal for Communities às zonas mais carenciadas, enquanto as agências de desenvolvimento regional foram autorizadas a responder às questões de regeneração mais vastas de uma região através do orçamento único (Tyler 2002b: 9).

Outro exemplo é o facto de a Arup, ao efetuar a avaliação do Departamento do Ambiente (1991) sobre os instrumentos políticos para combater a desocupação de terrenos, ter incluído uma panorâmica abrangente das lições aprendidas com estudos anteriores e um resumo das condições de eficácia. Outro exemplo positivo é o Lambeth Southwark and Lewisham Health Action Zone, Healthy Communities Fund (Tooke 2001: 13). Uma das principais recomendações era que fosse estabelecido um limite máximo para a dimensão das organizações que podiam candidatar-se a subvenções. Isto já foi feito (embora não haja provas de que tal tenha sido diretamente o resultado da avaliação). Há provas documentais de que a informação foi divulgada, uma vez que foram enviados destaques aos principais decisores (Bennet 2002; 1-2). Neste exemplo, foi formada uma parceria de várias Zonas de Ação Sanitária que se ocupou especificamente de assegurar que a aprendizagem do trabalho das Zonas de Ação Sanitária chegasse aos decisores políticos e aos profissionais e fosse integrada na forma como estes tomam decisões e prestam serviços" (LSL HAZ 2002: 1-2). Esta ficha informativa também oferece um modelo para categorizar e divulgar a aprendizagem.

Uma confirmação negativa de que as lições foram aprendidas está documentada na avaliação do programa do Festival Nacional de Jardins, que afirma que "talvez houvesse demasiada confiança em que as lições de Liverpool pudessem ser aplicadas" (DOE 1990b: 56). O relatório concluiu que havia uma grande expetativa de que se pudessem tirar lições da experiência de Liverpool em matéria de recuperação de terrenos mas, na realidade, as condições do local eram muito diferentes. Este é um exemplo de como a transferência da aprendizagem é limitada pelos diferentes contextos em que a reabilitação está a ocorrer.

No presente estudo, apenas foram encontrados estes poucos exemplos de provas de transferência de aprendizagem, mas tal pode dever-se ao facto de o processo de aprendizagem nos departamentos e parcerias ser menos documentado publicamente do que o resultado da aprendizagem. O estudo de caso produziu algumas provas deste facto (Capítulo 7). No entanto, existem ainda muitas razões pelas quais se pode questionar o pressuposto de que existe uma transferência de aprendizagem.

Outro domínio em que a avaliação beneficiou claramente do trabalho anterior é a questão do reforço das capacidades. Ao longo do tempo, tem havido uma evolução clara no sentido de aumentar a capacidade de todos os interessados para compreender, participar, implementar e monitorizar e avaliar. Este facto contribuiu para melhorar os materiais com que os avaliadores têm de trabalhar. A aprendizagem e a transferência de melhores práticas é um tema que se tornou muito mais externo. Nas primeiras avaliações, a análise dos documentos publicados parece indicar, embora não tenha sido declarado, que o trabalho foi efectuado principalmente para que o Governo pudesse verificar o funcionamento dos seus programas e informar as suas futuras decisões e conceção de programas. Ao longo do período de estudo, esta abordagem mudou para uma abordagem muito mais externa, colectiva e de aprendizagem. As formas como as avaliações são efectuadas tornaram-se muito mais participativas e os objectivos muito mais explícitos em relação às melhores práticas e à transferência de conhecimentos. As avaliações também evoluíram durante o período do estudo em termos de conteúdo. Os temas que emergiram com mais força incluem a sustentabilidade, o envolvimento da comunidade e as medidas de processo. Os temas que são agora menos claros ou aos quais é dado menos peso incluem medidas isoladas, como "empregos criados", sendo que atualmente se dá muito mais ênfase aos resultados do que (ou para além de) às realizações. Por último, há uma história de "grandes revisões", tentativas de avaliar o impacto holístico da política urbana (DETR 1994) ou de organismos como a Task Force Urbana e a Unidade de Exclusão Social que efectuam revisões em grande escala. Todos eles sublinharam e lamentaram as questões centrais da avaliação, como a falta de informação e a confusão política.

6.8 Programas bem sucedidos mas com objectivos diferentes.

O programa "Industrial and Commercial Improvement Area" (DOE 1983 a) é um exemplo em que a equipa de avaliação considerou que o programa estava a produzir resultados. No entanto, a questão da avaliação residia no facto de os objectivos declarados da intervenção serem o desenvolvimento económico, mas, na prática, as subvenções foram concedidas para obras essencialmente ambientais que só indiretamente produziriam resultados de desenvolvimento económico, como a criação de emprego. O dilema é que os programas orientados para o financiamento tendem a ter de ser avaliados em função dos seus objectivos estabelecidos, mesmo que possam estar a alcançar muitos outros "bons resultados".

6.9 Conclusões.

Esta análise das avaliações efectuadas ao longo de duas décadas mostrou que o processo de avaliação evoluiu, em grande medida em consonância com a reflexão sobre a regeneração em geral. No entanto, continuam a existir questões de longa data sobre a qualidade dos dados, os indicadores e a proliferação de iniciativas. Muitas avaliações não produziram apenas lições para as políticas, mas também para futuras avaliações. Há provas de que houve muitas lições a aprender, mas quase nenhuma referência nos relatórios estudados sobre se um programa aprendeu as lições dos anteriores. Para verificar este facto, foi necessária a fase final da investigação - as entrevistas às partes interessadas. Neste capítulo foi demonstrado que existem algumas provas documentadas de que as avaliações aprenderam umas com as outras e que isso tem vindo a acontecer mais recentemente. Este capítulo contribuiu apenas parcialmente para responder à pergunta de investigação. A teoria e a prática documentada precisavam de ser testadas com mais pormenor, o que foi feito em quatro áreas de estudo de casos para comparar a realidade com a documentação. Os resultados são apresentados no capítulo sete.

Capítulo 7 - Os estudos de caso.

7.1 Introdução.

Este capítulo apresenta os quatro estudos de caso que constituem uma parte crucial da investigação original deste estudo. Os estudos de caso constituem uma fase de investigação suplementar necessária para reunir as provas de diferentes aspectos deste estudo que podem ser triangulados para permitir uma imagem mais fiável da medida em que a transferência de aprendizagem pode ter ocorrido. Foram selecionados quatro programas (Neighbourhood Renewal Fund, City Challenge, Single Regeneration Budget e New Deal for Communities), de entre os examinados no capítulo 6, para serem analisados mais pormenorizadamente, sendo a justificação para tal explicada em seguida.

A escolha de estudos de caso deveu-se à necessidade de triangular e testar os dados provenientes de fontes escritas, a fim de testar corretamente a hipótese relativa à transferência de aprendizagem entre programas. Os materiais escritos e os calendários sugeriram que a transferência de aprendizagem poderia, nalguns casos, ter ocorrido. Os estudos de caso eram necessários para verificar, através de uma entrevista aprofundada, se a transferência se verificou de facto. Robson (2002: 177-184) reconhece este facto como um "estudo de caso confirmatório".

A escolha da metodologia para as entrevistas é explicada e justificada com referência a Bell (1999: 135); Bowling (2002: 311); Pawson e Tilley (1997: 143-164) e Robson (2002: 269-291).

Os objectivos da metodologia:

• Compreender como se processa a aprendizagem.

• Identificar indicadores adequados de aprendizagem relevantes para a transferência da aprendizagem de um programa para outro.

• Identificar o conjunto das partes interessadas, cujo estudo do comportamento pode conduzir a respostas pertinentes.

• Conceber uma abordagem de investigação adequada, neste caso entrevistas semiestruturadas.

• Analisar os resultados para ver o que se pode aduzir em termos da hipótese de investigação.

Por último, este capítulo triangula e sintetiza os resultados das entrevistas com os intervenientes, a análise das avaliações publicadas e a teoria para chegar a conclusões completas.

7.2 Compreender como se processa a aprendizagem.

O terceiro capítulo explora algumas das definições de aprendizagem e algumas lições importantes da teoria da aprendizagem, cuja análise sugere a necessidade de adotar "normas" na abordagem e análise dos estudos de caso. Foram desenvolvidas as seguintes "normas":

• Não existe uma definição única e aplicável de aprendizagem que possa ser utilizada num domínio complexo como este.

• Que existem muitos mecanismos e contextos possíveis para a aprendizagem e que são tanto os contextos como os mecanismos (e a sua interação) que são importantes numa investigação como esta.

• Essa aprendizagem tem lugar de muitas formas e não tem de ser formal para ser registada como aprendizagem.

• Que a mera produção e divulgação de materiais não é, por si só, prova de que a aprendizagem foi transferida.

• Que a aprendizagem ocorre a diferentes níveis (McInroy 2004: 14) e que o "conhecimento profundo e intuitivo" local pode ser mais importante do que as avaliações formais e encontra-se nos profissionais locais.

• Que a aprendizagem é "uma atividade para toda a vida, uma vez que nos ajustamos constantemente às mudanças sociais, económicas e tecnológicas"

(Paechter *et al* 2001: 2).

- As pessoas aprendem com o seu ambiente social, com a forma como as pessoas reagem às circunstâncias, porque são motivadas pelo assunto ou gostam dele e porque o respeitam (Winch 2001: 183-184).
- Que uma grande parte da aprendizagem é "situada" no contexto.

Tal como Winch (2001: 183) afirma, não existe uma grande teoria da aprendizagem através da qual seja possível assinalar a caixa e dizer "a aprendizagem teve lugar". É necessário recolher provas e Robson (2002: 35) sugere uma abordagem para esta situação que ele descreve como uma procura de "mecanismos e contextos" através dos quais a aprendizagem pode ser transferida. Na ausência de um conjunto suficiente de provas documentais (tal como explorado no Capítulo 6), Robson sugere que é necessário um processo de "seguimento de pistas" e esta é a razão de ser da investigação das partes interessadas.

Smith e Grimshaw (2005: 189-203) analisam a forma como as organizações aprendem no contexto do programa New Deal for Communities e sugerem que é possível distinguir entre tipos de aprendizagem organizacional, uma vez que ocorrem a dois níveis. O primeiro é a aprendizagem de ciclo simples, em que as estratégias de uma organização mudam porque as pessoas envolvidas aprenderam lições. O segundo é a aprendizagem de ciclo duplo, em que não só as estratégias mudam, mas também as teorias de ação subjacentes, que são questionadas e podem transformar-se. Ao considerar a conceção das perguntas da entrevista, foi necessário ter em conta estas possibilidades multifacetadas.

Tendo estabelecido que esta investigação precisa de "seguir pistas" em vez de simplesmente "assinalar caixas", foi necessário identificar quais os sinais visíveis de que a aprendizagem teve lugar e foi transferida. Para o efeito, foi necessário procurar indicadores de aprendizagem e de transferência de aprendizagem. Uma vez que os relatórios de avaliação têm sido, até há pouco tempo, o principal veículo documentado para a transferência da aprendizagem, foi-lhes dada importância nesta investigação.

A pesquisa bibliográfica revelou que Patton (1997: 79-85) já tinha refletido sobre este desafio, tendo analisado as avaliações de programas e os elementos ou atributos que tornariam mais provável a transferência da aprendizagem. O autor concluiu que era necessário abordar as seguintes questões para aumentar a probabilidade de uma avaliação ser "vista e ouvida": A relação com as decisões a influenciar, quem as tomará e em que prazo? O contexto, incluindo o que está em jogo; qual é a história; quais são os outros factores de influência; quão volátil é o ambiente de tomada de decisões; quanta influência pode a avaliação ter, o que é necessário em termos de dados, conclusões e outras acções para conseguir essa influência? Patton divide as rubricas acima em critérios que podem ser aplicados para avaliar as avaliações. Estes critérios estão documentados na Tabela Dezassete (abaixo) e foram utilizados para informar a conceção do questionário aos interessados utilizado nesta investigação. Assim, foi possível conceber um questionário baseado tanto na análise documental de avaliações anteriores como na teoria que aborda os indicadores prováveis de transferência de aprendizagem. O Quadro 17 mostra o número da pergunta do questionário aos participantes que aborda cada critério.

Tabela Dezassete: A lista de controlo de Patton e as perguntas das partes interessadas

Lista de controlo para melhorar a probabilidade de uma avaliação ser vista pelos decisores políticos.	**Testes para entrevistas com partes interessadas e número da pergunta pertinente.**
Que decisões se espera que os resultados influenciem?	Essa avaliação é relevante para o programa (Q20).
Quando é que as decisões serão tomadas? Por quem? Quando é que os resultados da avaliação devem ser apresentados para serem oportunos e influentes?	A avaliação foi efectuada a tempo de ser útil? (Q18).
O que é que está em jogo nas	Quais eram os imperativos ou os

decisões? Para quem? Que controvérsias ou questões rodeiam as decisões?	motores nessa altura? (Q25).
Qual é a história e o contexto do processo de decisão?	Qual é a história e o contexto do processo de decisão? Todas as perguntas.
Que outros factores afectarão a tomada de decisão? O que é que pode tornar a decisão irrelevante ou não ser tomada? Qual o grau de volatilidade do ambiente de tomada de decisão?	Em que medida existia um clima em que os resultados da avaliação podiam influenciar o programa? (Q26)
Qual o grau de influência que espera que a avaliação tenha?	Qual o grau de influência da avaliação? (Q21&22).
Em que medida é que o resultado da decisão já foi determinado?	Em que medida o programa estava aberto à influência da avaliação? (Q21&22).
Que dados e conclusões são necessários para apoiar a tomada de decisões?	Dispunha de dados e conclusões de programas anteriores para apoiar as suas decisões? (Q11-15).
O que é necessário fazer para atingir esse nível de influência?	O que é que teria sido necessário para que a transferência de aprendizagem se tivesse efectuado? (Conjuntos de perguntas 1-4).
Como saberemos se a avaliação foi utilizada como pretendido? Como é que a utilização pode ser medida?	Existe alguma forma de medir o grau de utilização do trabalho de avaliação? (Q3,16 & 27).

Fonte: Patton (1997: 83).

O desafio seguinte que este estudo enfrentou foi o de conseguir entrevistar as partes interessadas identificadas. Dezasseis foram convidados a participar e quinze mostraram-se disponíveis e foram entrevistados. Dado que se trata, na sua maioria, de pessoas muito experientes, este facto revela um elevado grau de interesse pelo assunto. Os dados recolhidos junto das quinze pessoas-chave revelaram-se suficientes para esta investigação. Os intervenientes de todos os aspectos da regeneração sublinharam que esta era uma área de estudo importante. Os que trabalham atualmente para o Governo sublinharam a sua crença na avaliação e como eles próprios tentaram assegurar a sua aplicação. O entrevistado reformado do Governo mostrou-se muito mais cético, possivelmente porque agora era livre de dizer o que pensava ou porque a sua experiência de avaliação era muito mais histórica, vindo de uma época anterior à importância que a avaliação adquiriu agora.

Os líderes comunitários mostraram acreditar na avaliação, desde que fosse independente e bem conduzida, mas eram cépticos quanto ao que os "no poder" aprendem com ela. Os entrevistados da gestão do programa tendiam a acreditar na avaliação, mas achavam que as avaliações anteriores não tinham sido claramente conduzidas com o nível que eles desejariam. Por conseguinte, a investigação foi possível porque todos os entrevistados reconheceram a importância do tema. O facto de se tratar de uma questão atual foi ilustrado pelo facto de tanto o Gabinete do Vice-Primeiro-Ministro como um programa New Deal for Communities terem desejado discutir a investigação enquanto esta estava em curso.

7.3 O papel, o objetivo e a metodologia dos estudos de caso.

Os estudos de caso analisam a prática em relação à teoria, com contributos do Governo Central, da administração local, dos gestores de programas e dos representantes da comunidade. Estes estudos de caso são triangulados com os outros dados e podem ser tiradas conclusões sobre o desenvolvimento, a aplicação e o funcionamento da transferência de aprendizagem nos programas de reabilitação durante o período de estudo. Os estudos de caso são uma parte crucial da investigação original deste estudo. São o ponto em que as evidências de diferentes aspectos desta investigação são trianguladas para permitir estabelecer uma imagem mais fiável do que aconteceu.

A utilização de estudos de caso é definida por Yin como: "...uma estratégia de investigação que envolve uma investigação empírica de um fenómeno particular no seu contexto de vida real, utilizando múltiplas fontes de evidência" Yin (1981: 97-114). Assim, a análise teórica, a linha do tempo e a análise de conteúdo são reunidas com as opiniões dos actores contemporâneos para permitir a síntese e a análise que conduzem a conclusões provisórias. Robson (2002: 177-184) descreve o estudo de caso como uma estratégia de investigação empírica mas centrada num "fenómeno em contexto" e que utiliza múltiplos métodos de recolha de provas ou dados. A metodologia utilizada para os estudos de caso é a 'análise de conteúdo' e segue um plano sugerido por Robson que inclui:

- Panorama geral, incluindo antecedentes, razões para a investigação, questões e leituras relevantes, etc;

- Procedimentos - escolha e acesso aos temas, horários e recursos disponíveis;

- As questões de investigação e as fontes de provas e técnicas a utilizar;

- Relatórios - o que deve ser relatado a quem e em que formato (neste caso, de que forma deve ser relatado para cumprir os requisitos da investigação de doutoramento) (Robson 2002: 177-184).

7.4 A seleção dos estudos de caso.

Os estudos de caso são utilizados para testar a matriz e o calendário de avaliação e a investigação documental em relação à prática. Foram efectuados estudos de caso de cada um dos quatro programas principais. O programa City Challenge foi escolhido por ter sido o primeiro grande programa de regeneração com requisitos de avaliação estruturados para o qual ainda existe um grupo (conhecido do investigador) de participantes disponíveis para entrevista.

O orçamento único para a regeneração foi escolhido por ser o sucessor imediato e o substituto do City Challenge (e de outros programas).

O Departamento de Economia Fundiária da Universidade de Cambridge foi encarregado de efetuar a avaliação intercalar (DETR 1998). A equipa considerou que o programa Single Regeneration Budget exigia a avaliação mais complexa até à data, pelo que constitui um exemplo importante.

O programa New Deal for Communities foi escolhido por uma razão semelhante, uma vez que foi anunciado pelo Governo como sendo a solução para algumas das deficiências dos programas anteriores (por exemplo, vida curta e não orientado para a comunidade). Por último, o Fundo de Renovação de Bairros foi escolhido porque representa a prática atual e os envolvidos deveriam ter beneficiado da aprendizagem da Unidade de Exclusão Social e da Unidade de Renovação de Bairros.

7.5 Conceber os estudos de caso.

Os dados sobre cada caso foram compilados com base em: A informação recolhida na segunda fase; relatórios de avaliação concluídos; análises críticas da teoria destes relatórios e dos programas e; a matriz de avaliação e o calendário.

Estes dados foram testados através de entrevistas com os intervenientes de cada programa. As entrevistas tinham de ser concebidas para ajudar na construção de uma resposta à hipótese de investigação: "que não há provas de que a aprendizagem ocorre entre programas de regeneração". Com base no trabalho de Robson (2002), foram efectuadas as três etapas principais seguintes: Desenvolveu-se um conjunto de perguntas; identificaram-se os locais onde se podem utilizar os prompts e identificou-se uma sequência putativa de perguntas.

As perguntas e o formato da entrevista foram testados previamente com intervenientes com experiência semelhante à dos entrevistados do estudo de caso. Isto permitiu aperfeiçoar a redação, o tema e a duração das perguntas e o formato da entrevista. Foram entrevistadas duas pessoas experientes para explorar as questões potenciais e identificar quaisquer problemas e oportunidades potenciais com as entrevistas. Um dos entrevistados experimentais tinha uma experiência significativa, do ponto de vista da comunidade, de participação e acesso a programas de regeneração e outro tinha uma experiência significativa de gestão de programas.

A conceção do questionário foi de grande importância, Oppenheim (1966: vii) advertiu contra a complacência quando escreveu que: Oppenheim (1966: vii) advertiu contra a complacência quando escreveu que "o mundo está cheio de pessoas bem intencionadas que acreditam que qualquer pessoa que saiba escrever em inglês e tenha um mínimo de bom senso pode conceber um questionário". Foi analisada a forma mais adequada de recolha de dados através do questionário. Um questionário postal tem o atrativo de ser fácil de administrar, mas Bell (1999: 135) sugere que "uma das principais vantagens da entrevista é a sua adaptabilidade. Um entrevistador hábil pode acompanhar ideias, sondar respostas e investigar motivos e sentimentos que um questionário nunca pode fazer". Dado que o tema da investigação, neste caso, é um tema em que existe uma dificuldade considerável em definir termos e uma complexidade considerável nos papéis dos intervenientes, estas vantagens serão muito importantes para garantir que estão a ser recolhidos dados válidos e utilizáveis.

Existem três tipos principais de entrevista. O primeiro é a entrevista estruturada, na qual é feito um conjunto fixo de perguntas numa ordem fixa, como diz Robson (2002: 269-291) "é mais provável que contribuam para uma conceção fixa a par de outros métodos" e a análise de conteúdo é normalmente utilizada. Este tipo de entrevista seria particularmente útil quando há pressões de tempo ou quando podem ser utilizados vários entrevistadores, uma vez que pode ajudar a limitar o leque abrangido pelas respostas.

A entrevista semi-estruturada é semelhante, mas permite que a sequência das perguntas seja variada e que se dêem sugestões e uma abordagem mais flexível quanto à forma como o assunto é abordado, de acordo com as respostas do entrevistado. Especificamente, permite variar a sequência e a formulação exacta das perguntas, o que foi considerado importante nas entrevistas experimentais. Uma vez que as entrevistas promovem uma pesquisa intelectual em vez de procurarem respostas burocráticas, verificou-se ser necessário, por vezes, interrogar o assunto sobre o qual o entrevistado se debruça em vez de passar formalmente para o assunto seguinte. Isto significa que foi possível utilizar um longo questionário de vinte e sete perguntas e sugestões, respeitando um período de tempo razoável de 45-60 minutos. Isto foi particularmente importante dado o leque de entrevistados, por exemplo, Diretores Executivos com trinta anos de experiência e líderes comunitários. Por conseguinte, este método foi o selecionado, uma vez que conseguiu o equilíbrio entre limitar as respostas a uma duração razoável e permitir que as áreas sejam investigadas até se obter o máximo de informação relevante. O terceiro tipo de entrevista é a entrevista aberta, mas esta foi rejeitada porque não garantiria validade suficiente em termos de poder comparar as respostas entre os entrevistados.

Robson (2002: 289) afirma que "sempre que possível, as entrevistas devem ser gravadas em áudio", embora abra uma exceção para entrevistas informais em que a gravação em fita poderia ser intrusiva. Também permite a transcrição apenas das secções relevantes para evitar uma sobrecarga.

A comunicação dos resultados não é problemática neste caso, uma vez que os estudos de caso são apenas para uso interno nesta tese de doutoramento. Ao realizar as entrevistas, há algumas armadilhas consideráveis a que é preciso estar atento. Bowling sugere que um bom entrevistador precisa de ter muitas qualidades: Sensibilidade; boa relação com um vasto leque de pessoas; motivador; amigável e positivo; digno de confiança; bom ouvinte; não interromper; empenhado; perseverante; uma maneira neutra; voz clara; exatidão no registo dos pormenores; caligrafia legível; hábil em deixar o entrevistado satisfeito (Bowling 2002: 311). A autora sugere ainda que os perigos a ter em conta incluem: o entrevistador introduzir o seu próprio preconceito; a amostra ser tendenciosa; a presença de terceiros e outras distracções; as perguntas serem mal compreendidas; o inquirido não querer divulgar certas informações e uma sondagem inadequada.

7.6 O questionário das partes interessadas.

Robson (2002: 274) sugere que existem três tipos principais de perguntas normalmente utilizadas em entrevistas de investigação: Fechadas; Abertas e de Escala. A principal vantagem das perguntas fechadas é a facilidade de análise e, nalguns casos, a comparabilidade das respostas. No entanto, para um tema como o do presente estudo, o que é necessário é tanto o contexto das respostas como as próprias respostas, pelo que as perguntas fechadas foram rejeitadas. As perguntas de escala também têm como objetivo produzir respostas mais fáceis de analisar e, em alguns casos, possivelmente mais comparáveis. Estas foram rejeitadas porque os quatro estudos de caso não estão a comparar o mesmo com o mesmo e os entrevistados tinham todos perspectivas diferentes.

Youngman (1986 in Bell 1999: 119) sugere que existem sete tipos de perguntas: Verbal ou aberta; lista; categoria; classificação; escala; quantidade e grelha. No entanto, Youngman aceita que todos estes tipos, exceto o Verbal, limitam a possibilidade de o inquirido dar toda a informação de que dispõe. Por conseguinte, foram escolhidas perguntas abertas, uma vez que se considerou que estas eram mais susceptíveis de fornecer informações mais completas, de acordo com a natureza das entrevistas semi-estruturadas. As perguntas foram concebidas com base numa sequência temporal, ou seja: pré-programa, ou envolvimento no programa, durante o programa, questões post hoc e depois questões de reflexão.

Robson dá orientações sobre as armadilhas que podem apanhar quem escreve as perguntas e as perguntas da entrevista foram testadas com base nessas orientações:

• As perguntas longas podem levar o entrevistado a responder apenas à parte da pergunta de que se lembra.

• As perguntas "com vários barris" podem dificultar a análise, uma vez que pode não ser possível saber qual a parte da pergunta que está a ser respondida.

• O jargão pode perturbar os entrevistados, interrompendo assim o fluxo da entrevista.

- As perguntas que induzem ao erro podem tornar as respostas tendenciosas.
- Perguntas ou questionamentos tendenciosos podem distorcer os resultados (Robson 2002: 275).

7.7 Escolha das perguntas e conceção do questionário.

A evidência procurada nestes estudos de caso é a da transferência da aprendizagem, tal como foi analisada no Capítulo Três. Foi necessário um processo de exploração, uma vez que a aprendizagem é um conceito complexo e pode assumir muitas formas. Pode não haver um sinal claro de que a aprendizagem teve lugar, uma vez que os intervenientes podem nem sequer estar conscientes de que aprenderam. Patton (1997) sugere uma lista de verificação para determinar se os resultados da avaliação são susceptíveis de ser utilizados e esta foi interpretada no Quadro 17 (acima) para informar a seleção de perguntas.

Com base na lista de controlo de Patton, foram desenvolvidos critérios para obter, reconhecer e classificar as provas, nomeadamente

Critérios do processo:

1) Ler a documentação de avaliação.

2) Ter participado em acções de formação formal, seminários, criação de redes e actividades similares.

3) Ter participado em debates informais, grupos electrónicos ou visitado outros programas para aprender.

4) Ter uma experiência considerável.

5) Ter utilizado a avaliação, incluindo a produção de materiais de divulgação.

Critérios de aprendizagem:

1) Expressar a opinião de que o sujeito aprendeu com uma experiência.

2) Exprimir a opinião de que o sujeito aprendeu com a leitura dos relatórios

de avaliação formal.

3) Exprimir o ponto de vista que o sujeito aprendeu com as discussões informais, etc.

4) Expressar o ponto de vista de que o sujeito aprendeu com workshops de formação formal, etc.

5) Expressar a opinião de que aprenderam com a visita a outros programas.

6) Expressar a opinião de que a disciplina transferiu a aprendizagem de um programa para o outro.

7) Expressar a opinião de que o sujeito efectuou a sua própria aprendizagem.

8) Sentimentos sobre os benefícios da avaliação.

9) Experiências negativas de avaliação.

10) Boas experiências de avaliação.

11) Avaliação na vida fora dos programas de regeneração.

12) Utilizar programas pioneiros/piloto para aprender com eles.

Quadro dezoito: Entrevistados identificados nos programas selecionados.

Representante	***Fundo de Renovação de Bairros numa cidade do Sul***	***Desafio citadino num bairro londrino***	***Orçamento único para a regeneração numa cidade das Midlands***	***New Deal para as comunidades de um bairro londrino***
Programa	Gestor de parcerias	Finanças Diretor	Gestor de programas destacado	Diretor Executivo
Conselho	Gestor sénior	Diretor da regeneração	Diretor da regeneração	Gestor sénior
Governo	Governo Chefe de escritório	Governo Chefe de escritório	Privado Presidente do sector	Governo Chefe de escritório
Comunidade	Líder	Líder	Líder	Líder

	comunitário	comunitário	comunitário	comunitário

7.8 Análise das entrevistas com as partes interessadas.

As entrevistas foram analisadas com recurso à análise de conteúdo para ajudar a garantir que as provas nelas contidas têm o mesmo peso para as várias partes interessadas. Scriven descreve a análise de conteúdo como: "O processo de determinar sistematicamente as caraterísticas de um conjunto de materiais ou práticas" (Scriven 1991: 99). O Quadro 18 apresenta uma lista dos intervenientes anónimos que foram selecionados para as entrevistas do estudo de caso. O Quadro Dezanove apresenta exemplos das entrevistas de provas para cada um dos critérios. Estes são depois analisados e sintetizados nas secções seguintes (7.9-7.11). A cada exemplo de conteúdo foi atribuída uma pontuação com base na chave da Tabela 19. Estas pontuações foram avaliadas através de juízos de valor sobre o grau em que o conteúdo sugere que um critério foi cumprido. O principal papel das pontuações é destacar o conteúdo mais significativo.

Quadro dezanove: Resultados das entrevistas às partes interessadas por critério.

Legenda do quadro dezanove: As iniciais referem-se ao papel do inquirido. A narrativa no quadro é o conteúdo retirado da entrevista dessa pessoa.

GO SRB	O funcionário público entrevistado para conhecer a sua experiência no programa do Orçamento Único para a Regeneração.
GO NDC	O funcionário público entrevistado pela sua experiência no programa New Deal for Communities.
GONRF	O funcionário público entrevistado para conhecer a sua experiência no programa do Fundo de Renovação de Bairros.
GO CC	O funcionário público entrevistado sobre a sua experiência no programa City Challenge.
COM SRB	O líder comunitário (sector privado) entrevistado para conhecer a sua experiência sobre o Orçamento Único de Regeneração.
COM NDC	O líder comunitário entrevistado pela sua experiência no programa New Deal for Communities.

COM NRF	O líder comunitário entrevistado sobre a sua experiência no programa do Fundo de Renovação de Bairros.
COM CC	O líder comunitário entrevistado sobre a sua experiência no programa City Challenge.
PM SRB	O gestor do programa foi entrevistado pela sua experiência no programa do Orçamento Único de Regeneração.
PM NDC	O gestor do programa entrevistado para o seu
	experiência no programa New Deal for Communities.
PM NRF	O gestor do programa foi entrevistado sobre a sua experiência no programa do Fundo de Renovação de Bairros.
PM CC	O gestor do programa foi entrevistado sobre a sua experiência no programa City Challenge.
COU SRB	O funcionário do Conselho entrevistado pela sua experiência no programa do Orçamento Único de Regeneração.
COU NDC	O funcionário do conselho entrevistado pela sua experiência no programa New Deal for Communities.
COU NRF	O funcionário do conselho entrevistado pela sua experiência no programa do Fundo de Renovação de Bairros.
COU CC	O funcionário do conselho entrevistado pela sua experiência no programa City Challenge.

Legenda do quadro dezanove - continuação: Avaliação do conteúdo quanto à contribuição relativa para a transferência de aprendizagem entre programas.

Pontuação	**Avaliação**
5	Um exemplo claro de uma alegada transferência de aprendizagem.
4	Acções muito susceptíveis de terem conduzido à transferência da aprendizagem.
3	Acções susceptíveis de terem conduzido à transferência da aprendizagem, mesmo que indiretamente.
2	Passos que poderiam ter ajudado a facilitar a aprendizagem.
1	Acções incidentais ou contributivas que podem preparar o terreno para a aprendizagem.
0	Sem aprendizagem ou não aplicável.

Critério relativo ao processo 2: ter participado em acções de formação formal, seminários, criação de redes e actividades semelhantes.	**Pontuação**
GO NRF: Sim, como parte da infraestrutura da função pública, temos muitas oportunidades de formação para o pessoal que trabalha na área da regeneração (em que eu trabalho há 10 anos no City Challenge, no Orçamento Único para a Regeneração,	**4**

etc.). Dispomos de uma série de oportunidades formais e informais, incluindo um curso sobre os "produtos". Obtive o "Corporate MIProfDev", que estava relacionado com o emprego, e participei numa série de conferências para falar e aprender sobre regeneração ao longo de vários anos. Criámos uma rede regional. Tínhamos apenas quatro programas do Fundo de Renovação de Bairros, pelo que foi criada uma rede e foram organizados vários eventos com base nos relatórios da Equipa de Ação Política. Sim, sentámo-nos e discutimos o Fundo de Renovação de Bairros com colegas regionais.		
GO NRF: Utilizamos a Unidade Nacional de Renovação de Bairros, universidades e consultores. Temos responsáveis em todos os nove gabinetes governamentais em termos de desenvolvimento de políticas. A avaliação não é feita por cada gabinete governamental, mas sim pelos dois gabinetes designados para essa área de trabalho (não o Gabinete Governamental do Sudeste), que assumem a responsabilidade de aconselhar a Unidade de Renovação de Bairros e transmitem as opiniões regionais. Temos a oportunidade de comentar, analisar os termos de referência, discuti-los e apresentar comentários ao grupo regional. Também temos reuniões formais e conversas livres sobre tudo o que se está a passar - quando virmos as respostas, haverá um debate importante entre os funcionários da rede sobre as alterações.	**4**	
Ter participado em formação formal, workshops, trabalho em rede e actividades semelhantes. Score Realizámos várias pequenas sessões na zona, ouvindo as partes interessadas, o que teve um impacto no programa. Por exemplo, a participação da escola de Stockwell Park foi muito importante para a proposta.	**3**	
PM NRF: As conferências são mais úteis quando há debates.	**2**	
GO NDC: Sim, faço parte de uma equipa com colegas envolvidos no New Deal for Communities em dois programas New Deal for Communities de Londres e tenho trabalhado com colegas envolvidos nestes programas desde o primeiro dia.	**2**	
COM SRB: Participei em workshops sobre reabilitação urbana organizados pela minha empresa (arquitectos, urbanistas e designers).	**2**	
COM NDC: Participei num evento nacional do New Deal for Communities, foi uma óptima experiência, foi espantoso o que	**2**	

tantas pessoas estão a fazer para construir a sua comunidade, tantas pessoas interessantes que lá estavam. Vale a pena ir, aconselho qualquer pessoa a ir - estive noutro evento em Birmingham. Era a mesma regeneração, pessoas de todo o mundo a falar sobre o que está a funcionar no New Deal for Communities e o que não está a funcionar.	
COM NDC: Fomos ao Canary Wharf away day e a um away day no Convoy's Wharf. Também tivemos um seminário em Paddington, num centro de artes. O pessoal da Cornualha (da nossa visita ao local) convidou-me. Há 2 dias, ela telefonou e convidou-me para um seminário na London School of Economics e para levar alguém do New Deal for Communities. Prometi-lhe que também a levaria aqui.	2
GO CC: Mais tarde houve seminários, participei num em Birmingham. O feedback que recebíamos era que as pessoas estavam descontentes e ignorantes e que interpretavam as medidas de formas diferentes. Quem tinha o seu próprio violino ficava calado.	2
COM SRB: Não houve formação específica sobre como presidir. Eu tinha experiência nessa área e não achei que precisasse de formação, mas tive vários workshops com a Câmara Municipal e a equipa executiva. Isto foi importante para os representantes da comunidade quando se juntaram a nós. A formação pareceu funcionar, mantivemo-nos juntos como uma equipa ao longo dos anos.	2
PM CC: Não recebemos qualquer formação, os outros City Challenges tinham o apoio de outros municípios e nós só podíamos olhar com inveja. Havia uma rede nacional de City Challenges e reuníamo-nos em conferências e tínhamos subgrupos para coisas como a monitorização. O Ministério do Ambiente fez algumas coisas para nos dizer o que fazer e conversar - mas nada de desenvolvimento de competências.	1
COM NDC: - Alguns deles (membros do Conselho de Administração) recebem formação, mas se estiverem a trabalhar não se dão ao trabalho - é suposto serem obrigados a fazê-la. Eu fui a primeira pessoa a receber formação sobre como presidir a uma reunião.	1

Critério relativo ao processo 3: Ter participado em discussões informais em e-grupos ou ter visitado outros programas para aprender.	Pontuação
GO NDC: O sistema de correio eletrónico (interno) é brilhante, as pessoas fazem um pedido geral. Existe agora uma rede para as Parcerias Estratégicas Locais onde há uma sala de conversação para trocar problemas e ideias, mas os gabinetes governamentais fazem-no há anos e funciona.	3
COM NRF: Fiz a ronda visitando cidades como Portsmouth, Brighton e Hasting com o Gestor da Parceria e um funcionário superior do Conselho.	2
GO CC: Podem ter discutido o City Challenge durante um café e queixarem-se no corredor, mas o que queriam era o maior número possível de programas para a vossa zona. As discussões não foram sobre as lições aprendidas.	1

Critério relativo ao processo 4: possuir uma experiência considerável.	Pontuação
COM SRB: Sou agrimensor e arquiteto e sou presidente da parceria comunitária desde 1991. Fui membro da Câmara de Comércio/Agência de Empreendedorismo, com competências no domínio da regeneração, algumas físicas, mas sobretudo dos jovens e da educação. Criei a iniciativa "Aiming High" para aumentar as aspirações dos jovens em Stoke on Trent. Michael Heseltine veio à cidade e rejeitou a candidatura ao City Challenge e disse que tínhamos de perder o passado e olhar para a visão, que se tornou a visão 20:20 - por isso criámos o Fórum da Cidade.	4
COU NDC: Trabalhei para a Lewisham Challenge Partnership, para a Deptford Task Force, para o Single Regeneration Budget e fui também diretor não executivo do Lewisham Hospital.	3
PM CC: A minha experiência remonta aos programas de desenvolvimento comunitário, às áreas de ação no domínio da habitação e às áreas de melhoria geral.	3
COM NRF: Sou presidente do nosso Fórum para a Sustentabilidade e poderia organizar um mercado alimentar à volta da igreja - se funcionasse aqui, poderia espalhar-se por outros locais da cidade. Nos anos sessenta, fiz formação	3

religiosa, leccionei e fiz algumas formações, mas não tive qualquer aprendizagem formal sobre regeneração. O meu pai era engenheiro urbano em Exeter e Bristol. Lembro-me dos primeiros programas de emprego. Dirigi um dos primeiros programas liderados por uma igreja e empreguei seis pessoas. Recorri à experiência de outros e resultou; seis pessoas e o diretor conseguiram emprego mais tarde.	
PM NRF: Estive envolvido em vários programas de regeneração durante anos, começando com os programas físicos e depois com o SRB2, tendo depois elaborado propostas para o SRB5/SRB6 e liderado o New Commitment to Renewal Pathfinder do Conselho.	3

Critério relativo ao processo 5: Utilização da avaliação e produção de materiais de divulgação.	**Pontuação**
GO NDC: O programa New Deal for Communities faz uma avaliação de todos os seus principais projectos, de modo a retirar lições e partilhar boas práticas. Pedem-me constantemente para alertar as pessoas para as boas práticas. A avaliação é reconhecida por todos como uma ferramenta importante, mesmo que seja apenas para projectos futuros.	5
GO NRF: O New Deal para as Comunidades na cidade faz parte da avaliação nacional do New Deal para as Comunidades e asseguramos que estas integram as recomendações específicas nos seus planos de ação. É muito importante que, no âmbito do novo caminho a seguir após o Fundo de Renovação de Bairros, com os "Acordos Locais" e as "Comunidades mais seguras e mais fortes", seja dada prioridade às zonas prioritárias. Os bairros do centro da cidade receberão provavelmente algum dinheiro extra. Por isso, precisam de uma infraestrutura para avaliar o que se está a passar.	4
GO NRF: Em relação à Gravidez na Adolescência, a nossa crítica à Parceria da Cidade foi a de que estavam um pouco distantes e tinham delegado responsabilidades nos seus parceiros, mas não tinham uma visão geral da razão pela qual as coisas estavam a acontecer (por exemplo, a Gravidez na Adolescência a piorar). Se as coisas não estão a acontecer, é sua função fazê-las acontecer - vão analisar a sua estratégia de avaliação e ver o que os outros estão a fazer - alguém, algures, terá pensado numa forma de o fazer. A Unidade de Renovação de Bairros é muito	4

boa nisto e terá estudos publicados. Ninguém tem todas as respostas, mas alguém já o terá feito noutro lugar. A partir de 2006-07, haverá uma negociação formal baseada no que foi feito. Conseguiu obter os resultados que pretendia e como é que isso conduz ao que está agora a sugerir? A população negra e de minorias étnicas será importante; ainda temos de avaliar o impacto sobre essa população. Queremos mais avaliação do impacto sobre eles.	
PM SRB: Encomendámos à Universidade de North Staffordshire um CD-ROM com entrevistas a residentes, texto do relatório e fotografias, para que pudesse ser distribuído nas escolas, etc. Fui convidado a falar com alguns outros programas sobre as suas próximas avaliações e falei com pessoas da Câmara Municipal para tentar assegurar que as coisas continuassem depois do programa.	4
PM SRB: Houve alturas em que recorremos a consultores para fazerem recomendações sobre projectos e, por vezes, recomendaram o encerramento de um projeto. Foi-lhes pedido que avaliassem os projectos que considerávamos problemáticos e, em um ou dois casos, poderiam dizer "isto é terrível" ou, noutros casos, fazer apenas recomendações de melhoria. Obtivemos uma prorrogação de seis meses porque queríamos que a monitorização continuasse a mostrar que os objectivos foram atingidos mais tarde, de modo a que o nosso desempenho não fosse considerado contra a cidade.	3
COM SRB: Sem avaliação, não haveria nada a que se referir, nada que servisse de referência, é de facto bom ter uma avaliação independente.	3
PM CC: Precisávamos de uma avaliação, mas decidimos que a South Bank University não seria capaz de a fazer a tempo e contratámos um jornalista para escrever a nossa história. Fizemos uma revista brilhante sobre o que achámos que tinha sido alcançado e colocámo-la no registo e distribuímo-la pela zona.	2
COM SRB: Participei na avaliação. A faculdade apareceu com vídeos, etc. - mas isso era o fim do dia (programa). Seja quem for que o tenha analisado, nunca vi uma cópia de um relatório com conclusões. Não sei qual foi o objetivo da avaliação, não participei nela, mas sei que foram ditas muitas palavras duras por pessoas que se sentiram realmente desiludidas e que foram muito	2

mais brutais do que eu.	
PM NRF: Foram enviados a todos os participantes guias de informação e brochuras de aprendizagem.	2
PM CC: A nossa avaliação jornalística foi a "prioridade um", um exercício de relações públicas para tentar contrariar as imagens negativas que estavam a ser promulgadas pelo Conselho e mais coisas venenosas de alguns dos membros do conselho comunitário. Concentrámo-nos fortemente nos casos de sucesso e não creio que alguém possa aprender alguma coisa ao ler isto sobre como fazer a regeneração.	1

Critérios de aprendizagem	
Critério de aprendizagem 1: Exprimir a opinião de que o sujeito aprendeu com uma experiência.	**Pontuação**
PM NRF: A aprendizagem com o Novo Compromisso para a Renovação foi limitada, porque se tratava essencialmente de integração. A minha compreensão da gestão de projectos tem sido mais útil no trabalho do Fundo de Renovação de Bairros.	3
COU NDC: Não tenho qualificações, mas aprendi com a experiência, incluindo sete anos em Deptford com Joe Montgomery.	3
GO NDC: Trabalhei na política urbana, nos fundos de ação para a habitação, no orçamento único para a regeneração, etc.	3
COM SRB: Penso que a maioria estava a aprender e queria aprender, mas havia alguns que simplesmente não queriam aprender. Penso que não se aperceberam do quanto aprenderam, não se pode estar envolvido em algo durante seis anos sem que isso tenha um efeito. Phyllis Lee desenvolveu fortes capacidades de liderança e foi a nossa representante no Gabinete do Governo. Começou por nunca ter feito nada e passou a ser uma estrela, tendo no final sido nomeada MBE.	3
COM SRB: Fui o primeiro presidente do primeiro programa do Orçamento Único para a Regeneração, embora tivesse alguns anos de experiência na presidência da Parceria Comunitária e tivesse realizado muitos dos workshops com o Fórum da Parceria para obter a visão 20:20. A única ronda do Orçamento Único de	3

Regeneração que não ganhámos foi a SRB3. Eu era o único presidente natural do grupo e aprendi com a City Partnership, tendo depois passado para o Conselho de Administração do Training and Enterprise Council. Atualmente, sou Presidente do Conselho de Administração de um 6th form college e membro da Parceria da Cidade e agora Presidente da Parceria Estratégica Local e membro ex officio da Zona de Regeneração.		
PM CC: Sim, houve uma aprendizagem sobre os tipos de fóruns comunitários a ter - infelizmente, aprenderam a controlá-los e a dar-lhes o mínimo de poder possível - um tipo de aprendizagem totalmente errado. Um ou dois oficiais que conheço aprenderam a envolver pessoas genuínas da comunidade em vez de uns poucos selecionados. A elevada política de desafios interferiu com o facto de as pessoas se afastarem e adoptarem uma abordagem de avaliação honesta e, depois disso, houve tanto arrastamento que não creio que se tenha feito muito de uma forma formal ou sistematizada, mas tenho a certeza de que alguns dos agentes utilizaram a aprendizagem. Foi uma experiência muito valiosa e stressante - que não gostaria de repetir, mas que teve os seus benefícios mais tarde.	**3**	
PM CC: Aprendi muito no trabalho sobre o funcionamento das empresas. Mas com a avaliação em si, não. Com a experiência das pessoas envolvidas, sim.	**2**	
COU CC: O Conselho não sabia o que estava a fazer quando entrou no City Challenge, menos de 5% dos funcionários sabiam o que estavam a fazer. Veja-se os primeiros anos; pode ter sido por razões políticas ou históricas, mas o City Challenge pode ter sido apenas uma oportunidade para resolver algumas coisas, houve algumas pessoas notáveis envolvidas, mas quem é que realmente percebeu mais do que apenas "precisamos desse dinheiro"? O projeto andou às voltas durante alguns anos e havia o risco de se desmoronar.	**1**	
COU SRB: Uma das principais vertentes da minha atividade era ser o gestor principal da regeneração ambiental. Era evidente que eu era a melhor pessoa para o cargo. Tenho uma licenciatura em planeamento e estive no domínio do planeamento ambiental com o Conselho e na Green Street, um precursor da Groundwork. Tinha muita experiência. Não se tratava de um programa estranho.	**1**	
COM CC: Se voltasse a participar no City Challenge,	**0**	

estabeleceria melhores pontes no programa. Critiquei o pessoal e eles levaram-no muito a peito. Aprendi muitas lições: a governação não era forte, as actas nem sempre eram exactas, as facturas mudavam. Uma das coisas mais tristes é que as lições do City Challenge não foram aprendidas no Conselho - são as mesmas pessoas sem visão que andam de departamento em departamento. Trabalho com grupos de toda a cidade de Londres e eles dizem a mesma coisa.	
COM SRB: Falhámos de facto no SRB1, o pior foi o fracasso do envolvimento da comunidade e, quando muito, fizeram o oposto da aprendizagem da comunidade. O que o funcionário superior do Conselho disse foi "esqueçam, temos de avançar". Esqueçam onde estiveram, esqueçam o que fizeram e vamos avançar - por isso, durante dois anos, não fizemos nada de jeito.	**0**

Critério de aprendizagem 2: Expressar a opinião de que o sujeito aprendeu com a leitura de relatórios de avaliação formal	**Pontuação**
PM NRF: Todos os meus programas de regeneração foram avaliados e aprendi muito com eles. Leio outras avaliações e pergunto-me: será que funciona aqui?	**4**
COU NDC: Aprendi muitas lições com Geoffrey Fordham Associates e com a avaliação da Deptford Task Force efectuada pela Goldsmith's University. Eles informaram-me definitivamente e o que aconteceu no City Challenge "é um fio condutor".	**4**
GO NDC: A avaliação está a ser útil, em parte devido ao avaliador em causa. Penso que o Chefe do Executivo até o encarregou de fazer uma avaliação de um projeto de desenvolvimento comunitário. As pessoas estão a aprender coisas e a agir com base na avaliação.	**4**
COM CC: Li sobre as iniciativas dos Estados Unidos e queria que fossem realizadas aqui e pensei que o City Challenge seria um bom ponto de partida. Acreditei nas provas dos Estados Unidos de que funcionava.	**4**
GO NRF: Sim, os 21 relatórios da Equipa de Ação Política - foram um trampolim e muitas das lições deles retiradas foram	**4**

incorporadas no trabalho. Também encomendámos uma série de relatórios de avaliação ao PIEDA, etc., em especial nesta cidade, que tinha um bom historial em matéria de Orçamento Único de Regeneração. As estratégias de renovação dos bairros também se basearam nos resultados do anterior orçamento único de regeneração. A Unidade de Renovação de Bairros tem estado a encomendar avaliações sobre o New Deal for Communities, as Parcerias Estratégicas Locais, etc. São úteis porque vão diretas ao assunto e explicam o que se está a passar.	
COM NDC: Recebemos relatórios de avaliação e o Diretor Executivo é muito bom. Se eu quiser saber alguma coisa, ele diz-me e eu vou às avaliações do Government Office for London com eles. Recebo livros de outros locais de regeneração; são úteis para saber o que outros New Deal for Communities estão a fazer.	**3**
Ao apresentar uma proposta para o Urban 2 em Stockwell, li extensivamente as outras avaliações locais e nacionais do Urban 1 - tinha uma boa experiência do funcionamento do Objetivo 2, uma vez que o vi pessoalmente no norte de França, onde vivo, e dispunha de todo esse conhecimento quando redigi a proposta. Era um exemplo exemplar de como elaborar uma proposta informada. A avaliação intercalar foi boa, foi encomendada pelo Gabinete do Vice-Primeiro-Ministro, participei em entrevistas e no fornecimento de documentos, etc.	**3**
GO NDC: Não, penso que a avaliação sempre foi reconhecida, mas não era tão importante como é atualmente. É efectuada a nível nacional pela Unidade de Renovação de Bairros e é muito mais importante agora do que alguma vez foi.	**2**
GO NDC: Não sei, penso que a avaliação do orçamento único para a regeneração foi demasiado ampla e feita de uma forma geral. A maioria de nós não se deu ao trabalho, mas teria sido levada a sério e em profundidade por aqueles que fazem as políticas. Do meu ponto de vista, embora queira aprender lições, estou a implementar políticas e não a concebê-las.	**2**
PM SRB: O nosso foi um dos primeiros a ser desativado (a maioria tinha 7 anos), pelo que havia relativamente poucas comparações disponíveis.	**1**
COU CC: Os dados de avaliação do City Challenge não puderam ser interrogados quanto a pedidos excessivos, etc. Se	**1**

não se soubesse o que tinha acontecido, não se teria aprendido muito. A avaliação era quantitativa e qualitativa, mas as entrevistas qualitativas foram um pouco reduzidas.	
COM SRB: Não me recordo de ter visto um relatório de avaliação de um outro programa do Orçamento Único de Regeneração, mas foi uma confusão gerir uma empresa e fazer reuniões nocturnas, etc.	**0**
PM CC: Penso que não, foram diretamente para a gaveta, pode ter havido uma ou duas partes que apanhámos, mas não me lembro delas, por isso provavelmente não houve. Outros relatórios do City Challenges foram acedidos por colegas.	**0**

Critério de aprendizagem 3: Exprimir a opinião de que o sujeito aprendeu com discussões informais, etc.	**Pontuação**
GO NRF: Sim, havia muitas oportunidades para falar sobre o programa, todo o ambiente na altura estimulava a aprendizagem mútua, apesar de a maioria de nós ter experiência em vários programas. Sim, aprendemos, uma vez que todos os programas evoluíram uns com os outros e muitas pessoas estiveram envolvidas na interface entre programas	**4**
COM NDC: O Deptford City Challenge tinha passado por muito, eu tinha amigos que costumavam segui-los e, quando os ouvimos, apercebemo-nos de que o dinheiro desaparece. A única coisa que conseguiram foi uma pequena ilha de trânsito.	**3**
GO NDC: Sim, fiz parte de uma equipa com colegas envolvidos no New Deal for Communities de Tower Hamlets e West Ham e trabalhei com colegas envolvidos desde o primeiro dia. Apreciámos as diferenças, por exemplo, o New Deal for Communities foi concebido para os residentes e esperava-se que a autoridade local fosse mantida à distância, mas depressa se percebeu que a autoridade local tinha de ajudar a fazer as coisas, ser um organismo responsável, etc. Tiveram de fazer muito mais do que quando o New Deal for Communities foi planeado.	**3**
PM SRB: Os seminários podem ser uma boa forma de aprendizagem, mas a aprendizagem informal através de discussões com colegas, etc., é melhor.	**2**

Critério de aprendizagem 4: Expressar a opinião de que o sujeito aprendeu com a formação formal, seminários, etc.	Pontuação
COU NRF: Uma vez nomeado para o cargo de Gestor do Fundo de Renovação de Bairros, optei por trabalhar com as Redes de Renovação de Bairros. No início do Pathfinder do Fundo de Renovação de Bairros, participei em workshops com outros Pathfinders, que foram muito úteis.	4
GO NDC: O departamento de tutela, a Unidade de Renovação de Bairros, era muito bom a organizar cursos e seminários, mesmo agora ainda partilhamos alguns com o pessoal do New Deal for Communities e com outro pessoal do Gabinete do Governo de outros programas de regeneração. Em Londres, temos muita sorte porque temos uma grande parte do New Deal for Communities e temos uma boa equipa aqui, uma vez que Londres tem uma parte tão grande do dinheiro que é necessário ter um bom apoio. Temos uma equipa de competências, conhecimentos, etc. do Gabinete do Governo para Londres, para além da equipa da Unidade de Renovação de Bairros. Temos todo o tipo de apoio: há uma equipa que se ocupa dos assuntos comunitários e outra para as Parcerias Estratégicas Locais, que precisam de muito apoio. Existe atualmente uma rede para as Parcerias Estratégicas Locais, onde há uma sala de conversação para trocar problemas e ideias, mas os gabinetes governamentais já o fazem há anos e funciona. Utilizo o Sistema de Gestão do Conhecimento da Unidade de Renovação de Bairros sempre que necessário, mas como temos uma unidade de apoio aqui, temos tendência a utilizá-lo.	4
COM SRB: Realizámos numerosas sessões de trabalho com o Conselho Municipal e a equipa executiva, o que foi importante para os representantes da comunidade assim que entraram. A formação pareceu funcionar e mantivemo-nos unidos como uma equipa ao longo dos anos. O Chefe do Executivo falou com outros programas do Orçamento Único de Regeneração e fomos ao Gabinete do Governo para uma revisão anual e para obter feedback de outras áreas. Geoffrey Fordham Associates costumava falar connosco e facilitar as sessões, era o nosso avaliador e ajudava-nos a aprender à medida que avançávamos. Era o equivalente a um plano de melhoria de	3

Renovação de Bairros. Não havia mais ninguém com quem pudéssemos falar sobre o Orçamento Único de Regeneração (como aconteceu na primeira ronda), tínhamos um mentor do Gabinete do Governo e tomávamos o pequeno-almoço na Moat House e ele era muito bom para nós. Era o representante do Gabinete do Governo de North Staffordshire.	
PM SRB: O Gabinete do Governo organizou seminários para as equipas dos programas, em especial sobre temas misteriosos como o controlo. Participei em muitos deles (em parte porque estavam sempre a mudar as regras) e conheci muitas outras equipas. Podem ser uma boa forma de aprendizagem, mas a aprendizagem informal através de discussões com colegas, etc., era melhor. No entanto, foi útil para tentar fazer com que o trabalho atingisse o nível pretendido pelo Gabinete do Governo. Participei nos seminários do Advantage West Midlands, bem como noutros programas em North Staffordshire. Criámos um grupo de chefes executivos e organizámos também seminários para chefes de projeto, a fim de reunir grupos de pessoas de diferentes programas em North Staffordshire para partilharem experiências e, por vezes, dividirem-se em pequenos grupos com todos os responsáveis pelos programas, responsáveis financeiros, etc. Por vezes, isto não passava de uma loja de reclamações, outras vezes era muito útil. Foi mais útil nos primeiros tempos mas, à medida que o tempo foi passando, ajudámos outras equipas a estabelecerem-se e a aprenderem connosco. Isto começou com o SRB2, no início estávamos todos a aprender uns com os outros e, passado algum tempo, ficámos mais confiantes no que estávamos a fazer - menos a aprender e mais a dizer que era assim que fazíamos - pensávamos que, como éramos a Primeira Ronda, sabíamos mais e que estes eram os novatos que estavam a chegar.	3
COM NDC: Se formos a conferências e assim por diante, conhecemos pessoas diferentes e andamos por aí a fazer perguntas e elas estão mortas por nos contar.	3
PM SRB: Aprendi muito através das discussões com o nosso contacto no Gabinete do Governo. Contámos com ele para nos ajudar no processo de concurso. Estávamos um pouco descontentes por termos de confiar no Gabinete do Governo, desconfiados de alguns dos conselhos que ele nos deu. De um modo geral, ele foi muito prestável e a proposta resultou, mas nem sempre nos deu respostas diretas. O dilema é ter de obter	3

conhecimento do financiador, mas ele estava sob pressão para produzir propostas de alta qualidade.	

Critério de aprendizagem 5: Expressar a opinião de que aprenderam com a visita a outros programas.	Pontuação
PM CC: Fomos ver as equipas de ação da cidade e aprendemos com elas. Um dos funcionários públicos ajudou-nos a trabalhar na proposta durante algum tempo e deu-nos informações privilegiadas sobre o que seria provavelmente necessário.	4
IP Analisei as avaliações de outros programas, em especial de Londres, e contactei outros programas para saber o que se estava a passar e quanto estava a custar a outros Conselhos.	4
COU SRB: Através de contactos, entrei em contacto com organismos regionais, mas também contactei Liverpool e St Helens por causa de um projeto particularmente difícil. Fui ver as melhores práticas em St. Helens, que foi após a aprovação da proposta, mas na formulação do projeto. Houve formação em gestão de programas durante o programa, mas não em desenvolvimento de projectos. Na realidade, estávamos todos a aprender sobre a questão dos projectos. Discuti com outros programas (por exemplo, Wolverhampton). Fui a Huddersfield e estabeleci uma ligação com outro projeto. Senti que a comunidade precisava de ir e fazer ligações no terreno e aprender algumas lições difíceis. O Gabinete do Governo sempre foi avesso ao risco. Tanto a comunidade como eu aprendemos lições com as visitas, em particular com os líderes dos projectos e com as dificuldades de sustentar as iniciativas comunitárias - estes eram os riscos - vimos bons projectos que estavam a evoluir e a falhar. As verdadeiras lições que estávamos a aprender ajudaram-nos, por exemplo: é preciso conseguir o envolvimento dos jovens.	4
COM NDC: Quando fui (a uma visita de estudo na) Cornualha (eles também vieram cá) foi fantástico, passámos dois dias num hotel. Mostrou como em toda a Cornualha se pega num pouco de dinheiro e se constrói uma montanha. Ficamos surpreendidos ao ver o que conseguem fazer sem cinquenta milhões de libras, são sítios pequenos, mas conseguem fazê-lo porque o fazem em conjunto.	4

COM CC: A Comissão para a Igualdade Racial organizou um programa de envio de pessoas para visitas de estudo denominado "BME Women in Business". Analisámos os diferentes quadros legislativos em Los Angeles e Washington e a forma como as universidades se envolveram. Estão a ser tomadas medidas positivas para a formação de trabalhadores negros. Foi uma boa forma de estabelecer contactos. Pensei que podíamos tentar fazer o mesmo aqui.	4	
COM CC: Sim, fui ver os City Challenges de Aston, Deptford e Dalston. O de Deptford era um modelo que me agradava, dirigido por Joe Montgomery, que tinha adquirido experiência no Inner City Programme e tinha conseguido apoio político. Passou para a Unidade Nacional de Renovação de Bairros.	4	
COU NDC: Visitámos o New Deal for Communities de Aylesbury e Shoreditch e organizámos uma viagem para funcionários e residentes para ver o que a comunidade tinha feito organicamente na Cornualha. Aprendemos muito com isso, os outros programas do New Deal for Communities estavam apenas a queixar-se.	3	
PM SRB: Fomos visitar algumas equipas do City Challenge para ter uma ideia do tipo de escala/dificuldades, o que foi útil.	3	
PM CC: Sim, falámos com Joe Montgomery, em Deptford, porque eles eram um Pathfinder. Tivemos uma reunião para partilhar experiências com eles, mas voltámos desanimados, porque eles estavam a 100%, com uma equipa toda empregada pelo município, etc. O processo Pathfinder não foi realmente útil, não tínhamos muito a fazer com eles e rapidamente se tornaram apenas parte da rede e estávamos todos a aprender mais ou menos ao mesmo nível - havia uma rede londrina de cinco City Challenges.	3	
COM SRB: Tenho os relatórios das zonas de renovação do mercado da habitação em Barnsley, Oldham e noutros locais semelhantes. Mais vale pegar num modelo e aplicá-lo em todo o lado. Em Barnsley estão a deitar abaixo casas em perfeitas condições - misturaram dizimação com regeneração. Estamos em contacto com estas comunidades e eu pertenço a um grupo local e estamos a criar um sítio Web e entrámos em contacto com pessoas de Oldham na reunião com o North Staffordshire Renew. Um residente citou um relatório que tinha vindo de outro programa e foi imediatamente apontado como um	3	

criador de problemas, depois de ter lido os relatórios em Barnsley. Vi reportagens semanas depois que o apontavam como militante.	
GO CC: O City Challenge foi uma ideia dos Estados Unidos baseada no envolvimento do sector privado em parceria. Apenas o Diretor Regional esteve envolvido no projeto até este se tornar uma política.	1

Critério de aprendizagem 6: Expressar a opinião de que a aprendizagem foi transferida de um programa para o outro.	**Pontuação**
PM NRF: A aprendizagem do Novo Compromisso para a Renovação foi relevante para o Fundo de Renovação de Bairros.	4
PM SRB: Não, estávamos a trabalhar às escuras. Com a primeira ronda do Orçamento Único de Regeneração, a pessoa que a liderava tinha trabalhado no City Challenge, pelo que tinha alguma experiência, mas havia a sensação de não saber o que estávamos a fazer. Desde então, tenho aprendido e utilizado essa aprendizagem. Fui chefe de projeto confrontado com a avaliação e o acompanhamento de outros programas do Orçamento Único de Regeneração. Fui forçado a ver o outro lado e agora tenho simpatia pelos chefes de projeto. Significou que pude compreender os processos e a forma de me candidatar a financiamento, etc. Quando me candidatei a um financiamento da União Europeia, era um formulário complicado e aprendi a fazê-lo de forma completa e clara. Gostaria de pensar que, com a minha experiência com a equipa do programa, fiquei mais apto a fazê-lo.	4
COM SRB: O envolvimento da comunidade neste programa não foi o que deveria ter sido: houve envolvimento do sector voluntário, mas não houve envolvimento da comunidade. Um dos resultados do Orçamento Único para a Regeneração foi a criação de associações de moradores. Isso foi uma fraqueza, as coisas estão muito melhores agora; é um mundo totalmente diferente. Houve uma aprendizagem muito forte, o envolvimento da comunidade é agora um grande negócio.	4
PM CC: O Conselho ainda está a aprender com o orçamento	4

único para a regeneração (por exemplo, com o projeto de paisagismo das ruas da margem sul).	
COU CC: O City Challenge também conduziu a um projeto-piloto com a Association of Town Centre Managers (que foi integrado e passou a fazer parte da NRF), uma vez que destacou o centro da cidade como um problema. O projeto-piloto foi o ponto de partida para o meu envolvimento na empresa.	4
COM NRF: Eu tinha estado envolvido nos programas de regeneração de Hulme e Mossside. Um amigo era Vigário de Hulme e tinha visto comunidades a serem desfeitas em nome da regeneração e pareceu-me que estávamos a reencenar os anos sessenta e que não tínhamos aprendido nada com os anos sessenta. A regeneração deveria consistir em dar às pessoas um sentido de vida, senti e continuo a sentir que o que aconteceu aqui (Orçamento Único de Regeneração Um) não respeitou devidamente as pessoas. Os procedimentos de consulta são manipuladores da classe média, não consultivos e excludentes. O Orçamento Único para a Regeneração trouxe alguma aprendizagem? Estou impressionado com o novo conceito de áreas de regeneração na cidade e ainda mais impressionado com as Super Output Areas. Os princípios, concordo, não funcionariam no Norte, mas aqui temos muito pouca pobreza. A forma como lidámos com Weston; fiquei muito impressionado, a consulta foi muito mais apertada e a resposta é mais pessoal.	4
COM: NRF O facto de a Parceria Estratégica Local estar muito mais orientada para o local e de já não se tratar de dinheiro externo (crucial), mas sim de despesas mais ou menos genuínas provenientes do orçamento local, torna as pessoas muito mais cautelosas. Torna as contribuições voluntárias muito mais valiosas. Penso que há mais hipóteses de funcionar. No Orçamento Único para a Regeneração, aconteceu o mesmo que em Manchester; houve um enorme desperdício ao tentar gastar dinheiro todos os trimestres e a Parceria Estratégica Local não terá a pletora de, e a obsessão com, o controlo do desempenho.	4
GO CC: Fizemos um estudo antes e depois do sucesso da regeneração/pedonalização de Carnaby Street e aprendemos lições sobre o horário de funcionamento, as horas de entrega e outras questões. Tratou-se de uma versão inicial dos	4

trabalhos liderados por Coin Street na margem sul (orçamento único para a regeneração) e ajudou-nos a preparar esse projeto. Não se tratava do mesmo programa, mas a análise de grau bastante baixo que tínhamos efectuado no projeto de Carnaby Street ajudou-nos a evitar problemas em Coin Street. Não foram retiradas lições do City Challenge, uma vez que foi declarado um êxito antes do início da análise. A abordagem de parceria foi considerada um êxito, bem como a utilização de fóruns comunitários, embora tenham sido retiradas lições sobre a forma de lidar com as autoridades locais.	
COM SRB: Como resultado do Fórum de Parceria da Cidade, desenvolvemos uma visão e muitos profissionais também participaram. Tinham experiência de regeneração urbana, mas não do tipo de regeneração sofisticada que temos atualmente, com recolha de dados e envolvimento da comunidade. Aprendi muito desde então. Agora estou a pôr isto em prática profissionalmente, fazendo projectos de envolvimento da comunidade. Penso que muitas avaliações se centram nas coisas que não foram feitas, tal como os jornais têm de colocar as más notícias na primeira página. O facto de podermos conceder subsídios ao Conselho e não ao sector privado causou muito ressentimento - a iniciativa de Renovação do Mercado da Habitação irá resolver este problema.	4
GO NDC: Perdemos o Orçamento Único de Regeneração a meio da sexta ronda para a London Development Agency. As lições estão a ser levadas por diante, embora quando surgiu o New Deal for Communities as pessoas tivessem dificuldade em distinguir entre os programas do Orçamento Único de Regeneração e o New Deal for Communities (por exemplo, nos Planos de Execução). A grande lição foi a questão do envolvimento da comunidade - tudo o que fazemos, o envolvimento da comunidade está agora no topo da agenda. Estamos agora muito conscientes de que temos de ter os residentes connosco e de ter em conta as suas opiniões.	4
COU CC: Não creio que se tenham retirado quaisquer lições do City Challenge no nosso New Deal for Communities. A autoridade não reflectiu de todo sobre o que queria fazer ela própria. Todo o New Deal for Communities foi liderado por pessoas/conselheiros locais e não pelo que o Conselho quer fazer estruturalmente.	0
GO CC: O City Challenge destinava-se, em parte, a colmatar	3

as deficiências do programa Urban em termos de parcerias. Considerou-se que o Programa Urban estava mais bem financiado e mais bem orientado para a crise do centro da cidade, mas o Governo estava farto de trabalhar com os Conselhos de "esquerda louca". O Programa Urban foi avaliado hierarquicamente e a decisão foi tomada em reuniões superiores, sem a presença de qualquer profissional. Tínhamos reuniões com os nossos alunos do 7º ano e depois a decisão era transmitida à hierarquia, mas isso não promovia a aprendizagem.	
COM CC: Transmiti as lições do City Challenge ao Conselho de Administração do Kings College Hospital, do qual faço parte atualmente.	**3**
GO NDC: Estávamos conscientes do desejo de que o New Deal for Communities fosse diferente, mas que não se perdessem os aspectos positivos dos programas anteriores, em especial dos Housing Action Trusts, que se orgulhavam de ser o primeiro modelo de regeneração completa. Houve muito trabalho de qualidade, mas quando foram encerrados, a publicidade foi limitada, pois ninguém se esqueceu de que se tratava de uma ideia de um governo anterior. Tenho a impressão de que ninguém quer ouvir falar dos Housing Action Trusts, apesar de terem sido brilhantes. Foram muito dispendiosos e não vale a pena gritar dos telhados sobre coisas que não podem ser reproduzidas. Poucos ministros espalharam a palavra sobre os Housing Action Trusts. Só conseguiu persuadir um ministro de que eram muito bons e depois ele desapareceu para outro emprego. As lições estão a ser transferidas não só por mim, mas também pelas pessoas que trabalharam no Housing Action Trust, consultores, residentes, etc.	**3**
PM CC: Nalgumas áreas, houve aprendizagem com o City Challenge e o Orçamento Único de Regeneração, mas o Conselho, no seu conjunto, não aprendeu nada para além de não voltar a fazê-lo.	**2**
COM SRB: Não, não visitei outros sítios porque este foi o primeiro - não tínhamos outros modelos. De um modo geral, os programas do Orçamento Único para a Regeneração mudaram e agora, no último, têm de contar com a participação da comunidade, mas atualmente temos o North Staffordshire RENEW, que deveria ser liderado pela comunidade e	**2**

ascendente, mas corre o risco de ser mais um programa descendente. Esta é uma lição que as pessoas aprenderam.	
COM NRF: Não se admitiu que a situação era má - não foi avaliada, mas um conselheiro-chave admitiu que tinha errado. Com o Orçamento Único para a Regeneração 6, o Conselho aprendeu a não se deixar guiar por políticos. Está muito mais enraizado a nível local. Sou cínico e digo que é mais por acidente do que por uma curva de aprendizagem. Qualquer avaliação que tenha sido feita sobre o SRB2 nunca foi do domínio público - li pequenas partes no The Echo e ouvi várias coisas. Suspeito agora que a receberia como membro da parceria. Atualmente, recebo todos os documentos e leio-os de ponta a ponta.	**1**

Critério de aprendizagem 7: Exprimir a opinião de que o sujeito efectuou a sua própria aprendizagem.	**Pontuação**
COU CC: Entrei para o Instituto de Desenvolvimento Económico (IED) porque achei que era necessário para o meu próprio Desenvolvimento Profissional Contínuo; senti que o empregador não o faria. Ofereci-me como voluntário e criei uma boa rede entre as freguesias. Quando o City Challenge chegou ao fim, tinha entrado em contacto com um vasto leque de diferentes grupos profissionais que ainda se debatiam com os novos programas de regeneração. Atualmente, estou também a trabalhar a nível nacional com a Unidade de Renovação de Bairros, analisando a forma como os problemas urbanos lidam com os conflitos. Alguns de nós juntamo-nos para dar uma volta pelo país algumas vezes por ano. Representantes do Gabinete do Vice-Primeiro-Ministro vêm a título individual. Muitas coisas deste género acontecem devido à falta de compreensão de como as coisas funcionam; há muito a aprender com estas pessoas. No órgão da Agência de Desenvolvimento de Londres e no fórum do centro de Londres, partilhamos os problemas de uma forma simples, damos a nós próprios cicatrizes "outro nome para a aprendizagem".	**4**
PM NRF: Recebo alertas por correio eletrónico e entro no sítio Web da Unidade de Renovação de Bairros quando tenho tempo.	**3**
GO NDC: Utilizamos alertas por correio eletrónico (para trocar conhecimentos).	**3**

COU CC: Numa escala de 1 a 5 (sendo 5 muito útil), eu diria 3-4, é útil porque, se não estivermos a verificar, não podemos avaliar os progressos, caso contrário, como é que sabemos?	3
PM SRB: Tivemos de nos manter em contacto com as coisas em geral e eu fiz um MBA que foi relevante devido ao trabalho sobre estratégias.	2
GO NRF: Não há dúvida de que, desde que este governo entrou em funções, quer claramente centrar-se no nível mais básico das enfermarias e a avaliação é cada vez mais importante, o que se reflecte na quantidade de avaliações realizadas atualmente.	2

Critério de aprendizagem 8: Sentimentos sobre os benefícios da avaliação.	**Pontuação**
COU SRB: Penso que é o aspeto mais negligenciado do planeamento e da regeneração. O controlo pode ser feito por um contabilista, mas a avaliação não. Esta avaliação do Orçamento Único para a Regeneração foi a mais importante de todas as avaliações do Orçamento Único para a Regeneração. Aprendeu-se mais com esta avaliação do que com o SRB2. Na altura, foi uma inovação. A avaliação pode responsabilizar os programas, desde que se proceda a uma análise independente, mas estes têm de voltar a ser examinados depois de concluídos, porque tem de haver lições aprendidas com uma análise independente. Quando lemos um relatório, podemos dizer: foi aqui que falhámos, desde que isso nos seja transmitido, mas isso não tem acontecido tantas vezes como deveria e tão bem como deveria. Se houver um mau relatório algures, ele será enterrado.	4
PM CC: Teria ajudado, mas é preciso não só obter os resultados da avaliação a partir de um processo, mas também ter um processo para retirar as lições. Tínhamos um grupo de estratégia, mas só se reuniu duas vezes, e era aí que a avaliação deveria ter entrado. Quando lançámos o concurso para a avaliação, esse era um dos objectivos: um ciclo de feedback, mas nos primeiros dois anos não recebemos nada e depois a avaliação chegou demasiado tarde para o nosso ciclo. Já estávamos bem dentro do programa, mas ainda não estávamos a construir o ciclo dos anos seguintes. Provavelmente referimo-nos a ele, mas não me lembro de o ter utilizado em pormenor.	1

PM NRF: Não tenho a certeza dos benefícios; faz mais sentido avaliar o desempenho da cidade como um todo. Não tenho a certeza de que qualquer avaliação tenha ajudado de forma precisa. Preocupa-me que não devamos tentar saber tudo enquanto gestores de programas; ou confiamos neles ou não confiamos.	**1**
COU CC: Se olharmos para os últimos 10 anos, para o Livro Branco sobre as cidades, para toda a Estratégia de Renovação dos Bairros e para o relatório da Comissão de Auditoria sobre o Desenvolvimento Económico, não vejo que daí tenham saído quaisquer lições. Há muitas ideias, mas muita experiência em matéria de regeneração poderia ter-lhes dito isso antecipadamente. Se tivermos sorte, a única lição que retiramos da avaliação é que não voltaremos a fazer o mesmo.	**1**
GO NDC: As pessoas a nível local interrogavam-se sobre a razão pela qual não eram os habitantes locais a fazê-lo em vez de consultores. Tentaram empregar pessoas locais, mas não resultou.	**0**
GO NRF: Por vezes, os consultores são contratados pela Unidade de Renovação de Bairros, mas após um grande investimento, as suas conclusões poderiam ter sido anotadas antes do início do exercício. Podem ser os termos de referência mas, por vezes, o que se obtém é tão óbvio que, na maior parte das vezes, obtêm-se recomendações fundamentais, mas é uma espécie de mistura. Olhando para trás, a maior parte das avaliações é útil, mas as mais raras não o são.	**0**

Critério de aprendizagem 9: Experiências negativas de avaliação.	**Pontuação**
PM CC: Sim, houve uma aprendizagem sobre os tipos de fóruns comunitários a ter. Infelizmente, aprenderam a controlá-los e a dar-lhes o mínimo de poder possível. Este foi o tipo de aprendizagem totalmente errado. A política de desafio interferiu com o facto de as pessoas se afastarem e adoptarem uma abordagem de avaliação honesta. Não creio que se tenha feito muito de uma forma formal ou sistematizada, mas tenho a certeza de que alguns dos funcionários utilizaram a aprendizagem.	**4**

GO NDC: Não sei, penso que a avaliação do Orçamento Único para a Regeneração foi demasiado ampla, feita de uma forma geral, a maioria de nós não se deu ao trabalho, mas teria sido levada a sério e em profundidade por aqueles que criaram o programa do Orçamento Único para a Regeneração.	2
GO NDC: A primeira avaliação foi efectuada numa altura de grande agitação. O Government Office for London teve um mau resultado. Afirmou que a nossa intervenção resultou na desestabilização da direção. Foi muito condenatório e baseado apenas num comentário de uma pessoa, mas os relatórios posteriores foram muito realistas e muito úteis, pois viram o que estavam a tentar fazer e deram-lhes crédito por isso. Paul Comfrey era da SQW e, ao contrário da primeira pessoa, que era demasiado académica, Paul foi vereador em Islington e tem uma verdadeira noção do que se passa.	2
PM SRB: A meio do programa, os presidentes dos subgrupos fizeram-na (a avaliação) e, em retrospetiva, não foi uma boa ideia, pois a meio do programa era demasiado tarde para fazer quaisquer alterações num programa de cinco anos. Os presidentes dos grupos diretores não se saíram muito bem, alguns eram bastante abertos e outros eram mais protectores. Odiaria utilizar a palavra metodologia, alguns com mais experiência utilizaram um tipo de avaliação mais minucioso. Outros, como a polícia, foram menos minuciosos e mais protectores. Perto do fim, estávamos a encontrar deficiências e a avaliação intercalar foi o início do processo de tentar voltar aos objectivos. Apesar de o Gabinete do Governo ter aceite alterações ao programa, a avaliação final ainda se baseava nos objectivos originais.	1
PM CC: O jornalístico foi enviado a todos os contactos. Nunca vimos o nacional porque saiu muito tempo depois de termos terminado. Nunca vimos o final do South Bank porque já tínhamos saído, foi para o Conselho, penso eu, para o Diretor e depois foi enterrado na agenda de um Comité.	1
COM NDC: Na propriedade não se vêem os guardas. Aqui, enviaram uma avaliação do que estão a fazer e o resultado foi bom, as pessoas disseram que estão a fazer um trabalho fantástico. Já os vi a andar por aí, mas nunca os vi em ação. Como é que eles conseguiram uma boa avaliação quando pessoas como o senhor deputado sabem o que se passa e que eles não estão a fazer bem? Deviam pedir a outra pessoa para	

fazer a avaliação - a comunidade devia fazer a avaliação. O mesmo se passa com outros projectos que recebem boas avaliações mas que, na realidade, não são bons?	
COM NRF: A primeira avaliação do envolvimento do sector voluntário e comunitário foi feita por alguém da Unidade de Renovação de Bairros. Não tive qualquer participação nos termos de referência. Havia imensas caixas e perguntas no discurso da função pública fornecido pelo Gabinete do Vice-Primeiro-Ministro. Tivemos uma discussão terrível, ela quase não conseguiu passar. Deveria ter sido um dia inteiro, mas reduzimo-lo a meio dia e achámos que era uma perda de tempo. Voltámos a fazê-lo e conseguimos fazê-lo em meia hora, respondendo a perguntas complicadas a mando de um tipo que não sabe o que estamos a fazer.	1
COM CC: No segundo ano, a South Bank University obteve um contrato de avaliação. Fui entrevistado pela South Bank University, mas só uma ou duas opiniões discordaram da ordem de trabalhos. O Diretor Executivo tinha selecionado os membros do Conselho de Administração um a um, a maioria era demasiado tímida ou assustada ou não tinha confiança. A maioria era demasiado tímida ou assustada ou não tinha confiança.	1
PM CC: Sim, a avaliação anual do South Bank. Contratámo-los desde o início para executar um programa de 5 anos que tinha sido bem elaborado, incluindo um exercício de base que eles fizeram.	1
PM NRF: O custo e o tempo necessário.	0
PM SRB: Encomendámos à Universidade de Staffordshire um trabalho de base, que era atroz, pelo que nunca o pagámos. Alguns dos dados de base da proposta eram incompletos, não eram suficientemente pormenorizados ou sólidos. Também pedimos ao colégio para fazer algum trabalho com vários meios de comunicação social sobre a forma como as coisas mudaram, mas isso não deu em nada; talvez pudéssemos ter feito mais, por exemplo, vídeos de antes e depois.	0
PM CC: A avaliação não foi muito útil, nunca houve um momento em que nos pudéssemos sentar com eles com factos e números e tomar decisões. Simplesmente não o fizemos e as avaliações não nos encorajaram a fazê-lo. Eram realmente um	0

exercício à parte. Eram, de facto, um exercício à parte, o montante era demasiado baixo (os custos administrativos eram demasiado baixos devido à entrada de fundos correspondentes). A Universidade era pobre e, por isso, com o montante de fundos que recebiam, não era possível efetuar uma avaliação adequada. Discutimos isto com um dos responsáveis pela avaliação num bar. Ele disse: só precisamos de produzir tretas, ser pagos e talvez conseguir alguns artigos académicos.	
COU CC: Sim, ajudam, mas o leitor tem de compreender o que está a ler. A avaliação do City Challenge foi escandalosa e pobre, publicada dois anos depois de o programa ter terminado e dois anos depois de todos nós termos seguido em frente.	0
COM NRF: Li 80 páginas da primeira avaliação em Langley (Orçamento Único para a Regeneração) e, apesar de ter vivido no meio do processo, não reconheceria o que estava a ser dito pela minha experiência e pela dos meus vizinhos.	0
GO CC: Havia uma análise anual com o Chefe do Executivo e o Conselho, que era "corrigida" todos os anos e na qual acreditavam os funcionários públicos, que pensavam que era muito melhor porque o programa estava a ser monitorizado. Havia mais de 30 medidas e qualquer pessoa podia manipular o sistema, fazendo uma contagem rápida e livre de metros de passeio ou de largura de estrada ou de hectares de espaço aberto. Havia oportunidades para uma dupla contagem direta. Quando o sistema foi avaliado pelo Gabinete do Governo para Londres, eles (o Chefe do Executivo e o contacto do Gabinete do Governo) colocaram rostos sorridentes e descaídos. Era só isso que era avaliado, passava para o Secretário Permanente e depois as reuniões ministeriais analisavam o desempenho. Se não houvesse resultados a alcançar, colocávamos uma cara sorridente. Não quebrávamos as regras, mas éramos flexíveis com elas. A avaliação independente só foi encomendada ao fim de 5 anos. As decisões sobre a avaliação eram tomadas na sede, recorrendo a redes de amigos, e depois era objeto de concurso.	0
PM CC: É difícil, porque houve muita coisa negativa. Coisas que considerei pessoalmente más: os supostos resultados da avaliação a nível do projeto eram um jogo de assédio por parte da administração, a "Câmara das Estrelas", mais parecida com	0

uma inquisição do que com uma avaliação. Não utilizámos a avaliação para encerrar projectos. Só encerrámos um e fomos todos ameaçados pelo chefe de projeto.	
PM CC: Era suposto os avaliadores virem buscar toda a nossa informação de monitorização e ver se conseguiam ver algum impacto. O relatório chegava com nove meses de atraso e não dizia grande coisa, apenas factos e números (principalmente fornecidos por nós) e muito pouca análise. O relatório chegava com nove meses de atraso e não dizia grande coisa. A maior parte dos números eram nossos, mas eles colocaram muitas coisas anedóticas da comunidade, pelo que tiveram problemas. Se tivéssemos estado numa posição menos "bunkerizada", poderíamos ter aprendido com algumas destas situações. Todos os anos, apresentavam o projeto ao Conselho de Administração, que dizia que era um monte de lixo e o devolvia, acabando por concordar com a sua renovação.	**0**

Critério de aprendizagem 10: Boas experiências de avaliação.	**Pontuação**
COM SRB: A Geoffrey Fordham Associates avaliou o processo, apresentou-nos, realizou os workshops que conduziram à avaliação final e ajudou a apresentá-la à comunidade. Sim, foi um processo antes do fim e depois. A Geoffrey Fordham Associates esteve connosco no último ano em que entrámos no sexto ano e no último ano certificámo-nos de que podíamos entregar o projeto. Eles apresentaram-no ao Conselho de Administração, nós apresentámo-lo à comunidade e enterrámos um numa cápsula do tempo. Foram precisos três anos para que a Parceria Estratégica Local conseguisse obter dados de base de qualidade, foi um pesadelo, mas consegui. Estava definitivamente mais consciente desta questão na Parceria Estratégica Local devido à experiência com o Orçamento Único de Regeneração.	**5**
GO NDC: Alguns bons exemplos são a atual avaliação do New Deal for Communities. É muito gratificante ler um relatório que compreende os seus problemas. Tinha dez pontos-chave escritos numa linguagem muito acessível, por exemplo, fazer mais amigos. Geralmente não leio outros relatórios do New Deal for Communities, mas os meus colegas lêem e falamos muito no escritório sobre avaliações e	**4**

temos muitos seminários com pessoas que estão a fazer as avaliações.	
COM NRF: Fiz alguns trabalhos para a Richmond Fellowship e, de dois em dois anos, fazíamos um trabalho de avaliação aprofundado. Provavelmente impediu-me de deixar o emprego. Realizava-se longe da cidade, com pessoas muito competentes e funcionava realmente. Atualmente, não há nada que se assemelhe remotamente a isso.	**4**
GO NRF: A Câmara Municipal criou agora uma equipa centralizada. A Parceria Estratégica Local está a acompanhar e a analisar este processo. Tudo isto está a começar a funcionar como uma avaliação em tempo real. Pela primeira vez na minha vida, não tive de tocar no tambor da avaliação.	**3**
PM SRB: O nosso programa do Orçamento Único para a Regeneração tem má reputação, mas não concordo com isso, pelo que é bom que tenhamos uma avaliação independente para apontar.	**2**
COU SRB: Lembro-me de muitas avaliações de programas. Fiquei sempre com a impressão de que a equipa do programa era competente e fazia uma boa avaliação.	**2**

Critério de aprendizagem 11: Avaliação na vida fora dos programas de regeneração.	**Pontuação**
COU NDC: Parte de mim pensa que foi útil, mas outra parte de mim fica frustrada com o facto de não se poder fazer nada sem avaliação. Por exemplo, nas reuniões actuais com o Government Office for London/Departamento de Saúde/Primary Care Trust não querem comprometer-se sem mais estudos e estatísticas. Senti que queriam utilizá-los para provar que o que estávamos a fazer não estava a funcionar. A redação que utilizavam sugeria um debate intelectual sobre números que não se enquadrava no tipo de indicadores sugeridos por um residente - o tempo que demora a reparar as tampas de esgotos (que é considerado "anedótico").	**0**
PM SRB: A avaliação tem sido bastante útil para me proporcionar uma apreciação da disciplina de como fazer as coisas corretamente e perceber os benefícios de fazer algo que não se quer realmente fazer.	**3**

GO NDC: É realmente difícil, depende do que se entende por avaliação; há a avaliação por consultores ou pessoal e há a avaliação pessoal que se faz sem o fazer conscientemente. Relativamente à avaliação formal, não sou um decisor político, por isso estou apenas a aplicar as regras mais recentes deste programa. No entanto, devido à minha localização, preciso de saber que os projectos que financiámos tiveram bons resultados.	2
GO NRF: É uma ferramenta operacional fundamental, a menos que se perceba se as coisas estão a correr bem ou mal, não se pode progredir. Apostaria todo o meu dinheiro na avaliação se não a fizermos, estamos a trabalhar no vazio, não conseguimos encontrar a madeira das árvores, não sabemos o que está a acontecer. Além disso, quando os deputados nos fazem perguntas na Câmara dos Comuns, temos de ter uma resposta. Podemos inventar uma resposta ocasionalmente, mas temos de ter uma avaliação sólida e forte ou nunca saberemos onde estamos. A avaliação dos principais resultados das estratégias, que são bons, maus ou indiferentes, é importante. Ninguém está a dizer "isso está errado", é preciso aprender.	4

Critério de aprendizagem 12: Utilizar os programas Pathfinder/piloto para aprender com eles.	**Pontuação**
PM NRF: Aprendi com o New Commitment to Renewal Pathfinder e também com a realização de ensaios de avaliação com projectos do Fundo de Renovação de Bairros.	4
PM CC: Sim, falei com o Joe Montgomery em Deptford, porque eles eram um Pathfinder. Tive uma reunião para partilhar experiências com eles. O processo Pathfinder não foi muito útil, não tínhamos muito a fazer com eles e rapidamente passaram a fazer parte da rede e estávamos todos a aprender mais ou menos ao mesmo nível - havia uma rede londrina de cinco City Challenges.	2

7.9 Conclusões das entrevistas com as partes interessadas.

7.9.1Critérios do processo:

1) Ler a documentação de avaliação.

No que se refere à questão básica de saber em que medida os relatórios de avaliação são lidos, existem alguns indícios limitados de que os profissionais leram e utilizaram a avaliação no seu trabalho, mas estes indícios são escassos e devem ser considerados juntamente com o ceticismo manifestado em relação aos relatórios de avaliação.

2) Ter participado em acções de formação formal, workshops, criação de redes, etc.

É evidente que a formação formal foi amplamente utilizada pela maioria das partes interessadas, sendo os workshops e seminários muito populares, muitas vezes mais pelo efeito de "rede" do que pelo conteúdo formal. O trabalho em rede também foi utilizado como uma ferramenta poderosa por uma série de funcionários e, em muitos casos, incluiu visitas a outros programas. O apoio individual, em especial por parte dos funcionários públicos, parece ter sido útil; de facto, os funcionários públicos consideraram que o seu papel incluía a transmissão de ensinamentos, conselhos, orientações e sinalização.

3) Ter participado em debates informais em e-grupos ou ter visitado outros programas para aprender.

Há alguns indícios de que os agentes utilizaram as redes para obterem aprendizagem e apoio (pelo menos num caso, isto implicou retirar-se para um bar em equipa como método de sobrevivência). A aprendizagem informal como esta, mesmo em eventos formais, parece ter sido tão importante como a aprendizagem formal.

4) Ter uma experiência considerável.

Os entrevistados trouxeram um conjunto notável de experiências para os programas de regeneração e há indícios de que, em resultado disso, foi transferida uma aprendizagem considerável.

5) Ter utilizado a avaliação e produzido materiais de divulgação.

Os dados dos estudos de caso confirmam as conclusões dos estudos teóricos e documentais que mostram que a avaliação tem muitas utilizações e que a transferência da aprendizagem é apenas uma delas. Houve dois exemplos em que foram produzidos materiais de avaliação especificamente para divulgação. É interessante que estes dois exemplos sejam defensivos. Os programas produziram-nos para que, apesar dos pensamentos negativos que prevalecem em alguns sectores sobre os programas, a versão positiva ficasse registada. Num caso, foi produzida e divulgada uma "avaliação" inteiramente jornalística e, noutro caso, foi criado um CD-ROM. No entanto, ambos os programas foram afectados por deficiências na base de referência e na avaliação até esse momento, pelo que provavelmente não puderam mostrar o quadro completo. A situação geral parece ser a de que os relatórios de avaliação são produzidos sob a forma de relatórios escritos, frequentemente colocados na Internet, mas não divulgados de forma pró-ativa.

7.9.2Critérios de aprendizagem:

1) Expressar a opinião de que o sujeito aprendeu com uma experiência.

Há um número considerável de pessoas que sentem que aprenderam com a experiência de programas anteriores e com o conhecimento de uma área. Em alguns casos, o sujeito sentiu que tinha sido selecionado para uma função de regeneração principalmente porque tinha tido experiência em programas anteriores. No entanto, num caso, a experiência de um programa tinha sido tão má que a lição aprendida foi a de nunca mais o fazer.

2) Expressar a opinião de que o sujeito aprendeu com a leitura dos relatórios de avaliação formal.

Houve algumas provas limitadas de que as pessoas sentiam que tinham realmente aprendido com os relatórios de avaliação, mas havia um ceticismo geral quanto à utilidade prática desses relatórios. Nalguns casos, isto deve-se à questão do calendário, noutros casos, a sensação era de que a avaliação poderia não ser muito relevante ou medir a coisa errada. Num caso, a funcionária considerou que os relatórios de avaliação eram sobretudo úteis para os decisores políticos e não para ela na sua função de execução. Houve também exemplos de relatórios de avaliação que foram considerados de má qualidade e um sentimento generalizado de que os profissionais estavam demasiado ocupados. Não se pode dizer que existam muitas provas de aprendizagem com a leitura de relatórios de avaliação formais.

3) Exprimir o ponto de vista que o sujeito aprendeu com as discussões informais, etc.

As discussões informais desempenharam um papel limitado mas importante na transferência da aprendizagem.

4) Exprimir a opinião de que o sujeito aprendeu com a formação formal, seminários, etc.

As acções de formação e os seminários foram considerados uma forma útil de aprendizagem, embora não existam provas de que tenham sido utilizados para transferir a aprendizagem - pareciam antes centrar-se no funcionamento dos novos programas.

5) Expressar a opinião de que aprenderam com a visita a outros programas.

Esta ferramenta foi considerada útil por muitos profissionais e representantes da comunidade e é provavelmente uma das formas mais importantes de transferir a aprendizagem entre programas e dentro dos programas.

6) Expressar a opinião de que a disciplina transferiu a aprendizagem de um programa para o outro.

Há opiniões muito divergentes sobre este assunto, com algumas pessoas a sugerirem que pensam que a aprendizagem foi transferida e outras a afirmarem claramente que não. Parece que a transferência pode ser de uma experiência mais geral, os intervenientes transportaram as suas experiências, boas e más, para o programa seguinte e sentiram que estas os influenciaram.

7) Expressa a opinião de que o sujeito realizou a sua própria aprendizagem e utilizou recursos em linha para aprender.

Alguns entrevistados efectuaram estudos para os ajudar nas suas carreiras, mas apenas num caso se tratou de uma qualificação em matéria de reabilitação urbana, que foi obtida antes de obterem o posto de trabalho em reabilitação urbana. Há poucos exemplos de utilização de recursos em linha para aprender, mas este facto não é surpreendente, dado que a maior parte do período em questão é anterior à utilização generalizada da Internet e de recursos em linha como o regen.net.

8) Sentimentos sobre os benefícios da avaliação.

Poucos inquiridos foram capazes de expressar sentimentos muito positivos sobre os benefícios globais da avaliação na sua experiência. No entanto, foi reconhecido que era necessário e potencialmente útil. Foram dados alguns exemplos "bons" e "maus". A "boa" avaliação parece caraterizar-se por ser oportuna, relevante e conduzida por um bom indivíduo ou equipa. A "má" avaliação parece implicar um trabalho incompleto, briefs irrelevantes e o facto de chegar demasiado tarde ao programa em questão e, pelo menos num caso, constituir um obstáculo à tomada de decisões.

9) Experiências negativas de avaliação.

Muitas das entrevistas revelaram um sentimento negativo em relação à avaliação, o que foi corroborado por muitos exemplos de práticas aparentemente deficientes.

10) Boas experiências de avaliação.

Os entrevistados puderam apontar uma série de avaliações que tinham sido, no todo ou em parte, boas experiências, mas quando comparadas com as experiências negativas, o quadro continua a ser muito heterogéneo.

11) Avaliação na vida fora dos programas de regeneração.

Ao equilibrarem as boas e más experiências, os entrevistados puderam apontar a importância geral da avaliação, se esta fosse bem efectuada.

12) Utilizar programas-piloto/pioneiros para aprender com

Houve um forte exemplo de um projeto Pathfinder "Novo Compromisso para a Renovação" que tinha aprendido com a experiência, mas que acabou por ser mais relevante para a integração. A mesma pessoa também utilizou o financiamento do Fundo de Renovação de Bairros para testar abordagens como projectos de avaliação ativa em tempo real.

7.9. 3 Resumo dos resultados da investigação das partes interessadas

A principal conclusão da investigação efectuada junto das partes interessadas é que existem provas da transferência da aprendizagem de um programa para o outro. Esta transferência ocorreu principalmente através de percursos pessoais e de carreira, visitas a redes e workshops. Os relatórios de avaliação formais desempenharam um papel limitado.

Quadro vinte: Resumo das conclusões por critério

Critério	Conclusões
1) Evidência de aprendizagem a partir da leitura da documentação de avaliação	Os relatórios de avaliação não tiveram grande destaque na transferência de aprendizagem de um programa para o seguinte. Houve algumas provas limitadas de que as pessoas sentiram que tinham realmente aprendido com os relatórios de avaliação, mas houve um ceticismo geral sobre a utilidade dos relatórios de avaliação
2) Provas da aprendizagem adquirida com a participação em acções de formação, seminários, criação de redes e actividades similares.	Há provas de que foram utilizados mecanismos formais e informais para informar os programas e os responsáveis pelos programas e de que a prevalência destes mecanismos aumentou nos programas mais recentes.
3) Evidências de que o programa traz	Há provas de que os principais intervenientes na regeneração ao longo do período de estudo

experiências e aprendizagens pessoais.	trouxeram consigo uma grande quantidade de experiência, que muitas vezes foi a sua única preparação. Todos os inquiridos tinham uma experiência valiosa, de uma forma ou de outra
4) Evidência de aplicação da avaliação a uma série de utilizações.	Há provas de uma grande variedade de utilizações da regeneração, incluindo relações públicas, encerramento de projectos, aprendizagem do que funciona e afetação de recursos.
5) Prova de aprendizagem através de visitas a outros programas.	Aprender com as visitas a outros programas foi uma caraterística importante, em maior ou menor grau, em todos os estudos de caso.
6) Evidência de obstáculos à aprendizagem dos ensinamentos retirados da avaliação.	É evidente que muitos dos principais intervenientes nos estudos de caso foram objeto de trabalhos e práticas de avaliação de muito má qualidade.
7) Evidência de experiências de avaliação que conseguem transferir a aprendizagem.	É evidente que houve boas experiências de avaliação que fazem com que esta funcione para muitas pessoas, mas é necessário aprender o que funciona na avaliação e aprender com isso para contrabalançar as consideráveis experiências negativas.
8) Considerar que a disciplina transferiu a aprendizagem de um programa para o outro.	Há provas de que a aprendizagem é transferida entre programas, independentemente de quaisquer relatórios de avaliação ou acções de formação. Um tema fundamental é o envolvimento da comunidade, mas a aprendizagem nem sempre foi evidenciada por uma mudança de atividade.
9) Provas de que a avaliação é valorizada como um instrumento de aprendizagem.	Muitos acreditam que a avaliação é um processo benéfico, mas a forma (e por quem) como é efectuada e comunicada é crucial.
10) Provas da aprendizagem com os pioneiros.	Há poucos indícios de que os projectos-piloto ou os pathfinders tenham sido úteis para a aprendizagem nesta amostra. Tal pode dever-se ao facto de os programas Single Regeneration Budget, Neighbourhood Renewal Fund e City Challenge serem todos da Primeira Fase.
11) Provas de que a prática se alterou em resultado da	Muitos dos entrevistados foram capazes de dar alguns exemplos de casos em que tinham efetivamente mudado a prática e é possível concluir

transferência da aprendizagem de um programa para outro.	que, num sentido limitado, a aprendizagem é transferida entre programas

7.10 Provas de que a prática se alterou em resultado da transferência da aprendizagem de um programa para outro.

Esta secção apresenta um resumo de exemplos específicos de transferência de aprendizagem entre programas que foram estabelecidos durante as entrevistas às partes interessadas e, posteriormente, através de uma pergunta de seguimento por correio eletrónico e de entrevistas.

De um gestor de programa do orçamento único para a regeneração:

Aprendi (com o Orçamento Único de Regeneração) e utilizei a aprendizagem; o meu trabalho mudou (agora no âmbito do programa English Partnerships Coalfields). Eu era o chefe de projeto confrontado com a avaliação e o acompanhamento de outros programas do Orçamento Único de Regeneração. Fui forçado a ver o outro lado e agora tenho simpatia pelos chefes de projeto. Isto significou que pude compreender os processos e a forma de solicitar financiamento, etc. (por exemplo, quando solicitei financiamento da União Europeia, era um formulário complicado e aprendi a fazê-lo de forma completa e clara).

De um funcionário do Gabinete do Governo:

Perdemos os Orçamentos Únicos de Regeneração a meio da Sexta Ronda para a Agência de Desenvolvimento de Londres - no entanto, as lições estão a ser levadas por diante. Quando surgiu o New Deal for Communities, as pessoas tiveram dificuldade em distinguir entre o orçamento único de regeneração e o New Deal for Communities, por exemplo, nos planos de execução. A grande lição foi a questão do envolvimento da comunidade - em tudo o que fazemos, o envolvimento da comunidade está agora no topo da agenda, por exemplo, na habitação não lidamos apenas com os funcionários do conselho, mas também com grupos de residentes. Estamos muito conscientes de que temos de ter os residentes connosco e de ter em conta as suas opiniões. A grande lição que se retira de todos estes programas é o verdadeiro envolvimento da comunidade. As lições estão a ser transferidas não só por mim, mas também pelas pessoas que trabalharam no Housing Action Trust, pelos consultores, pelos residentes, etc. (GO NDC - Quadro 21 supra).

O líder comunitário envolvido no Orçamento Único de Regeneração disse que tinha aprendido que o envolvimento da comunidade era fundamental e que agora estão a desafiar ativamente o programa atual (Renovação do Mercado da Habitação) para que haja um envolvimento efetivo da comunidade, incluindo através da obtenção de relatórios de esquemas noutros locais. Considera que aprendeu as lições, mas que as novas pessoas que estão a entrar na Renovação do Mercado da Habitação não aprenderam. Neste exemplo, a aprendizagem ficou com a comunidade, mas entraram novos funcionários que não tiveram essa aprendizagem. Isto tem-se revelado muito frustrante.

O Diretor Executivo do New Deal for Communities afirmou

Sim, as discussões com pessoas que tinham gerido programas anteriores ajudaram, foram muito úteis para decidir aceitar o trabalho do New Deal for Communities e evitar armadilhas. Li as avaliações do Orçamento Único de Regeneração como parte dos estudos de mestrado e fiz uma leitura extensiva sobre a teoria da política urbana. É difícil separar os relatórios de avaliação, em particular, do resto dos estudos de mestrado, mas foi muito útil (PM NDC Quadro 21 supra).

O presidente do sector privado de um orçamento único para a regeneração também considerou que a sua experiência em programas anteriores o ajudou:

Aprendi com a City Partnership e depois fui para o Training and Enterprise Council Board..... Aprendi muito desde então. Estou agora a pôr isto em prática profissionalmente, fazendo projectos de envolvimento da comunidade. O facto de podermos conceder subsídios à habitação do

Conselho e não ao sector privado causou muito ressentimento - na iniciativa de Renovação do Mercado da Habitação iremos resolver esta preocupação e poderemos conceder subsídios ao sector privado (Quadro 21 do CO SRB acima).

Tal como outros, aprendeu com a experiência do Orçamento Único para a Regeneração que a criação de dados de base decentes era uma prioridade e conseguiu fazê-lo: "A Parceria Estratégica Local demorou 3 anos a obter dados de base de qualidade realmente elevada - foi um pesadelo, mas consegui. Estava definitivamente mais consciente desta questão na Parceria Estratégica Local devido à experiência com o Orçamento Único de Regeneração" (CO SRB Quadro 21 acima).

Um gestor do Fundo de Renovação de Bairros considerou que tinha aprendido com os programas anteriores e que, consequentemente, tinha efectuado mudanças estruturais:

Alguém aprende com os erros - sim, a cidade aprendeu muito com o Novo Compromisso para a Regeneração, que serviu de base à Parceria Estratégica Local, e está agora a aprender com o Fundo de Renovação de Bairros, que servirá de base à Estratégia Comunitária. A razão de ser da Divisão de Regeneração Comunitária foi reunir os ensinamentos do SRB2 & 6 e do NDC (COU NRF Quadro 21 acima).

Um gestor de regeneração do Conselho, responsável pelo orçamento único para a regeneração, apresenta uma série de exemplos de como alterou a sua prática em resultado da aprendizagem com programas anteriores:

Posso lembrar-me de vários, um dos quais foi o nosso trabalho sobre as melhores práticas de reabilitação de edifícios no âmbito do programa do Orçamento Único para a Regeneração. A nossa abordagem foi uma abordagem geral às propriedades, tratando-as da mesma forma, mas isso levou a uma série de problemas que surgiram depois de os projectos terem sido aprovados. Em todos os programas futuros, a recuperação de edifícios foi efectuada de uma forma diferente e será feita no âmbito do trabalho de renovação do mercado da habitação. Atualmente, designamos um técnico para trabalhar com cada propriedade desde o início e tratar dos problemas prováveis logo na fase de pré-candidatura (Quadro 21 do COU SRB acima).

Também considerou que tinham aprendido "muitas lições" no trabalho em parques e espaços abertos, por exemplo, o trabalho em arte pública.

Com os projectos ao longo do canal, poder-se-ia pensar "win win", mas foram aprendidas muitas e duras lições. Na realidade, isto levou à criação de uma forma permanente de realizar estes projectos, que era uma agência chamada "Green-street" e que agora se chama "Groundwork" (COU SRB Quadro 21 acima).

Afirmou também que o Conselho alterou completamente a sua abordagem das iniciativas baseadas na área, em resultado da experiência adquirida nos primeiros programas do Orçamento Único de Regeneração:

Algumas comunidades, por exemplo, Middleport, dizem que foram drasticamente prejudicadas por estarem do outro lado da fronteira. O primeiro programa de Orçamento Único de Regeneração fez com que o Conselho se opusesse a Orçamentos Únicos de Regeneração apertados. Conseguimos agora obter o nosso SRB5 - o maior do país sem fronteiras (COU SRB Tabela 21 acima).

Um gestor de regeneração do Conselho considerou que algumas lições tinham sido aprendidas e outras não. Ele tinha actuado pessoalmente para criar um regime destinado a resolver os problemas dos programas anteriores:

Nalgumas áreas, houve uma aprendizagem do City Challenge para o orçamento único de regeneração, mas o Conselho, no seu conjunto, não aprendeu nada para além de não voltar a fazê-lo. O Conselho ainda está a aprender com o Orçamento Único para a Regeneração (por exemplo, os problemas com o projeto de paisagismo das ruas da margem sul). Aprendi, de facto, sobre questões relacionadas com o acesso do desemprego a postos de trabalho, com a participação de parceiros como as agências de formação - oferecemos muito e entregámos muito. O nosso programa suplementar aprendeu efetivamente com o programa City Challenge e eu pus em prática uma disciplina que nunca tínhamos tido antes.

Tínhamos aprendido coisas no Urban 1 que queríamos experimentar no Urban 2, mas as regras não nos permitiam (por exemplo, transferências de activos). Nós aprendemos, mas o Governo não. (COU SRB Quadro 21 acima).

No entanto, desde a entrevista, houve uma declaração de que o Urban 2 poderia apoiar a transferência de activos, pelo que esta aprendizagem será provavelmente transposta para a prática.

Um funcionário do Governo estava convencido de que a aprendizagem está atualmente a ser transferida para novas formas de prática, desde o Fundo de Renovação de Bairros até ao regime dos Acordos Locais de Área:

Com base nas lições aprendidas com o orçamento único de regeneração, eu diria que sim. O Executivo de Regeneração já está a pensar nos Acordos Locais de Área e o que se seguirá será totalmente diferente. Temos dois projectos-piloto, um em Brighton e outro em Kent, que estão a decorrer neste momento (ver Quadro 21 do QREN acima).

Líder comunitária, aprendeu com um programa dos Estados Unidos e aplicou-o num programa City Challenge do Reino Unido. Desde então, passou a ocupar um cargo de Diretora Não-Executiva no Conselho de Administração de um Hospital do Serviço Nacional de Saúde:

Li sobre as iniciativas dos Estados Unidos e queria que elas tivessem lugar aqui; pensei que o City Challenge seria um bom ponto de partida. Acreditei nas provas dos Estados Unidos de que funcionava. A Comissão para a Igualdade Racial organizou um programa que enviava pessoas em visitas de estudo (BME Women in Business). Analisei os diferentes quadros legislativos em Los Angeles e Washington e a forma como as universidades se envolveram. Um aspeto fundamental foi a adoção de medidas positivas para dar formação aos trabalhadores negros. Pensei que poderíamos tentar fazer o mesmo aqui. Também levei as lições do City Challenge para o Conselho do Kings College Hospital, do qual faço parte atualmente (COM CC Quadro 21 acima).

Um funcionário do Gabinete do Governo tinha retirado ensinamentos de um programa ainda mais antigo - o Greater London Council liderou a regeneração/pedonalização de Carnaby Street:

Efectuámos um estudo "antes e depois" sobre o seu êxito e aprendemos lições sobre o horário de abertura, as horas de entrega, etc. Tratou-se de uma versão inicial dos trabalhos de Coin Street no âmbito do programa do orçamento único de regeneração da margem sul e ajudou a preparar esse projeto. A análise de grau bastante baixo que tínhamos efectuado no projeto de Carnaby St ajudou a evitar problemas em Coin Street (GO CC Quadro 21 supra).

Um gestor do programa City Challenge tinha uma opinião mais equívoca:

Sim, houve uma aprendizagem sobre os tipos de fóruns comunitários a ter (infelizmente, aprenderam a controlá-los e a dar-lhes o mínimo de poder possível) - um tipo de aprendizagem totalmente errado. Um ou dois funcionários que conheço aprenderam a envolver pessoas genuínas da comunidade, em vez de alguns selecionados. Não creio que tenha sido feito muito de uma forma formal ou sistematizada, mas tenho a certeza de que alguns dos agentes utilizaram a aprendizagem (PM CC Quadro 21 acima).

Um líder comunitário sentiu que tinha aprendido com um programa local anterior e também com outro projeto e, desde então, tem vindo a examinar o seu programa New Deal for Communities como um Conselho de Administração

Membro muito mais:

Fizemos uma viagem de boas práticas à Cornualha e aprendemos como um pouco de dinheiro é aplicado para percorrer um longo caminho e agora observamos isso no New Deal for Communities. Os meus amigos seguiram o Deptford City Challenge e fizeram-me perceber que é preciso assistir a estes programas como residentes para garantir que se vêem alguns resultados para o dinheiro (COM NDC Quadro 21 acima).

Um líder comunitário considera que a parceria da cidade aprendeu com os programas anteriores a não ter um líder político a dirigir os programas do orçamento único para a regeneração.

No entanto, não tinha a certeza se se tinham apercebido de que tinham aprendido a lição. Não se admitiu que era mau aqui - não foi avaliado, mas um conselheiro importante admitiu que tinham errado e que no SRB6 aprenderam a não se deixar guiar por políticos do SRB2. É muito mais enraizado a nível local. Sou cínico e digo que foi mais por acidente do que por uma curva de aprendizagem (COM NRF Quadro 21 acima).

7. 11 Análise dos resultados.

(a) Provas positivas de que a aprendizagem teve lugar.

Esta investigação conseguiu estabelecer que a aprendizagem teve lugar em virtude de exemplos individuais de mudanças efectivas na prática apresentadas pelas partes interessadas. A análise destes exemplos sugere que grande parte da aprendizagem resulta do facto de os indivíduos a levarem por diante nas suas próprias carreiras.

(b) A escassez de provas da eficácia das avaliações formais.

Alguns inquiridos tinham lido os relatórios de avaliação formal de programas anteriores antes de se lançarem em novos programas e alguns deles tinham analisado as avaliações do seu programa. Nos casos anteriores (City Challenge e Orçamento Único para a Regeneração), é evidente que os inquiridos da comunidade nem sequer tinham visto os relatórios de avaliação para os quais tinham contribuído e não sabiam o que lhes tinha acontecido. Não houve nenhum caso em que se tenha comprovado que um profissional tivesse aprendido com a leitura de um relatório de avaliação (ou outro) e tivesse alterado a sua prática.

Esta constatação pode sugerir que é necessário examinar a eficácia do investimento na atividade de avaliação, se esta conduzir principalmente à produção de relatórios. Parece ser necessária uma abordagem pró-ativa para garantir que as conclusões sejam divulgadas e aplicadas. Os relatórios de avaliação têm efetivamente múltiplas finalidades e um funcionário público explicou que os relatórios de avaliação se destinam a influenciar as políticas, enquanto ela estava envolvida na prática e, por isso, não os utiliza. Esta parece ser uma definição muito limitativa da utilização da avaliação, uma vez que muito poucos profissionais fazem política, mas muitos estão a praticar.

(c) A força das outras actividades de aprendizagem a todos os níveis.

Uma vasta gama de intervenções foi considerada eficaz, incluindo visitas, eventos e criação de redes. Em muitos casos, estas intervenções foram organizadas para os profissionais, mas em alguns casos os profissionais criaram as suas próprias redes

(d) Casos em que a aprendizagem se perde.

Existem alguns indícios de casos em que a aprendizagem poderia ter sido efectuada, mas não o foi por razões diferentes. Num caso, a funcionária governamental tinha conhecimento do que considerava ser um bom relatório de avaliação do programa Housing Action Trusts (DETR 2000d), mas mesmo assim achava que "se a transferência aconteceu foi apenas devido ao pessoal que trabalhou em ambos os modelos, foi redigido um documento, mas não tenho a certeza de que tenha sido utilizado em toda a sua extensão". Explicou que os funcionários foram positivamente desencorajados de mostrar as lições dos Housing Action Trusts porque tinham sido desenvolvidas por uma administração anterior.

Considerou também que foram minimizados, apesar de se acreditar que tinham sido muito bem sucedidos, devido às consequências financeiras - o seu sucesso baseava-se em parte na existência de uma grande quantidade de dinheiro, cujo montante necessário não podia ser conhecido antecipadamente. Por conseguinte, o risco político era elevado, pelo que, embora houvesse lições a tirar, estas foram minimizadas.

Noutro caso, foi dito a um representante da comunidade que esquecesse a sua experiência: "Falhámos de facto no SRB1, o pior foi o fracasso do envolvimento da comunidade e, quando muito, fizeram o contrário da aprendizagem da comunidade. O que o funcionário sénior do Conselho disse foi "esqueçam, temos de seguir em frente. Esqueçam onde estiveram e o que fizeram - estamos a avançar". Esse interveniente também referiu que, mais recentemente, um representante da comunidade teve problemas por tentar transferir a aprendizagem: "ele citou um relatório que tinha vindo de outro programa e foi imediatamente apontado como um criador de problemas. Vi relatórios semanas depois que o apontavam como militante" (COM SRB: Quadro 21 acima).

Estes podem ser exemplos isolados e seria necessária mais investigação para compreender corretamente em que medida as lições aprendidas se perdem desta forma. Outro resultado negativo que foi documentado foi o caso do City Challenge, em que dois intervenientes diferentes afirmaram que as lições que tinham aprendido eram negativas: num caso, a lição era "não voltar a fazer um programa como este" e, no outro caso, era aprender a controlar os membros da comunidade no Conselho de Administração.

Estes exemplos podem ser pontuais, mas ilustram um ponto mais estratégico: se a maior parte da aprendizagem for feita por estes meios ad hoc, corre-se o risco de a aprendizagem ocorrer fora de um quadro de valores aceite. Por exemplo, os profissionais aprenderam a reagir a problemas com o envolvimento da comunidade, quando talvez a aprendizagem de que precisassem fosse a de melhorar proactivamente o envolvimento da comunidade?

A falta de qualificações formais em matéria de reabilitação urbana foi um dado importante. A prevalência do ensino autónomo é um dado importante. Apenas um entrevistado declarou possuir uma qualificação em "regeneração". Os entrevistados foram encorajados a ser tão abrangentes quanto possível ao considerarem se possuíam ou não uma qualificação deste tipo, por exemplo, qualquer qualificação multidisciplinar relacionada teria sido aceite para efeitos desta investigação. Não é de surpreender que assim seja, porque todos os intervenientes tinham trabalhado em vários programas e, por conseguinte, teriam estado activos no domínio da reabilitação durante alguns anos antes de as qualificações de "reabilitação urbana" se terem tornado comuns. Os entrevistados obtiveram qualificações que lhes eram relevantes, por exemplo, MBA e Desenvolvimento Económico.

7.12 Síntese de outras provas.

Nesta fase, convém apresentar outros dados. Em 2005, foi publicada a avaliação intercalar nacional do programa New Deal for Communities (NRU 2005), que também indica que, embora os programas New Deal for Communities não tenham aproveitado tanto quanto poderiam a experiência do New Deal for Communities (aprendendo com ela), há cada vez mais provas de aprendizagem à medida que o programa se desenvolve:

Registaram-se mudanças menos positivas em relação à aprendizagem e à inovação: a profundidade e a qualidade da base factual relativa à renovação dos bairros melhorou, em parte devido às lições aprendidas com o programa. As parcerias estão também, de um modo geral, mais conscientes da necessidade de integrar sistematicamente as intervenções na base factual. No entanto, o programa não foi tão inovador como poderia ter sido. Algumas parcerias tendem ainda a ser algo introvertidas. E os órgãos de poder local e regional e outros poderiam ser mais imaginativos na utilização dos CND para pilotar e avaliar as inovações: são demasiadas vezes vistos pela comunidade de renovação mais alargada como "apenas mais um ABI" (NRU 2005: xxiv).

Em especial, o estudo concluiu que o número de parcerias do New Deal for Communities que consideraram ter aprendido e alterado a forma como os seus projectos funcionavam aumentou de 25 em 2003 para 35 em 2004. Do mesmo modo, verificou-se um aumento do número de programas alterados em resultado da aprendizagem, de 15 para mais de 30. O número total de parcerias foi de 59. Estes dados revelam uma tendência encorajadora, mas dado que a aprendizagem a partir da prática é uma expetativa de todas as parcerias do New Deal for Communities, pode também ser considerado um motivo de grande preocupação o facto de tantas parcerias (quase metade) não sentirem que a aprendizagem está a conduzir a mudanças nos seus projectos e programas.

Quanto à questão da aprendizagem a longo prazo, parece igualmente lamentável que, ao considerar o défice de competências e de experiência com que se defrontam os responsáveis pela execução do programa Comunidades Sustentáveis, um estudo recente tenha concluído que: "É lamentável que a experiência adquirida aquando do desenvolvimento das novas cidades do pós-guerra pareça ter-se perdido. Seria útil rever os métodos utilizados para criar a nova cidade, a fim de evitar a repetição dos erros que resultaram em comunidades insustentáveis" (BURA 2005c: 15).

7.13 Conclusões.

Ao longo do tempo, surgiu uma diferença clara: a avaliação e a aprendizagem foram mal vistas e consideradas inadequadas nos primeiros programas e tornaram-se mais prevalecentes e mais valorizadas nos programas posteriores. Os dados revelam que, no City Challenge, o trabalho de avaliação foi efectuado tardiamente, não foi muito bem feito e não foi visto pela maioria das pessoas envolvidas. Num caso, foi útil outra forma de transferência de aprendizagem, mas esta consistiu na utilização de uma iniciativa externa à regeneração urbana (o Scarman Trust). As pessoas levaram adiante a aprendizagem ou as "cicatrizes" do City Challenge, mas não de uma forma estruturada.

No caso do estudo de caso do orçamento único para a regeneração, havia mais indícios de tentativas pró-activas de aprender com o passado, mas a maior parte da aprendizagem formal dizia respeito aos novos processos complexos e não a uma aprendizagem substancial sobre o conteúdo de programas anteriores. De facto, no estudo de caso não houve transferência do City Challenge, em parte devido à geografia e em parte devido ao facto de a avaliação nacional do City Challenge ter sido produzida muito tarde. No estudo de caso do New Deal for Communities, há muito mais provas de transferência formal e informal de aprendizagem e todos os participantes tinham desenvolvido uma história pessoal de vários programas. No entanto, no caso da aprendizagem com os Housing Action Trusts, que foram considerados pelo Gabinete do Governo como uma aprendizagem bem sucedida, a transferência foi restringida por razões políticas e financeiras.

No caso do Fundo de Renovação de Bairros, a análise e a aprendizagem eram muito mais rotineiras e estavam diretamente ligadas às estruturas e aos recursos, havendo também um sentimento de que a aprendizagem deve incidir sobre o desempenho da cidade no seu conjunto e não apenas sobre programas individuais como o Fundo de Renovação de Bairros. Por último, para além dos estudos de caso, há alguns indícios de que um dos regimes mais recentes, as Iniciativas de Renovação do Mercado da Habitação, pode estar a repetir os erros do passado "misturando dizimação com regeneração", como lhe chamou um dos inquiridos, e transferindo horizontalmente um modelo de limpeza de habitações de outras áreas, em vez de aprender com a rica história dos programas e das pessoas locais. Ironicamente, as próprias comunidades que tiveram a sua "capacidade reforçada" como resultado da aprendizagem sobre o envolvimento da comunidade em programas anteriores estão agora a ser rotuladas de "militantes" por apontarem os perigos de repetir os erros do programa de limpeza de bairros degradados.

Este é um dos vários exemplos de aprendizagem de velocidade mista, ou seja, diferentes partes interessadas que emergem com lições diferentes em alturas diferentes, ou talvez de pessoas de fora que chegam a uma área e ignoram a aprendizagem que se enraizou na área. De qualquer forma, este exemplo realça os perigos da dependência de indivíduos e estruturas informais para transferir a aprendizagem.

Grande parte do que foi dito acima refere-se a transferências de aprendizagem sobre a execução da regeneração e não a contribuições para a conceção de novos programas. Na investigação sobre as partes interessadas, foram apresentadas poucas provas de que estas contribuem com a sua aprendizagem para a conceção dos programas. Um exemplo disto foi o presidente do sector privado que tinha aprendido a importância dos dados de base com o orçamento único para a reabilitação e que se certificou de que os tinha corretamente utilizado na elaboração do orçamento único para a reabilitação. Outro exemplo foi o do funcionário do Gabinete do Governo, que considerou que os funcionários e consultores individuais levaram a aprendizagem dos Housing Action Trusts para o New Deal for Communities.

Existem exemplos muito limitados de transferência de partes interessadas para a conceção do programa seguinte. É provável que isto se deva à divisão entre os responsáveis políticos e os profissionais, mencionada acima por um funcionário do Governo. É talvez uma armadilha da confiança na aprendizagem informal, uma vez que os decisores políticos podem não estar expostos a estas lições? No entanto, os estudos de caso deram origem a um otimismo cauteloso sobre as condições e a prevalência da transferência de aprendizagem entre programas de avaliação.

Os resultados dos estudos de caso neste Capítulo são sintetizados com os resultados da análise documental no Capítulo Seis e com a Teoria nos Capítulos Quatro e Cinco, para tirar conclusões no Capítulo Oito.

Capítulo 8 - Conclusões.

8.1 Introdução.

Este capítulo resume os principais resultados deste estudo e reúne as provas para chegar a algumas conclusões. Reflecte sobre a forma como os principais factores contextuais de mudança afectaram o tema e comenta o que resultou das provas recolhidas pela análise documental dos principais programas de avaliação do período de estudo. Esta análise mostra que foi efectuado um trabalho de avaliação formal em todos estes programas e que a procura de lições aprendidas tem sido uma constante ao longo deste período. Esta análise mostra como, ao longo do tempo, os relatórios de avaliação se tornaram menos confirmatórios, legitimadores, intensivamente orientados para auditorias e objectivos e mais pluralistas/participantes (Aaronovitch in Townley e Wilks-Heeg 1999: 27-41). A avaliação já não pode ser considerada como um exercício isento de valores, efectuado por profissionais para profissionais. Atualmente, é considerada essencial para uma gestão eficaz (devido às mudanças na governação) e a avaliação tem de servir muitos públicos num ambiente político e político carregado e em constante mudança.

O presente capítulo aborda a hipótese, concluindo que, ao longo do tempo, as condições para a transferência da aprendizagem foram sendo cada vez mais criadas. De facto, há eras detectáveis através das quais a avaliação tem funcionado e, ao longo do tempo, a prática tem mudado para responder às exigências de cada era. Há, portanto, muita margem para confusão sobre o papel da avaliação em diferentes momentos e a diferentes níveis do processo de regeneração. Esta investigação conclui que é importante que o objetivo e os procedimentos de avaliação e transferência de aprendizagem sejam explicitados desde o início.

Este capítulo salienta também que a aprendizagem se processa de muitas formas e a muitos níveis, sendo apenas um deles (e não necessariamente o mais eficaz) o processo formal de avaliação e divulgação. Conclui-se que a ênfase crescente na aprendizagem pode ser atribuída a mudanças na governação, a um maior trabalho em parceria, a concursos competitivos e a uma evolução geral no sentido de capacitar as comunidades e aumentar as competências, conhecimentos e capacidades dos muitos intervenientes na reabilitação urbana moderna. Há também a questão da mudança da responsabilidade dos programas governamentais de cima para baixo para uma imagem mais partilhada da implementação local do programa nacional. Todas estas mudanças conduzem a uma única direção, ou seja, a uma maior aprendizagem. Por último, o capítulo analisa a forma como a avaliação e a transferência da aprendizagem dela decorrente se podem desenvolver e sugere a necessidade de um quadro nacional

8.2 A evolução do papel da avaliação.

Um tema transversal a esta investigação tem sido o conceito de eras ou períodos de regeneração. A política urbana tem sido uma arena em rápida mudança e altamente contestada e a noção de que os seus aspectos de aprendizagem podem ser simplesmente exercícios académicos ou científicos sem valor deixou muito do potencial de aprendizagem por explorar. Ho (2003: 1629) sugere que a primeira tentativa de aprender realmente sobre as condições nas áreas mais pobres (e compreender a eficácia das respostas da política urbana) foi o Programa de Desenvolvimento Comunitário. Os resultados deste programa foram desagradáveis para o Governo e a aprendizagem não foi bem recebida pelo Governo, uma vez que as lições estavam a levantar desafios que iam muito para além do trabalho da iniciativa dos Programas de Desenvolvimento Comunitário (Ho 2003: 16-29).

Depois disso, os avaliadores não eram, em geral, autorizados a definir as suas próprias questões e temas de estudo e a avaliação era efectuada de acordo com as instruções estabelecidas pelo financiador e comissário do programa (normalmente o departamento governamental). O papel que a avaliação desempenhava mudou, portanto, ao longo do tempo. Este estudo mostrou como a avaliação continuou a ser, até há pouco tempo, o principal instrumento de transferência de aprendizagem, mas enfrentou muitas tensões devido aos problemas de ser geralmente encomendada pelos financiadores. Muitas vezes, a avaliação não era suficientemente relevante ou chegava demasiado tarde para ser útil aos interessados.

A segunda era, que Ho descreve como a Era da Dissidência (década de 1980), em que os consultores apresentavam mais relatórios sobre os inputs e os outputs e as margens das operações, que ela descreve como "afinação fina", do que sobre a substância do programa ou as condições na área (Ho 2003: 24). Ela afirma que "a avaliação orientada para os resultados era apenas uma manifestação da ideologia do governo". Também sugere que o Governo confundiu a monitorização do desempenho com a avaliação do impacto das políticas. Este enfoque nas medidas de desempenho atraiu muitas críticas de autores contemporâneos (ver Capítulo Seis).

Durante esta "era da discórdia", existia um considerável ceticismo quanto à aplicação e utilidade da avaliação. No entanto, esta situação viria a mudar com a evolução da abordagem governamental à avaliação, à medida que o governo conservador passava de uma abordagem física e economicamente dominada para abordagens mais de parceria, comunitárias e sociais. Isto criou outro fator de mudança, que foi a necessidade de transferir a aprendizagem para um público horizontal de partes interessadas com pontos de vista e intenções muito diferentes. Quando a avaliação era dirigida pelo governo para o governo, era bastante claro por que razão estava a ser realizada, quais eram as políticas do organismo que a encomendava e o que se pretendia influenciar, mas agora esperava-se que a avaliação servisse muitas audiências e muitos centros de poder concorrentes.

A avaliação enfrentou outra crise com o aparecimento de parcerias externas para a regeneração, em que estes organismos eram dirigidos com base em princípios empresariais, à distância do governo, e, pela primeira vez, a informação que, de outro modo, teria sido divulgada publicamente podia ser considerada comercialmente sensível (por exemplo, as Corporações de Desenvolvimento Urbano) e, tal como este estudo referiu, houve grandes críticas à falta de responsabilização e à incapacidade de publicar (e, nalguns casos, de efetuar) a avaliação. A aprendizagem perdeu-se, assim como a inocência (Ho: 16-29). Mais uma vez, a avaliação foi reconhecida como sendo um instrumento que podia ser utilizado ou abandonado à vontade do potencial avaliado. Talvez o aspeto mais importante desta situação seja o facto de sublinhar como a transferência de aprendizagem pode ser parcial. Se os programas podem optar por avaliar ou publicar apenas os aspectos da sua história e desempenho que lhes convém, como é que os outros podem julgar o que funciona? Numa discussão sobre este estudo com o Gabinete do Vice-Primeiro Ministro em 2005, os gestores de avaliação afirmaram que estavam a trabalhar neste aspeto da tentativa de ter um sistema que verifique as boas práticas.

Outro aspeto da perda de inocência é a comercialização da avaliação. As avaliações sempre foram efectuadas com a participação de parceiros externos e, normalmente, estes eram organismos financiados por fundos públicos adequados, como as universidades (que também são responsáveis perante o público pelas suas normas). No entanto, cada vez mais a avaliação é realizada por empresas do sector privado que dependem de um fluxo de contratos para sobreviver. Por conseguinte, haverá sempre o risco de estas organizações considerarem que, se as suas avaliações forem desfavoráveis, poderão não obter mais contratos.

Este risco é agravado pelos regimes de financiamento competitivos que foram estabelecidos desde o City Challenge. Os entrevistados nesta investigação admitiram abertamente que utilizariam os resultados da avaliação para encerrar os projectos. No entanto, os resultados baseiam-se principalmente em informações fornecidas (ou não fornecidas) pelos comissários do projeto (que, em alguns casos, parecem já ter tomado uma decisão) e pelos avaliadores que querem continuar a receber financiamento e manter os seus empregos e reputações. Este estudo mostrou claramente como o fornecimento de informação e a sua utilização (por exemplo, como indicadores) não é um processo neutro.

O presente estudo concluiu que existem muitos outros factores que sugerem que as avaliações formais foram sujeitas a deficiências que, em alguns casos, tornam improvável a transferência da aprendizagem. Estes factores são descritos em pormenor no capítulo cinco e resumidos no quadro vinte e um:

Quadro vinte e um: Pontos fracos na prática da avaliação a partir da teoria (resumidos do Capítulo Cinco):

- Má qualidade, inexistência ou utilização selectiva da informação.
- A dificuldade enfrentada pelos avaliadores quando os objectivos do programa não estão claramente definidos.
- Verificou-se que as mudanças na base dos programas ao longo do tempo frustram a avaliação.
- Os enigmas conceptuais são muito importantes.
- O calendário das avaliações em relação ao próprio programa e a quaisquer programas futuros que se destinem a informar.
- Os problemas associados à utilização de indicadores para avaliar o desempenho.
- Falta de participação das partes interessadas em avaliações anteriores.
- Poucas provas, em trabalhos anteriores, de que a avaliação se destinava a ser divulgada e utilizada para a transferência da aprendizagem.
- Resistência dos avaliadores.

A cronologia dos programas de recuperação (Capítulo VI) demonstra que o calendário dos programas significa que é pouco provável que a aprendizagem se efectue apenas com base nos relatórios de avaliação.

Quadro Vinte e Dois: As fases sobrepostas de regeneração desde a Segunda Guerra Mundial (resumidas no Capítulo Quatro).

- Esforços de reconstrução pós-guerra.
- A comunidade foi o foco da política na primeira vez.
- Parceria entre o governo central e o governo local.
- A ascensão da dimensão europeia.
- Parceria com o sector privado.
- Um regresso à comunidade e à governação em camadas.
- Governo e governamentalidade.
- Parcerias estatutárias e permanentes e integração.
- O valor crescente atribuído aos objectivos e às provas prática.

A urgência acrescida é dada pelo impulso contínuo no sentido de um novo localismo por parte do atual Governo Trabalhista, tal como referido no Capítulo Quatro. Como explica a Associação Britânica de Regeneração Urbana (2005c: 10), esta agenda tem vindo a acelerar com as recentes declarações do Governo sobre uma visão a dez anos para o governo local, o envolvimento dos cidadãos, a liderança local e os acordos locais. Para que o Novo Localismo funcione, deve haver uma transferência significativa de aprendizagem, tanto vertical como horizontalmente.

As grandes pressões de crescimento do programa governamental para as comunidades sustentáveis e as iniciativas Thames Gateway e Olimpíadas aumentam o risco de tomada de decisões mal informadas, como advertiu recentemente o diretor de investimento comunitário da Springboard Housing Association: "corremos o risco de repetir os erros cometidos nos anos 60 e 70 (em Thames Gateway)" (Mackechnie-Jarvis 2004: 7).

O que é claro é que a avaliação não é neutra ou isenta de valores, é encomendada e informada principalmente por aqueles que têm um interesse na decisão (pelo menos a nível do programa ou do projeto). Está também condicionada pelos seus termos de referência que são definidos pelos comissários. Por conseguinte, tem de chegar a um juízo independente numa situação em que os parâmetros foram estabelecidos por aqueles que têm interesse nos resultados.

É provável que este enigma seja uma situação permanente, uma vez que qualquer medida destinada a reduzir a concorrência ou a descomercializar o trabalho de avaliação enfrentaria a crítica alternativa de que a avaliação estava a ser mantida internamente e já não era independente. As soluções possíveis poderiam ser a criação de um organismo independente para avaliar a política urbana, como a Healthcare Commission, que examina o desempenho do Serviço Nacional de Saúde. No entanto, a experiência no Serviço Nacional de Saúde tem demonstrado que estes organismos independentes estão sujeitos a caprichos políticos e à constante ameaça (e realidade) de reorganizações, abolições e alterações nos termos de referência.

Este capítulo analisa seguidamente a forma como algumas iniciativas recentes podem ajudar a resolver estruturalmente este dilema. Esta investigação sugere que um elemento essencial (dado que não existe um sistema sem armadilhas) é assegurar que o objetivo e os procedimentos de avaliação e transferência da aprendizagem sejam explicitados desde o início.

8.3 O objetivo e os procedimentos de avaliação e transferência da aprendizagem devem ser explicitados desde o início.

Esta investigação concluiu que tanto os objectivos da avaliação como as definições de reabilitação urbana são múltiplos e muito variados, pelo que afirmações simples como "apoiar o que funciona" ou a confiança na "prática baseada em provas" desmentem a complexidade da situação. Para compreender o que funciona, é necessário chegar a acordo sobre o que se está a tentar alcançar. É evidente que, em muitas áreas, diferentes partes interessadas estão a tentar alcançar coisas diferentes, pelo que "o que funciona" para um grupo pode não funcionar para outro.

Esta investigação mostrou como as expectativas e exigências sobre a avaliação evoluíram ao longo das décadas e não é surpreendente que isto tenha levado a uma confusão sobre os papéis da avaliação. Desde o breve período em que a avaliação se destinava a ser uma descoberta genuinamente académica (os Programas de Desenvolvimento Comunitário), passando pelas eras das avaliações de cima para baixo encomendadas centralmente (tipificadas pelos relatórios do Inner City Research Programme analisados no Capítulo Seis), até à viragem de novo para a comunidade dos Novos Governos Trabalhistas, o objetivo e os procedimentos da avaliação tiveram de refletir as mudanças nos estilos de governo e de gestão.

No entanto, muito mais profunda do que isto tem sido a mudança subjacente nas formas de governação e a passagem dos programas geridos pelo Governo para as "parcerias" de finais dos anos 70 e 80 entre a administração central e local para as parcerias mais amplas do City Challenge, do Orçamento Único de Regeneração e, mais recentemente, das Parcerias Estratégicas Locais e das iniciativas de gestão de bairros. Tal como referido no Capítulo IV, existe um conjunto de ideias que identifica uma passagem do "governo" para a "governamentalidade". Trata-se de uma transferência da responsabilidade pela identificação e resolução dos problemas urbanos do Governo Central para as localidades. Este facto expôs tanto as fraquezas como a nova urgência do trabalho de avaliação da reabilitação urbana. Até há pouco tempo, a avaliação baseava-se em grande medida no desempenho face aos objectivos e processos estabelecidos pelo Governo. Em todos os programas analisados no Capítulo VI, era claro quais eram os objectivos e os procedimentos para os atingir. A avaliação tendia a medir o êxito em relação a esses objectivos do programa e do projeto. Com o aparecimento de novas formas de governação e implementação localizadas, a avaliação teve de responder a exigências diferentes e muitas vezes pouco claras. Estas são exemplificadas pelos conflitos potenciais e reais entre os objectivos estabelecidos pelo centro nos Acordos de Serviço Público e nos Acordos Locais e a expetativa de que as parcerias locais analisem os problemas locais e dêem prioridade aos recursos e às acções a nível local. Os avaliadores têm de avaliar o desempenho em situações em que os programas têm, efetivamente, vários patrões. Também têm de operar cada vez mais em situações em que existem numerosas iniciativas de reabilitação urbana que se sobrepõem e em que o poder de qualquer autoridade ou ator para controlar as coisas por si só se dissipa.

A emergência do novo localismo do Novo Trabalhismo (e como Stoker (2004: 7) o define "Governação Comunitária em Rede") com a convicção de que as pessoas locais sabem melhor como reconstruir as suas comunidades fez com que este dilema assumisse uma importância prática muito grande. Este facto é melhor ilustrado no programa New Deal for Communities, em que uma comunidade muito local é fortemente orientada com recursos e é-lhe dado tempo e recursos para desenvolver a sua própria visão sobre o que funciona. O governo considerou este exercício frustrante, pois quer que estas áreas gastem dinheiro e produzam resultados dentro dos objectivos, de modo a poderem mostrar progressos na frente política. Isto não permite a possibilidade de que o que as comunidades aprenderam é que uma boa regeneração leva tempo e não pode ser ligada e desligada de acordo com os objectivos de financiamento. Da mesma forma, a avaliação do New Deal for Communities está a ser realizada numa base anual, mas os resultados reais podem não ser visíveis durante 20 anos. Por conseguinte, parece que qualquer avaliação bem sucedida necessitaria de três elementos-chave:

1) Acordo sobre o que o programa (ou conjunto de intervenções) pretendia alcançar, ou seja: o que seria aceite como um "bom resultado". Isto pode ter de ser uma combinação das expectativas dos diferentes actores e financiadores.

2) Uma declaração clara sobre o objetivo da avaliação. É puramente para aprendizagem e, em caso afirmativo, quais são as consequências para as pessoas envolvidas de uma "má" avaliação? Até que ponto é realista pensar que as pessoas dirão livremente ao mundo como falharam num projeto? Para os profissionais, pode ser apenas a sua carreira e o seu orgulho que estão em jogo, mas para as pessoas das comunidades podem ter de admitir aos seus críticos e àqueles que derrotaram para conseguirem o que queriam que falhassem. À medida que as comunidades assumem cada vez mais a liderança, o preço da exposição é mais elevado porque os residentes ficam e têm de viver com as consequências. Parece essencial que estas pressões e realidades sejam exteriorizadas em qualquer estudo de avaliação como um aviso de saúde sobre a natureza dos dados e, por conseguinte, das conclusões.

3) Um quadro ético no âmbito do qual a avaliação pode ser encomendada e efectuada. Em particular, seria necessário abordar a questão fundamental: Quem deve encomendar e controlar a avaliação e a sua subsequente divulgação?

Num dos extremos da escala está a questão que Scriven (1991) coloca: está a ser feito o bem? A procura de uma resposta a esta pergunta levanta algumas questões importantes. Será a procura de algum tipo de ganho social em vez de uma lista de verificação do desempenho em relação a processos ou objectivos? Tal como McCollam e White (1993) sublinham, trata-se de uma atividade mais elevada do que um simples processo de medição ou verificação. No entanto, aqui reside um dilema - e se estiver a ser feito algo de bom, mas o programa estiver a falhar nos seus próprios termos? Será que uma avaliação pode determinar que um programa não atingiu os seus objectivos, mas que, mesmo assim, alcançou uma grande quantidade de benefícios? O programa Industrial and Commercial Improvement Area é um exemplo disso (DOE 1983 a - relatado no capítulo seis acima).

A Sociedade de Avaliação do Reino Unido elaborou diretrizes para os avaliadores que procuram abordar as normas éticas e profissionais. A primeira delas (UK Evaluation Society 2003) é que o avaliador deve tornar as metas, os objectivos e os propósitos da avaliação claros para todos os envolvidos. Nesta investigação, foi encontrada pouca referência aos problemas colocados pela ética da avaliação.

A secção seguinte das presentes conclusões propõe um quadro nacional para a avaliação. Espera-se que, no âmbito desse quadro, as questões éticas possam ser abordadas, talvez com a liderança da Academia Nacional para as Comunidades Sustentáveis (ou de centros regionais de excelência) em matéria de avaliação, aprendizagem e boas práticas?

8.4 A necessidade de um quadro nacional de avaliação e aprendizagem.

O maior obstáculo ao recrutamento de pessoal, segundo cerca de um terço dos consultores de recrutamento inquiridos, é a falta de experiência e de conhecimento do sector da reabilitação por parte dos candidatos a emprego (Lindsay 2004: 18-25).

Esta afirmação sublinha a urgência da transferência da aprendizagem. Esta investigação concluiu que a avaliação, enquanto instrumento-chave de transferência da aprendizagem, tem sido provavelmente subutilizada e, nos casos em que foi utilizada, o seu uso tem sido irregular e inconsistente. Ho (2003) passa em revista os principais críticos, incluindo Barnekov *et al* (1990 pvii), Stewart (1990: 135) e Lawless (1989: 168), que sublinham a importância da avaliação, mas que a levam a resumir a situação como "de um modo geral, a impressão geral fornecida pelos críticos é que a avaliação é um esforço desperdiçado". Este facto é descrito em pormenor por Higgins *et al* (1983: 169), que argumentam que "se há uma única lição que emerge claramente do relato das sucessivas políticas no interior das cidades é a incapacidade de aprender e aplicar a experiência adquirida em cada fase". Lawless reforça esta ideia ao propor que o acompanhamento e a avaliação da política urbana não conduziram a alterações da política nem resultaram numa revisão da política em grande escala. Burton e Boddy descreveram a avaliação como tendo tido "pouco impacto ... numa abordagem política fundamentalmente defeituosa" (Burton e Boddy 1995: 23-36).

As críticas acima referidas foram confirmadas por este estudo e levantam a questão: qual será o futuro da avaliação? Será que a prática vai simplesmente continuar a tropeçar de era em era, com lições a serem amplamente ignoradas e subutilizadas, ou será que o futuro vai ser mais otimista do que o passado?

A avaliação tem lugar a muitos níveis e para muitos fins, da mesma forma que os programas de regeneração urbana proliferaram com programas locais, regionais, nacionais e mesmo internacionais, as avaliações desenvolveram-se para refletir estes. Para muitos programas (por exemplo, o New Deal for Communities) existem avaliações locais e nacionais, nalguns casos todas encomendadas pelo centro, mas em casos mais recentes, o Neighbourhood Renewal Fund, por exemplo, foi encomendado centralmente para o programa nacional e localmente para cada zona. No âmbito desta complexidade, existe a oportunidade de criar funções transparentes para os diferentes papéis e tipos de avaliação. Deve ser possível construir um quadro para a avaliação e a responsabilização que mostre claramente como e onde as preocupações de cada parte interessada devem ser abordadas.

Este estudo concluiu que existe uma aceitação e uma apreciação crescentes, a nível institucional e comunitário, da necessidade de avaliação e um aumento da sua importância. Por conseguinte, parece crucial que seja estabelecido um quadro nacional de avaliação que responda à necessidade premente de avaliações eficazes e de transferência da aprendizagem. Esta investigação identificou, a partir da teoria, alguns factores ou razões fundamentais para este facto. A primeira razão é o aumento geral da prática das ciências sociais, que acompanhou o desenvolvimento da política urbana em geral. A segunda razão é a emergência de novas formas de trabalho - a regeneração urbana tem estado no centro da experimentação de novas formas de trabalho - e a avaliação dos métodos e efeitos pode ser considerada adicionalmente importante.

Uma terceira razão para o aumento da importância da avaliação foi o facto de muitos teóricos e alguns decisores políticos se terem apercebido de que as avaliações dos programas eram, por vezes, imprecisas e pouco úteis no seu âmbito e na medida em que informam as políticas. Por conseguinte, deve ser dado mais esforço e prioridade à sua preparação. Uma quarta razão é o aumento dos gastos em reabilitação urbana por uma vasta gama de organismos não tradicionais. A quinta consideração é a introdução do elemento competitivo. Para os que elaboram as propostas e para os que decidem sobre a atribuição de financiamentos, é vital algum tipo de avaliação aceite sobre quais os programas que poderão ser bem sucedidos.

Uma sexta razão é que a avaliação se tornou cada vez mais importante em termos de questões de processo, bem como de resultados de projectos ou programas. Uma sétima razão é a falta de compreensão dos problemas e questões nos domínios em causa. Uma outra preocupação é o facto de a avaliação ser efectuada a um custo considerável e de, se não for aplicada de forma eficaz, constituir uma má utilização dos recursos públicos. Há também a redução da confiança na experiência e na formação dos funcionários públicos e de outros profissionais, o que torna essencial qualquer outro mecanismo para chegar a acordo sobre "o que funciona". Parece ser necessário um quadro nacional, que poderá ser estruturado da forma indicada no quadro vinte e dois infra.

Este estudo sugere que um quadro de avaliação teria de

• Atuar aos níveis adequados de tomada de decisão, desde o nível nacional até aos projectos locais.

• Operar de acordo com objectivos e normas explícitos.

• Se estiver em causa o financiamento, atuar com elevados padrões de abertura.

• Quando se procura uma verdadeira aprendizagem, permitir um quadro de anonimato ou confidencialidade, mas ainda assim, sempre que possível, partilhar os resultados.

• Criar um clima em que o insucesso seja encarado como uma boa aprendizagem e desvincular as consequências da avaliação das carreiras e da reputação das pessoas.

• Abordar a ética da avaliação.

• Abordar os encargos de informação e os desafios da avaliação.

• Criar estruturas para determinar se a avaliação é efetivamente utilizada.

• Criar procedimentos de divulgação que sejam claros e proactivos.

Quadro vinte e três: Proposta de um quadro de avaliação nacional

Função.	**Objetivo principal.**	**Organizações que assumem o papel.**
Nível do regime nacional.	Informar o governo sobre os progressos realizados e dar a conhecer a todos os intervenientes as lições de alto nível, sem ter de atribuir culpas a programas individuais. Permitir que todos os organismos de avaliação cumpram as normas acordadas para a acreditação.	Consórcios de universidades e/ou empresas de consultoria. O IDEA pode ter um papel a desempenhar.
Relatórios de interesse público.	Examinar questões de governação ou de eficácia no âmbito da responsabilidade pública e temas transversais às políticas públicas, como a otimização dos recursos. Assegurar que cada organismo de execução tenha um plano de aprendizagem e de avaliação em vigor. Assegurar que apenas são utilizados avaliadores acreditados, exceto se houver uma razão válida.	Comissão de Auditoria.
Avaliações de desempenho encomendadas pelo financiador a nível do	Verificar se o financiamento está a corresponder às expectativas e aplicar os ensinamentos às decisões de financiamento. Estas avaliações serão abertas e responsáveis, sendo as	Universidades e/ou empresas de consultoria.

programa.	provas do domínio público. Os ensinamentos gerais anónimos destas avaliações poderão ser partilhados com outros programas.	
Avaliações da aprendizagem ao nível do programa e do programa encomendado.	Estas avaliações não têm em conta o financiamento futuro e analisam o que se pode aprender sobre os pontos fortes e fracos. Em alguns casos, pode ser importante que, pelo menos durante o período de vigência do programa, as avaliações sejam mantidas confidenciais, mas deve ser possível que muitas delas sejam publicadas e partilhadas.	Esta função pode ser desempenhada por avaliadores independentes internos ou por universidades e/ou consultores.
Avaliações do desempenho dos projectos por programa de financiamento.	Verificar se o financiamento está a corresponder às expectativas e aplicar os conhecimentos adquiridos às decisões de financiamento. Estas avaliações serão abertas e responsáveis, sendo as provas do domínio público. Os ensinamentos gerais anónimos destas avaliações poderão ser partilhados com outros projectos.	Os avaliadores ou consultores locais independentes poderão envolver as partes interessadas, como o pessoal do programa, na realização destas avaliações.
Avaliações da aprendizagem do projeto encomendadas pelo projeto.	Estas poderiam ser semelhantes às avaliações de aprendizagem do programa acima referidas.	Tal como acima referido, mas também pode envolver trabalhos de avaliação efectuados por residentes.
Assegurar uma abordagem ética da avaliação, equipas devidamente formadas e qualificadas e o intercâmbio de boas práticas.	Estas instituições trabalhariam no sentido de supervisionar ou influenciar as avaliações para tentar ultrapassar algumas das questões relativas à independência e à qualidade das avaliações. Uma possibilidade seria que as academias pudessem ser responsáveis pela certificação dos profissionais de avaliação, das instituições ou mesmo do próprio trabalho de avaliação.	Academias nacionais ou regionais de avaliação, aprendizagem, ética e boas práticas e National Audit Office. O Instituto de Avaliação do Reino Unido poderia ter um papel fundamental.

Foram recolhidos muitos dados sobre o peso da recolha de dados e os efeitos que esta pode ter na forma como a avaliação é encarada e utilizada. Parece que, enquanto a (monitorização e) avaliação for vista como um processo burocrático inútil, não terá a utilização necessária para a transferência da aprendizagem. Ho (2003: 211-2) apelou a uma integração estratégica da recolha e utilização de informação que ligasse dados verticais (dados de avaliação nacionais e locais) e horizontais (entre prestadores de serviços e a Parceria Estratégica Local). Esta abordagem pode muito bem ser eficaz, mas também pode ser necessário considerar a abordagem oposta - reduzir a quantidade de dados de rotina recolhidos e concentrar-se apenas no que é necessário para a aprendizagem.

Por último, como é que os investigadores e os gestores no futuro poderão julgar se a avaliação foi utilizada com sucesso? Existe um espetro de pontos de vista sobre os padrões que representam o grau em que os resultados da avaliação foram utilizados pelos decisores políticos (Knott e Wildavsky 1980: 537-78). Este espetro permite que o "esclarecimento" (Weiss 1990: 214-35) seja considerado uma utilização bem sucedida da avaliação. Este teste tem um limiar muito mais baixo do que os testes de Patton utilizados nesta investigação (Capítulo 3 supra) para detetar se houve transferência de aprendizagem. Knott e Wildasvky (1980: 546) permitem que "cognição, referência e esforço" sejam considerados como utilização da avaliação, o que parece mais realista do que os testes mais rigorosos de Patton.

Lindblom (1959) sublinhou a forma como a mudança de política é frequentemente incremental e parece resultar numa "confusão" colectiva ou num incrementalismo desarticulado (como ele o denomina) e, por conseguinte, as influências subtis que a avaliação pode ter podem ser tão cruciais como as mudanças de política mais facilmente evidenciadas e diretamente atribuíveis, como preferido por Patton. Por conseguinte, quem procurar documentar a eficácia da avaliação poderá ter de encontrar novas formas de a evidenciar. Esta é uma tarefa importante, pois para que a avaliação seja dotada de recursos, preenchida com dados válidos e utilizada eficazmente, tem de ser vista como sendo utilizada em termos políticos.

Os relatórios para os departamentos governamentais não se podem divulgar a si próprios. São enterrados por uma combinação de sobrecarga de papel, rotação de pessoal e interesses departamentais concorrentes (Wolf 2005: 8).

Esta declaração do Professor Wolf, Professor de Gestão e Desenvolvimento Profissional no Departamento de Gestão do Kings College de Londres, é apoiada pelos resultados do presente estudo. Um quadro nacional para a aprendizagem através da avaliação tem de resolver o impasse da função pública em termos de prioridades concorrentes e agendas morosas. Uma forma de o fazer pode ser assegurar múltiplas vias de divulgação, o que está a começar a acontecer através de estruturas como o Sistema de Gestão do Conhecimento da Unidade de Renovação de Bairros (www.renewal.net) e www.londonrenewal.net, que se centra nos programas de Londres.

8.5 Motivos para otimismo - sinais de esperança

Este estudo produziu alguns motivos de otimismo. Existe um compromisso generalizado entre os principais actores da regeneração no sentido da avaliação e da aprendizagem e há cada vez mais provas de transferência de aprendizagem entre programas, embora grande parte dela seja informal. Uma lição clara é que a transferência informal é de grande importância e que uma formalização excessiva da transferência de aprendizagem não seria a forma mais eficaz de avançar. A análise documental também demonstra que as avaliações mais recentes procuram explicitamente levar à transferência de aprendizagem (por exemplo, do Novo Compromisso para a Regeneração para as Parcerias Estratégicas Locais).

O aparecimento de estruturas formalizadas, como os centros de excelência da regeneração, poderia ter conduzido à formalização da aprendizagem. De facto, há sinais de que se reconhece que a aprendizagem importante ocorre sob muitas formas, formais e informais, mas pode não ser fácil consegui-lo.

Sophie Churchill, Diretora Executiva do "Regnum", o Centro de Excelência de West Midlands, declarou "Um dos nossos maiores desafios é legitimar a aprendizagem informal e formal, mas apoiá-la com sistemas de gestão do desempenho que perguntam o que as pessoas aprenderam em cada trimestre" (Dobson 2005: 17). Desta forma, a ponte entre a aprendizagem formal e a informal é atravessada, colocando a informal num quadro estruturado.

A Associação Britânica de Regeneração Urbana também estabeleceu o seu programa "GRADE" (Global Regeneration and Development Exchange) (BURA 2005a), que tem uma vertente de visitas internacionais parcialmente financiadas pelo Governo do Reino Unido (DTI e Scottish Executive) e um "Regeneration Training Programme" (Programa de Formação em Regeneração) gerido em conjunto com a Universidade de Coventry. Os participantes recebem um certificado de participação por terem frequentado um módulo e um certificado de conclusão por terem frequentado todas as dez unidades de um dia, o que pode conduzir a um Certificado de Pós-Graduação em Gestão (Regeneração Urbana) por ensino à distância. Isto segue o padrão considerado eficaz por este estudo, que consiste em basear a aprendizagem nas experiências de outros participantes.

A Associação Britânica de Regeneração Urbana (2005b: 1) também anunciou que irá produzir um intercâmbio de informações interativo baseado na Internet para permitir que os profissionais retirem lições dos projectos de Melhores Práticas e, em 2005, produziu os seus Prémios de Cristal, que envolveram a recolha das cinco principais lições dos seus 15 anos de Prémios de Melhores Práticas (Loney 2005a: 20-22). A Associação Britânica de Regeneração Urbana está também a desenvolver a partilha transnacional de boas práticas através da rede "Eurocities" e esta rede reconhece agora a necessidade de formalizar os processos de aprendizagem. O sítio Web da Neighbourhood Renewal Unit tem agora uma coleção de estudos de casos de projectos e cada um inclui "lições aprendidas" (www.renewal.net/Search.asp).

Há também alguns indícios da natureza essencial da aprendizagem proveniente das iniciativas do Pathfinder de Renovação do Mercado da Habitação. À primeira vista, este programa parecia estar a repetir alguns dos erros do programa de limpeza de bairros degradados (ver Capítulo 7). No entanto, o New Heartlands Pathfinder deu grande ênfase à aprendizagem. Roger Driver, membro do Conselho de Administração, afirma "Uma das nossas primeiras tarefas foi analisar por que razão algumas (estratégias de reabilitação) não tinham funcionado, para garantir que não cometêssemos os mesmos erros" (ODPM 2005a: 8).

Esta investigação mostrou que a transferência de aprendizagem está cada vez mais a ocorrer de muitas formas entre programas de reabilitação urbana e que existe uma aceitação geral de que a transferência de aprendizagem é um objetivo importante por uma grande variedade de razões. No entanto, se o passado servir de guia, há muitos desafios a enfrentar na tentativa de garantir a ocorrência de uma aprendizagem útil. Embora esteja atualmente a ser utilizada uma gama mais vasta de técnicas de aprendizagem, a avaliação e a divulgação dos resultados continuam a ser o método central da aprendizagem formal e tem havido muita flutuação e confusão quanto ao papel da avaliação na transferência da aprendizagem e, de facto, quanto aos efeitos da avaliação no processo e nos resultados da regeneração urbana.

Há também a questão de saber quem está a aprender? Bailey (2005: 6) sugeriu que o processo deveria ser de troca de conhecimentos e não simplesmente de transferência (o que sugere um movimento numa direção). Para que a aprendizagem tenha lugar e para que os resultados sejam implementados em programas futuros, todos os níveis de intervenientes precisam de aprender; desde as comunidades ao governo.

As entrevistas com as partes interessadas revelam que a aprendizagem se efectua cada vez mais a nível dos representantes da comunidade e a nível dos responsáveis das autoridades locais e dos gestores de programas. As estruturas existem claramente e o discurso dos funcionários do Governo sugere que agora o Governo está a aprender e a pôr em prática essa aprendizagem. Da análise documental, da leitura da teoria e das intenções declaradas publicamente pelos ministros, é evidente que a regeneração deve agora basear-se em provas e ser orientada para a aprendizagem. No entanto, os dados são contraditórios e as contra-indicações incluem a aparente relutância dos ministros em promover e aplicar as lições dos Housing Action Trusts, a aplicação consistente de programas antes de os anteriores terem sido avaliados e a aplicação de programas como o Neighbourhood Management antes de ter havido tempo para tirar lições dos Pathfinders.

Este estudo mostra claramente que as decisões sobre os programas de reabilitação urbana são muitas vezes o resultado de imperativos políticos. Embora os funcionários públicos possam agora aprender mais, é provável que isso tenha sempre de ser equilibrado no contexto das escolhas políticas. Isto deixa os avaliadores perante o dilema permanente de necessitarem de tempo para serem eficazes, mas necessitarem de resultados rápidos para cumprirem os calendários políticos. Os dois não podem ser facilmente conciliados, o que sugere que é necessário dar grande ênfase a um quadro de avaliação nacional estruturado, amplamente acordado e não político (como sugerido no Quadro Vinte e Três), de modo a que as lições sejam cumulativamente incorporadas e aceites ao longo do tempo, em vez de dependerem tanto da avaliação dos programas anteriores.

A estas causas de otimismo juntam-se as barreiras à transferência de aprendizagem exploradas no capítulo 5 e os avisos de comentadores como Doherty e Horne de que é necessário um conjunto de ingredientes para facilitar a aprendizagem, incluindo "vontade, competência, resiliência e assunção de riscos", pelo que a mera produção de um relatório de avaliação pode não ser suficiente para garantir a aprendizagem (Doherty e Horne 2002: 410-453).

8.6 A aprendizagem está a acontecer, mas que aprendizagem?

Também é necessário que haja clareza sobre o tipo de regeneração que se pretende para uma zona e por que razão se espera que esses resultados tornem a zona melhor e não pior. Seria possível ter um programa de regeneração urbana altamente eficaz que estivesse a produzir resultados que tornassem uma zona consideravelmente pior aos olhos da população local ou em termos, por exemplo, de sustentabilidade. Será necessário considerar algum tipo de moderação ou controlo de qualidade do que se pretende aprender? Uma questão mais importante do que "se as pessoas aprendem?" pode ser o que é que aprendem?

Jarvis alerta para o facto de a investigação mostrar que, para a maioria dos potenciais aprendentes, a experiência não resulta prontamente em aprendizagem reflexiva; na verdade, muitos estudantes cavaram "o mesmo buraco ainda mais fundo" (Jarvis 1994: 3243).

Como haverá sempre contestação sobre o que faz uma comunidade melhor, a avaliação e a aprendizagem talvez devessem estar ligadas a uma visão local, que poderia ser o desafio para a Parceria Estratégica Local. O problema é que, na realidade, nunca pode haver apenas uma visão para uma zona, uma vez que as pessoas têm múltiplas realidades e expectativas válidas. Seria talvez mais democrático que as autoridades locais fossem os defensores das visões da comunidade, mas também são prejudicadas pelos seus papéis confusos de prestadores de serviços e de executores na zona. As autoridades locais também precisam de pensar em termos de ciclos eleitorais e enfrentar a perda de controlo que resulta agora das muitas mudanças destacadas no Capítulo Quatro.

O valor das medidas qualitativas e quantitativas deve ser plenamente reconhecido; de facto, há muitas provas que sugerem que a medição quantitativa das mudanças em sistemas urbanos complexos é inevitavelmente imperfeita e pouco fiável. É muito provável que a confiança em "o que conta é o que pode ser contado" conduza a uma diminuição contínua da crença nos resultados da aprendizagem e, por conseguinte, da sua aplicação. Poderá ser necessário aceitar que muitas coisas - talvez algumas das mais importantes - não podem ser avaliadas e que o julgamento profissional, a opinião local ou uma combinação de pontos de vista podem ser suficientes para dizer: "vamos tentar isto porque pensamos que vai resultar"?

Numa escala mais vasta, a Função Pública está a adotar uma nova abordagem à aprendizagem através da nova Escola Nacional de Governo, que adoptará uma abordagem à aprendizagem por parte dos funcionários públicos que se baseia num vasto campo de conhecimentos especializados na área temática e que dará mais ênfase à obtenção, por parte dos profissionais, das qualificações externas relevantes, em vez da ênfase anterior nas competências generalistas (Graham 2005: 16-18).

As universidades estão também a oferecer uma gama mais vasta de cursos de reabilitação e tiveram de enfrentar a natureza em constante mudança da reabilitação urbana. O Professor Turok, ao descrever o novo conjunto de cursos de reabilitação da Universidade de Glasgow, sublinhou que a Universidade tem de estar ciente do clima político em mudança, mas não se deixar guiar por ele. Em vez disso, afirma que são orientados pelos "princípios fundamentais da reabilitação", que admite terem eles próprios mudado ao longo da última década (Redfearn 2005b: 14).

O programa de Competências e Conhecimentos da Unidade de Renovação de Bairros (ver secção 5.2 acima) oferece agora um conjunto de aprendizagem: O sítio Web renewal.net; os conselheiros para a renovação de bairros; o programa de formação em competências de execução da renovação de bairros; as redes regionais e os orçamentos flexíveis para competências e aprendizagem. Este programa foi avaliado e uma das principais conclusões corrobora os resultados desta investigação:

As futuras avaliações devem dar prioridade à identificação de provas de ganhos de aprendizagem, mudanças e melhorias efectuadas e à forma como estas se traduzem num melhor desempenho da parceria (ODPM 2005c: 3-4).

8.7 Conclusões.

A conclusão deve ser que a hipótese foi refutada de forma convincente. Existem provas da transferência da aprendizagem através de uma série de meios formais e informais, o que também está de acordo com a teoria da aprendizagem explorada no capítulo cinco. A análise da teoria da aprendizagem mostrou que esta ocorre quando as condições são adequadas e de todas as formas. A reabilitação urbana evoluiu ao longo do período de estudo de modo a abranger um vasto leque de oportunidades de aprendizagem e pode ser útil fazer uma análise do antes e do depois das oportunidades de aprendizagem. A emergência de formas mais pluralistas de governação na reabilitação com o programa City Challenge em 1996 pode ser identificada como um ponto de viragem, tal como sugerido no Quadro 24:

Tabela Vinte e Quatro - O City Challenge como um divisor de águas na evolução da avaliação.

Antes do City Challenge.	Depois do Desafio da Cidade.
Regeneração concebida e executada principalmente por um conjunto fechado de funcionários.	Regeneração concebida e realizada por um grupo mais vasto de indivíduos com mais ligações a outras esferas.
A avaliação era sobretudo um trabalho encomendado do topo para a base, realizado e publicado em formatos burocráticos.	A avaliação começa a ser mais participativa e orientada a nível local.
A avaliação incidiu principalmente sobre os resultados das entradas e saídas e a relação custo-benefício.	A avaliação incide muito mais sobre os processos, as formas de trabalho e os pontos de vista das partes interessadas.
Os modelos orientados centralmente significavam que podiam ser apoiados pelo conhecimento e determinismo da	A existência de actores locais e muito variados significa que é necessário encontrar novas formas

função pública central.	de aprendizagem descentralizada.
Crença em soluções de programas nacionais que podem ser aplicadas em diversas áreas locais.	Aceitar que, por vezes, são necessárias soluções locais e que a melhor forma de as encontrar é através da população local.
Utilização de estruturas departamentais monolíticas para apresentar soluções.	Compreensão de que a estrutura e o processo para cada programa e área diferentes têm de ser adequados às necessidades de cada área.
Crença nas soluções do Governo.	Crença na governamentalidade: os actores locais podem ser capacitados ou forçados a concretizar as aspirações do governo de forma autossustentável e crítica.

Houve, por conseguinte, uma transição de um período aproximadamente equiparado ao surgimento do City Challenge em 1996 e ao trabalho em parceria multi-setorial, quando era necessário explorar novas formas de aprendizagem. A evidência é que foi o surgimento de novas formas de trabalho com um envolvimento mais amplo de actores de diversos sectores que abriu a aprendizagem. Os intervenientes precisavam de saber quais as intervenções susceptíveis de serem bem sucedidas para poderem candidatar-se a fundos e avaliar as suas próprias acções e as acções dos outros. A reabilitação urbana tornou-se competitiva e as localidades tiveram de demonstrar por que razão as intervenções eram susceptíveis de funcionar nas suas zonas. Os principais factores que contribuíram para a aprendizagem incluem:

- A natureza em constante mudança dos programas de regeneração urbana.
- A complexidade e a natureza orientada para os objectivos dos programas.
- Ter de lidar com novos grupos de actores.

A natureza em constante mudança dos programas de reabilitação urbana levou a que os funcionários tivessem de aprender e reaprender constantemente formas de funcionamento, de apresentação de propostas para obtenção de fundos e de justificação do que estão a fazer. No entanto, há provas de que o calendário destas mudanças levou à perda de oportunidades de aprendizagem, sobretudo nos casos em que o trabalho de avaliação de um programa não foi concluído antes de o programa seguinte ter sido concebido e estar a funcionar. Há também a suspeita de que, se os funcionários têm de abandonar constantemente os programas actuais em favor de um novo, nunca têm tempo para refletir adequadamente sobre o que estão a conseguir e a melhor forma de o fazer.

Deve também haver a preocupação de que, se o tempo dos funcionários for consumido pela apresentação de propostas e pela execução de programas financiados, se estejam a perder muitas oportunidades de melhoria que não exigiriam financiamento, mas simplesmente alguma reflexão sobre o que está a ser feito e porquê. O Fundo de Renovação de Bairros, os objectivos do Acordo de Serviço Público e o atual impulso para os Acordos Locais de Área podem estar a avançar mais na direção de uma abordagem pensada para a concretização da mudança. No entanto, uma vez que são todos orientados para objectivos, devem certamente sofrer das numerosas fraquezas dos objectivos e dos indicadores, tal como referido no capítulo 6 supra.

A complexidade e a natureza orientada para objectivos dos programas é um segundo fator de aprendizagem para os funcionários, mas também deve ser motivo de preocupação. Parece que quanto mais complexas eram as tarefas e os processos, menos tempo e flexibilidade eram concedidos. Programas como o Orçamento Único para a Regeneração e o City Challenge exigiam prazos trimestrais rigorosos e a capacidade de projetar o desconhecido em pormenor com sete anos de antecedência. Esta questão está a ser resolvida por programas como o New Deal for Communities, que dão tempo para um planeamento e consulta locais pormenorizados. Por último, uma das influências mais poderosas para a aprendizagem dos funcionários foi o facto de terem de lidar com novos grupos de intervenientes. Em particular, o trabalho com as comunidades nas suas novas funções, como membros do

Conselho de Administração, deu origem a muitas fricções e à necessidade de aprender e desenvolver novas técnicas.

A evidência é que a necessidade de aprender se tornou muito mais clara e os líderes comunitários envolveram-se em muita aprendizagem (muitas vezes acidental, por exemplo, de vizinhos que estiveram envolvidos noutros programas) e muitas vezes através dos seus próprios estudos e muito mais frequentemente agora através de visitas a outros programas. É possível afirmar que há indícios de uma tendência crescente para a transferência comunitária da aprendizagem entre programas e que esta tem sido encorajada e apoiada pelo que se pode designar por instrumentos de governação, tais como a Unidade de Renovação de Bairros, as Redes de Conhecimento, os Seminários e as visitas de Boas Práticas, todos eles surgidos na era pós-Challenge.

Esta aprendizagem está a ocorrer através de uma seleção ad hoc e incidental a partir de um conjunto cada vez mais rico de oportunidades de aprendizagem e há que questionar a veracidade de algumas das lições a aprender. Por exemplo, o recurso às melhores práticas suscita muitas questões. A Unidade de Renovação de Bairros adverte que: "Muitas (melhores práticas) baseiam-se em poucos estudos de caso que podem conduzir a provas enganadoras ou a conclusões de generalização limitada" (NRU 2006a: 1). Um projeto como o Gunwharf Quays, em Portsmouth, premiado pela Associação Britânica de Regeneração Urbana, cumpria os requisitos das Melhores Práticas de um projeto, mas será que cumpria as Melhores Práticas em termos de preservação do comércio no centro da cidade, redução da utilização do automóvel ou equidade e igualdade? O mesmo se pode dizer de muitos destes projectos - as melhores práticas dependem do que se tem para trabalhar e do que se está a tentar alcançar e no interesse de quem. Não se trata de um instrumento inválido, mas requer interpretação quando é utilizado por outros.

Katz (2005: 1), que é Vice-Presidente e Diretor do Programa das Cidades Metropolitanas na Brookings Institution, apoia a utilização das Melhores Práticas como forma de aprendizagem, mas adverte que "a utilização das melhores práticas de uma área só conduzirá ao sucesso se for considerada no contexto da mudança e dos desafios nessa área específica". Do mesmo modo, aprender com funcionários que admitem ter aprendido a contornar as comunidades, a "sex-up" as declarações de desempenho e que não realizaram qualquer trabalho académico sobre o assunto pode não ser a melhor coisa. Ou será que é? Como é que se pode saber isso? Quem é que determina se a aprendizagem vai melhorar ou piorar a regeneração urbana? Mais importante ainda, quem deve determinar se a vida das comunidades melhora ou piora efetivamente?

Esta investigação concluiu que a aprendizagem no domínio da reabilitação urbana tem sido um processo que está a fazer a transição de uma abordagem estreita e formal para uma abordagem mais pluralista, com uma mistura mais rica de formalidade e informalidade. Do mesmo modo, a aprendizagem continua a desenvolver-se e há sinais de que a atual oferta de "pic 'n' mix" pode ser mais racionalizada com a emergência de centros regionais de excelência em reabilitação. A título de exemplo, o RENEW North West (o Centro Regional de Excelência do Noroeste) lançou um Programa de Aprendizagem Exemplar que procura estruturar a aprendizagem a partir de projectos "bem sucedidos ou inovadores" na região (New Start 2006: 10).

Há também provas do aparecimento de cursos de aprendizagem comunitária mais formalizados e acreditados no domínio da reabilitação urbana. As Parcerias Estratégicas Locais também têm de demonstrar que dispõem de programas formais de aprendizagem e que outras instituições, como a "IDEA", estão a facilitar a aprendizagem. É possível terminar esta investigação com uma conclusão positiva. A aprendizagem está a ocorrer cada vez mais e será transferida entre programas de várias formas formais e informais. No entanto, continua a ser necessário garantir a qualidade e o conteúdo da aprendizagem e há provas de que isso está a acontecer cada vez mais.

8.8 O caminho a seguir.

8.8.1. Clareza de objectivos.

A utilização da avaliação parece ser largamente subvalorizada e mesmo encarada com desconfiança. Esta investigação revelou a grande variedade de utilizações e entendimentos e o facto de a avaliação ser subutilizada mesmo quando é realizada e os resultados publicados. Parece haver uma necessidade de clareza e de uma maior apropriação da avaliação. É necessário esclarecer a razão pela qual a avaliação está a ser realizada. Trata-se de um processo de controlo do desempenho, com base no qual serão tomadas decisões sobre o financiamento futuro, ou de um verdadeiro exercício de aprendizagem em que todos podem admitir os seus erros e deficiências e fazer melhor mais tarde?

Este enigma não se aplica apenas a projectos em que há problemas de desempenho, porque também há percepções diferentes sobre o que é o sucesso. Um projeto pode estar a cumprir de forma excelente os objectivos da comunidade, mas se a avaliação incidir sobre os objectivos do financiador, que são diferentes ou mais restritos, ou susceptíveis de uma interpretação diferente, o projeto pode continuar a ser ameaçado pela avaliação. A tendência para a avaliação a vários níveis pode ajudar a resolver este problema, uma vez que os diferentes níveis de governação podem encomendar avaliações sobre o assunto que lhes convém.

8.8.2 A utilização de medidas de desempenho.

A utilização de medidas de desempenho é um domínio em que é necessária uma atenção permanente. O sexto capítulo descreveu os muitos problemas práticos e conceptuais das tentativas de utilização de indicadores de desempenho e também alguns exemplos de casos em que as medidas de avaliação não mostram verdadeiramente os benefícios de um regime. O capítulo sete mostrou também como as partes interessadas utilizaram por vezes incorretamente os indicadores e como os relatórios formais destes processos foram pouco utilizados ao longo dos anos.

Há uma crítica que está a ser cada vez mais abordada - a de que as medidas não são úteis para os envolvidos no processo e os resultados não são aplicados posteriormente. Quando este estudo estava a ser concluído, a utilização de indicadores de desempenho em toda a administração pública estava a ser revista à luz das críticas generalizadas.

Em alguns casos, como o Serviço Nacional de Saúde, o Governo prometeu reduzir o número de objectivos e, noutros casos, como os serviços das autoridades locais, os acordos locais estavam a ser cada vez mais utilizados para acordar objectivos em parceria.

No entanto, pode haver uma consequência muito maior de décadas de regeneração urbana orientada por objectivos: a perda de uma gestão profissional e orientada por critérios. Nas entrevistas, os intervenientes raramente mencionaram a utilização das suas próprias competências e discernimento, mas referiram constantemente a forma como tinham conseguido (ou não) seguir as regras do jogo. Existe o perigo de a prática da reabilitação se tornar simplesmente mais apta a aprender e a aplicar regras obscuras e a cumprir objectivos estabelecidos por outros, o que pode estar a fazer mais mal do que bem.

Parte deste problema reside na expetativa de que a regeneração, que deve ser de longo prazo, possa ser realizada através de iniciativas de curto prazo em constante mutação que satisfaçam objectivos de curto prazo. O aparecimento de programas a mais longo prazo, como o New Deal for Communities, Sure Start e acordos de parceria permanentes, pode resolver este problema, mas destes três apenas as Parcerias Estratégicas Locais são susceptíveis de sobreviver no futuro. Talvez o que seja necessário seja uma aceitação realista de que os benefícios das intervenções podem não ser medidos por indicadores de curto prazo e precisam de ser considerados a longo prazo? Tal como a avaliação nacional do Sure Start admitiu, os benefícios do Sure Start podem não se concretizar até que os bebés frequentem a universidade.

8.8.3 Os desafios do que as pessoas aprendem.

Aceitando que é benéfico, e talvez inevitável, que as pessoas aprendam à medida que se desenvolvem, as questões sobre o que aprendem e se existe algum quadro de aprendizagem aceite podem necessitar de mais desenvolvimento. Apenas um dos quinze intervenientes-chave do estudo de caso possuía qualificações em matéria de reabilitação urbana e, no entanto, todos eles estavam envolvidos em decisões cruciais e em acções cujas consequências se prolongariam por décadas.

Existem quadros para identificar e apresentar as melhores práticas e estão a surgir centros de excelência, bem como um número crescente de cursos acreditados para líderes comunitários. Noutros domínios, como o Serviço Nacional de Saúde, espera-se que os Diretores Não-Executivos (ou seja, os líderes das empresas ou da comunidade) cumpram determinados padrões de conhecimento e aprendizagem e que os Executivos participem no Desenvolvimento Profissional Contínuo. É possível que as pessoas envolvidas na regeneração urbana tenham de cumprir determinados padrões de aprendizagem, mas há perigos nisso:

1) A compreensão não ensinada de uma área por parte dos não profissionais é vital quando se tomam decisões sobre as casas e os bairros das pessoas.

2) A reabilitação urbana é um tema ou mesmo um conceito tão vasto que é difícil imaginar como se poderia construir um curso que o abrangesse adequadamente. As actuais oportunidades de aprendizagem são descritas acima como um "pic n mix", o que sugere os perigos de se consumir simplesmente o que é conveniente e parece digerível. Talvez seja necessária uma abordagem do tipo "cartão de dieta", segundo a qual as parcerias locais de aprendizagem, com o apoio das instituições de ensino, dariam orientações

quanto à seleção dos elementos de aprendizagem adequados às tarefas em causa? Desta forma, a aprendizagem não precisaria de ser limitada, mas poderia ser acompanhada de avisos de saúde adequados.

8.8.4Investigação suplementar sobre os efeitos da transferência da aprendizagem.

As áreas que podem exigir mais investigação incluem a medida em que a aprendizagem conduz a resultados de acções alteradas ao longo do tempo. Na presente investigação, foram revelados exemplos em que a transferência da aprendizagem conduziu a mudanças de ação mais tarde. Seria muito útil investigar este facto mais aprofundadamente.

8.8.5Há sinais de que está a surgir uma nova povoação?

No início de 2005, o Departamento de Comércio e Indústria anunciou que as Agências de Desenvolvimento Regional teriam de seguir um quadro de avaliação nacional unificado, em vez de apresentarem as suas auto-avaliações com base numa escolha local de indicadores. Comentando este facto, Roseveare afirmou que "não obtiveram um bom acordo na última revisão das despesas e não o obterão na próxima, a menos que comecem a provar o seu impacto" (Loney 2005b: 12).

A Academia para as Comunidades Sustentáveis está atualmente em funcionamento (Redfearn 2005c: 16). Esta foi criada principalmente na sequência do Egan Review (ODPM 2004c), que identificou uma escassez muito grave de competências no domínio da reabilitação. Espera-se que utilize os ensinamentos de programas de reabilitação anteriores para educar os actuais profissionais.

Na Escócia, existe um Centro Escocês para a Regeneração que, em 2005, lançou um pacote "Learning in Skills". Atualmente, promove a transferência de conhecimentos através de vários meios, incluindo conferências, documentos e o seu fundo "Seeing is Believing" (SCR: 2006).

8.9 Avaliação - um exercício frutuoso ou um esforço inútil?

Este estudo ilustrou as enormes complexidades da política e da gestão da reabilitação urbana durante o período de estudo. Mostrou também como o tema tem evoluído rapidamente, com a introdução de novos programas em cada ciclo de governação. Este ritmo de mudança e a multiplicação de iniciativas e desafios têm sido um verdadeiro desafio para todos os interessados. A mudança do modelo em que a transferência de aprendizagem ou o intercâmbio de conhecimentos (Bailey 2005: 2) tem de ter lugar foi vasta. Passou-se de um modelo fechado de comissionamento do Governo Central para um modelo pluralista/parceria/pequenas áreas, com muitas fases flutuantes pelo meio.

Este estudo mostrou como os actores envolvidos reagiram a esta situação de várias formas diferentes para sobreviver, ganhar e aprender. A situação tem vindo a mudar de uma forma algo caótica e as respostas têm sido, em grande medida, reactivas e mistas, mas há provas claras de que os intervenientes a todos os níveis ultrapassaram estas épocas com uma crença contínua na necessidade de aprender e no poder da avaliação como apenas uma das muitas vias para transferir a aprendizagem.

Ao mesmo tempo, as teorias e a prática da aprendizagem evoluíram na sociedade em geral no sentido de uma crença na aprendizagem ao longo da vida, na aprendizagem situada no contexto adequado e na aprendizagem baseada mais no intercâmbio do que na transferência. À medida que a aprendizagem no domínio da regeneração urbana amadurece, está a assentar em estruturas facilitadoras que se adaptam melhor ao novo mundo da governação comunitária em rede, em que cada parte tem de desempenhar o seu papel no contexto e ao lado de outras. Todos os intervenientes devem ser capazes de identificar os problemas e não apenas as soluções.

Há, portanto, motivos para alguma esperança de que a aprendizagem esteja a ser incorporada na prática da reabilitação urbana inglesa e que os passos vacilantes que foram descobertos nesta investigação possam transformar-se em caminhos firmes. No entanto, se o futuro for julgado pelo passado, existe o risco de as estruturas de aprendizagem que estão agora a ser

estabelecidas como os Centros Regionais de Excelência, a Academia para as Comunidades Sustentáveis e o Sistema de Gestão do Conhecimento da Unidade de Renovação de Bairros são simplesmente mais uma numa longa linha de iniciativas políticas de curto prazo que serão eclipsadas antes de os seus benefícios terem tido tempo de se manifestar.

Bibliografia

A

Acland et al. 2001. Evaluating participatory, deliberative and cooperative ways of working. Brighton: Interact.

Adair et al. 1999. Avaliação do comportamento do investidor na regeneração urbana. Urban Studies. Volume 36 (12) pp. 2031-2045. Abingdon: Carfax.

Alterman, R. e Cars, G. 1991. Regeneração de bairros. An international evaluation. Londres: Mansell.

Amin, A. e Thrift, N. 1995. Globalisation, institutional thickness and the local economy, in Healey, P. et al. 1995 Managing Cities: the New Urban Context. Chichester: Wiley. pp 91-108.

Amion Consulting - lessons from pilots available on the Inter-net (www.amion.co.uk - acedido em 30.12.05).

Anastacio, J., Gidley, B., Hart, L., Keith, M., Mayo, M. e Kowarzik, U. 2000. Reflecting Realities - Participants Perspectives on integrated communities and sustainable development. Area Regeneration Series. York: Fundação Joseph Rowntree.

Fundação Anne E. Casey. 2003. Introdução à Teoria da Mudança. Um documento sobre o tema Making Connections. Baltimore: Anne E. Casey Foundation.

Armstrong, H.W.W., Kehrer, B. Wells, P. e Wood, A.M. 2002. The evaluation of community economic development initiatives. Urban Studies Vol. 39, No 3. pp. 457-481. Abingdon: Carfax.

Argyris, C. e Schon, D.A. 1996. Aprendizagem organizacional II: Teoria, método e prática. Wokingham: Addison Wesley Publishing Company.

Comissão de Auditoria. 1989. Urban regeneration and economic development: the local government dimension (Regeneração urbana e desenvolvimento económico: a dimensão da administração local). Londres: HMSO.

Comissão de Auditoria. 1991. The Urban regeneration experience: observations from local value for money audits. Londres: HMSO.

Comissão de Auditoria. 1999. A Life's work; Local authorities, economic development and regeneration. London: The Stationery Office.

Comissão de Auditoria. 2002. Neighbourhood Renewal Policy Focus. Londres: Comissão de Auditoria.

Atkinson, R. e Moon, G. 1994. Urban Policy in Britain: The city, the state and the market. Londres: Macmillan.

Aaronovitch, S. 1994. Towards a democratic approach to urban policy evaluation" (Para uma abordagem democrática da avaliação da política urbana). Documento apresentado na conferência do Conselho de Investigação Económica e Social. Cardiff. 6 -7thth Sept. 1994.

B

Balzar, L. 2004. O que é necessário para um projeto de avaliação bem sucedido? Artigo não publicado. Landau: Centro de Investigação Educacional, Universidade de Koblenz.

Bailey, N. 1997. Changing institutional responses to the regeneration of peripheral industrial locations in London: An Evaluation of Partnership and Local capacity Building. . Local Economy. Volume 12. pp. 263-275. Abingdon: Carfax.

Bailey, N. 2005. The University in the City: How higher education can deliver the knowledge and skills for regeneration and the creative economy. Palestra inaugural do professorado. Universidade de Westminster. University of Westminster. Londres. 22nd junho de 2005.

Bailey, N., Barker, A. e MacDonald, K. 1995. Partnership agencies in British urban policy. London: UCL Press.

Baker, S. 1999. Encontrar e pesquisar fontes de informação. In: Bell J. (ed). 1999. Doing Your Research Project. Buckingham: Open University Press. pp 64-88.

Barnekov, T., Hart, D. e Benfer, W. 1990. US experience in evaluating urban regeneration. London: Department of the Environment.

Barr, A. et al. 1996. Monitoring and Evaluation of Community Development in Northern Ireland (Acompanhamento e avaliação do desenvolvimento comunitário na Irlanda do Norte). DHSS: Belfast.

Basset, K. 1996. Parcerias, elites empresariais na política urbana: novas formas de governação numa cidade inglesa? Volume de Estudos Urbanos: 33 pp. 539-555. Abingdon: Carfax.

Bell, J. 1999. Doing your research project. Maidenhead: Open University Press.

Bennet, A. 2002. Carta da Zona de Ação Sanitária de Lambeth Southwark e Lewisham, datada de 14.02.02, que acompanha a Zona de Ação Sanitária de Lambeth, Southwark e Lewisham. 2002. Hazlearning Factsheet 1. Londres: Autoridade de Saúde de Lambeth, Southwark e Lewisham.

Bennet, J. 2003. Evaluation Methods in Research. Londres: Continuum.

Bennett, K., Benyon, H. e Hudson, R. 2000. Coalfields Regeneration - Dealing with the consequences of industrial decline. Bristol: The Policy Press.

Bowling, A. 2002. Research Methods in Health. Buckingham: Open University Press.

Boyle, D. 2000. The Tyranny of Numbers, why counting can't make us happy. Londres: Harper Collins.

Bradford, M. e Robson, B. 1995. An Evaluation of Urban Policy, em Hambleton, R. e Thomas, H. 1995. Urban Policy Evaluation. London: Paul Chapman Publishing pp. 37-54.

Brennan, A., Rhodes, J. e Tyler, P. 1998. Evaluation of the Single Regeneration Budget Challenge Fund: A partnership for regeneration: an interim evaluation. Ministério do Ambiente, dos Transportes e das Regiões. London: The Stationery Office.

Brickell, P. 2000. People before structures. Londres: Demos.

Briner, M. 1999. Teorias da Aprendizagem acedido no sítio web 24.04.01 http://curriculum.calstatela.edu/faculty/psparks/therorists/.

Broadway, M. e Jesty, G. 1998. Are Canadian Inner Cities becoming more dissimilar? Uma análise dos indicadores de privação urbana. Urban Studies. Volume 35 No 9 1423-1438. 1998. Abingdon: Carfax.

Brodie, I. 2002. Envolvimento dos pais na avaliação local. Documento interno não publicado. Sure Start Chatham: Chatham.

Bromley, C., Curtice, J. e Seyd, B. 2001. Political Engagement Trust and Reform, em Park, A. Curtice, K., Thomson, K, Jarvis, L. e Bromley, C. (eds) 2001. British Social Attitudes; The 18th Report p. 214. Londres: Sage.

Brownill, S. 1990. Developing London's Docklands; Another Great Planning Disaster. Londres: Chapman.

Brownill, S., Razzaque, K, Stirling, T. e Thomas, H. 1997. Igualdade racial e governação local. Documento de Projeto ECRC Número 3. Cardiff: Departamento de Planeamento Urbano e Regional, Universidade de Cardiff.

Brownill, S. e Darke, J. 1998. 'Rich Mix' - Inclusive Strategies for Urban Regeneration. Bristol: The Policy Press.

Bryman, A. (ed) 1988. Doing Research in Organisations. London: Routledge.

Associação Britânica de Regeneração Urbana. 2005a. Regeneration Training Programme (Programa de Formação em Regeneração). Londres: Associação Britânica de Regeneração Urbana.

Associação Britânica de Regeneração Urbana. 2005b. BURA News and Views. Issue One April 2005. p. 1. Londres: BURA.

Associação Britânica de Regeneração Urbana. 2005c. O Governo Local e o campo de batalha eleitoral BURA briefing. Edição 33. abril de 2005. p. 10. BURA: Londres.

Associação Britânica de Regeneração Urbana. 2005d. Delivering in the growth Areas. Londres: Associação Britânica de Regeneração Urbana.

Burns, D e Taylor, M. 2000. Auditing Community Participation. York: Joseph Rowntree Research Trust.

Burton, P. e Boddy, M. 1995. The Changing Context for British Urban Policy in Hambleton, R. e Thomas, H. 1995. Urban Policy Evaluation. London: Paul Chapman Publishing. pp. 23-36.

Burwood, S. e Roberts, P. 2002. "Learning from Experience" The BURA Guide to Achieving Effective and Lasting Regeneration". Londres: Associação Britânica de Regeneração Urbana.

Byrne, D. 2001. Understanding the Urban. Basingstoke : Palgrave.

C

Cabinet Office. 2002. Reaching out: The role of central government at regional and local level. London: PFIU.

Caborn, R. 1999. Discurso proferido na primeira conferência nacional sobre regeneração, em 27th de maio de 1999. Gabinete do Vice-Primeiro-Ministro.

Caplin et al. 2000. My Kind of Town Londres: Building Centre Trust.

Carley, M. e Kirk, K. 1998. Sustainable by 2020?, Bristol: The Policy Press.

Carley, M. e Kirk, K. 1999. City-wide Urban Regeneration: lessons from good practice: Edinburgh: Scottish Executive.

Carley, M., Campbell, M., Kearns, A., Wood, M. e Young R. 2001. Regeneration in the 21st Century. Bristol: The Policy Press.

Carter, T. 1991. Neighbourhood Improvement: The Canadian Experience. p. 25. Em Alterman, R. e Cars, G. 1991.

Regeneração de bairros. An International Evaluation. Londres: Mansell.

Caulkin, S. 2004. Faz pontaria: vais sempre falhar. The Observer. 14.11.2004. p. 11. Londres: The Observer.

Centro de Estratégias Económicas Locais. 1992. Diretions for Urban Policy in the 1990s. Manchester: Centro de Estratégias Económicas Locais.

Chadwick, G. 1978. A Systems view of Planning: towards a theory of the urban and regional planning processes. 2nd Ed Oxford: Pergamon Press.

Chapman, M. 1995. Avaliação da política urbana: The Impact of the European Union. Em Hambleton, R. e Thomas, H. 1995. Urban Policy Evaluation. London: Paul Chapman Publishing. pp. 73-86.

Serviços de avaliação de instituições de beneficência. 2002. Basic Monitoring and Evaluation Londres: Charities Evaluation Services.

Churchill, S. 2001. Informação Aberta para Birmingham. New Start. 07/09/01 p. 13. New Start Publishing: Sheffield.

Projeto Clapham Park. 2004. Documento de discussão interna sobre Avaliação e Estratégias Locais. Projeto Clapham Park: Londres.

Clarke, A. 1999. Evaluation Research: An introduction to Principles, Methods and Practice. Londres: Sage.

Grupo de Trabalho dos Campos de Carvão. 1998. Making a Difference -A New Start for England's Coalfields. Londres: Ministério do Ambiente, dos Transportes e das Regiões.

Cole, I. e Smith, Y. 1996. From estate action to estate agreement regeneration and change on the Bell Farm Estate, York. Policy Press em associação com a Fundação Joseph Rowntree: Bristol.

Colenutt, B. e Cutten, A. 1994. Community Empowerment in Vogue or Vain? Local Economy Volume. 9 pp. 236-50. Harlow : Longman Group UK.

Fundação para o Desenvolvimento Comunitário. 1998. Building Community Strengths - A Resource Book on Capacity Building. London: Community Development Foundation.

Coote, A. 1998. The Measure of Success. Community Care. 26.11.98. Nº 1250 p. 1.

Coote et al. 2004. Finding out What Works. Resumo. Londres: The Kings Fund.

Corera, G. 1998: More by Default than Design; The Clinton experience and the Third Way. Renewal, 6,2 abril. pp. 6-16. Londres: Lawrence and Wishart.

Couch, C. 1990. Urban Renewal, Theory and Practice. Londres: Macmillan.

Dagger, R. 2000. Metropolis, memory and citizenship in Isin, I. 2000. (Ed) Democracy, citizenship and the global city. pp. 25-47. London: Routledge.

Dalton, R.J. e Wattenberg, M.P. (eds). 2002. Parties without Partisans. Nova Iorque: Oxford University Press.

Davidou, S., Healey, P. 1995. Desafio da cidade: processo sustentável ou gesto temporário? Ambiente e Planeamento C: Government and Policy 1995, Volume 13, páginas 79-95. Pion: Londres.

Davies, J. 1998. Exclusão social e regeneração urbana. Housing and Planning Review, dezembro de 1998/janeiro de 1999. p. 25. Conselho Nacional de Habitação e Planeamento Urbano: Londres

Davies, J. 2001. Partnerships and regimes: The politics of urban regeneration in the UK. Aldershot: Ashgate Publishing.

Denzin, N. e Lincoln, Y. 2000. Handbook of Qualitative Research. Londres: Sage Publications.

Dickinson, S. 2004. O caminho para Wellville. Em New Start. 30 de julho de 2004 p. 15. Sheffield: New Start Publications.

Ministério da Educação e do Emprego. 1999. Reforço das capacidades no âmbito do Fundo Social Europeu: Avaliação do Objetivo 3, Prioridade 4.

Relatório de investigação 124. Nottingham: Departamento de Educação e Emprego.

Ministério da Educação e do Emprego. 2001. Evaluation of the Community Champions and the Community Development learning Fund. Relatório de investigação 280. Relatório de investigação 280. Londres: Ministério da Educação e do Emprego.

Ministério da Educação e Ciência. 2004. Children's Fund: Próximas etapas. Edição de 1 de agosto de 2004. Londres: Departamento de Educação e Ciência.

Departamento do Ambiente. 1977. Policy for the Inner Cities (White Paper). Londres: HMSO.

Departamento do Ambiente. 1980a. Garden Exhibitions in the United Kingdom (Exposições de Jardins no Reino Unido). London: DOE.

Departamento do Ambiente. 1980b. Department of the Environment: Urban Development Corporations: Report of the Comptroller and Auditor General. Londres: HMSO.

Departamento do Ambiente. 1981. Evaluation of the Urban Programme in Liverpool (Avaliação do Programa Urbano em Liverpool). Londres: HMSO.

Department of the Environment 1983 a. An evaluation of Industrial and Commercial Improvement Areas. Londres: HMSO.

Departamento do Ambiente. 1983b. Evaluation of Urban Development Grant, Urban Regeneration Grant and City Grant. Londres HMSO.

Departamento do Ambiente. 1985a. 5 year review of Birmingham Inner City Partnership. Londres: HMSO.

Departamento do Ambiente. 1985b. Evaluation of Derelict Land Grant Schemes. Londres: HMSO.

Departamento do Ambiente. 1986. Evaluation of environmental projects funded under the Urban Programme. Londres: HMSO.

Departamento do Ambiente. 1987. An evaluation of the Enterprise Zone experiment. Londres: HMSO.

Departamento do Ambiente. 1988. Evaluation of Urban Development Grant, Urban Regeneration Grant and City Grant. Londres: HMSO.

Departamento do Ambiente. 1990a. 5 year review of Bolton, Middlesbrough and Nottingham programme authorities. Londres: HMSO.

Departamento do Ambiente. 1990b. An Evaluation of Garden Festivals. Londres: HMSO.

Departamento do Ambiente. 1990c. United States experience in evaluating urban regeneration. Londres: HMSO.

Departamento do Ambiente. 1991. Evaluation of policy instruments for tackling land vacancy (Avaliação dos instrumentos políticos para combater a desocupação de terrenos). Londres: HMSO.

Departamento do Ambiente. 1992a An Evaluation of the Government's Inner City Task Force, Main Report Volume One. preparado por Cambridge Economic Consultants. Londres: HMSO.

Departamento do Ambiente. 1992b. An Evaluation of the Government's Inner City Task Force, Volume Two. Task Force Chapeltown and Harehills (Leeds). Londres: HMSO.

Departamento do Ambiente. 1992c. An Evaluation of the Government's Inner City Task Force, Volume Two. Hartlepool Task Force. Londres: HMSO.

Departamento do Ambiente.1992d. An Evaluation of the Government's Inner City Task Force, Volume Two. Grupo de Trabalho de Spitalfields (Londres). Londres: HMSO.

Departamento do Ambiente. 1992e. Developing Indicators for Assessing Urban Policy (Desenvolver indicadores para avaliar a política urbana). Londres: HMSO.

Departamento do Ambiente. 1993 a The evaluation of Industrial and Commercial Improvement Areas. Londres: HMSO.

Departamento do Ambiente. 1993b. Evaluation of Urban Development Grant, Urban Regeneration Grant and City Grant. Londres: HMSO.

Departamento do Ambiente. 1994a. Assessing the Impact of Urban Policy. Londres: HMSO.

Departamento do Ambiente. 1994b. Avaliação Nacional do City Challenge, Anexo A (Resumo do Projeto). Londres: HMSO.

Departamento do Ambiente. 1994c. Bidding guidance: A guide to funding under the Single Regeneration Budget. London: DOE.

Departamento do Ambiente. 1994d. Relatório anual: Os planos de despesas do Governo para 1994-5 a 1996-7. Londres: HMSO.

Departamento do Ambiente. 1996. City Challenge: Interim National Evaluation. Londres: HMSO.

Ministério do Ambiente, dos Transportes e das Regiões. 1997.

Involving communities in urban and rural regeneration - A Guide for Practitioners (Envolver as comunidades na reabilitação urbana e rural - Guia para profissionais). Londres: HMSO.

Ministério do Ambiente, dos Transportes e das Regiões. 1997. Regeneration programmes - the way forward. Londres: HMSO.

Ministério do Ambiente, dos Transportes e das Regiões. 1998. Evaluation of the Single Regeneration Budget Challenge Fund. London: Ministério do Ambiente, dos Transportes e das Regiões.

Ministério do Ambiente, dos Transportes e das Regiões. 1998.

Evaluation of the Single Regeneration Budget Challenge Fund - A Partnership for Regeneration (Avaliação do Fundo de Desafio do Orçamento Único para a Regeneração - Uma Parceria para a Regeneração). Londres: Ministério do Ambiente, dos Transportes e das Regiões.

Ministério do Ambiente, dos Transportes e das Regiões. 2000a. Final Evaluation of City Challenge. Londres: HMSO.

Ministério do Ambiente, dos Transportes e das Regiões, 2000b. New Deal for Communities Monitoring, Review and Evaluation. London: Ministério do Ambiente, dos Transportes e das Regiões.

Ministério do Ambiente, dos Transportes e das Regiões. 2000c. Regeneration of former Coalfields Areas: Interim Evaluation. Regeneration Research Summary Number 3. Londres: Ministério do Ambiente, dos Transportes e das Regiões.

Ministério do Ambiente, dos Transportes e das Regiões. 2000d. Transferable lessons in regeneration from the Housing Action Trusts". Londres: HMSO.

Dobson, J. 2004. Alvos em movimento. In New Start 23/11/04 pp. 12-13. Sheffield: New Start Publications.

Dobson, J. 2005. O mundo de Sophie. Em New Start. 22nd April 2005. p. 17. Sheffield: New Start Publications.

Comité Consultivo das Docklands. 1990. The Docklands Experiment. London: Comité Consultivo das Docklands.

Doherty, T. e Horne, T. 2002. Managing Public Services. London: Routledge.

Doods, L. e Powell, S. A avaliação é mais do que uma mera contagem de números. In New Start 23.09.05. p. 11. Sheffield: New Start Publications.

Downer, S. 2001. Estatísticas vitais em linha. Em New Start. 07.09.01. p.

12. Sheffield: New Start Publications.

Downer, S. 2004a. Turning a New Leaf. In New Start. 27.02.04. Sheffield: New Start Publications.

Downer, S. 2004b, Editorial Comment. Em New Start, 12.11.04. p. 3. Sheffield: New Start Publications.

Downer, S. 2004c. Trabalhar para um avanço. Em New Start 17.12.04. p13. Sheffield: New Start Publications.

Draper, L. 2001. Being Evaluated: a Practitioner's View. Children and Society. Volume 15 (2001) pp. 46-52. Chichester: Wiley and Sons Ltd.

Ministério dos Transportes, da Administração Local e das Regiões. 2001. Urban Regeneration Companies (URCs) - Learning the Lessons Regeneration Summary. Londres: HMSO.

Ministério dos Transportes, da Administração Local e das Regiões. 2002a. Consultation on Evaluating Urban Policy (Consulta sobre a avaliação da política urbana). London: Department for Transport Local Government and the Regions.

Ministério dos Transportes, da Administração Local e das Regiões. 2002b. Evidence into Practice: The New Deal for Communities National Evaluation. London: The Stationery Office.

Duffy, B. 1999. A análise de provas documentais em Bell, J.

Fazer o seu projeto de investigação. 3rd Edition, pp. 106-7. Maidenhead: Open University Press.

Duncan, P. e Thomas, S. 2000. Neighbourhood Regeneration - Resourcing community involvement. The Policy Press, Bristol.

Dunleavy, P. 1980. Urban Political Analysis. London: McMillan.

Dutton, C. 2001. Indicadores estatísticos e verdade. In Regeneration and Renewal 22nd fevereiro de 2001. p. 12.

Dwelly, T. 2003. Market Renewal Programme: Learning lessons, Manchester 2003. Londres: Gabinete do Vice-Primeiro-Ministro.

E

Edwards, J. e Batley, R. 1978. The Politics of Positive Discrimination (A Política da Discriminação Positiva). Londres: Tavistock.

Parcerias inglesas. 2004. Guia de Adicionalidade. Londres: English Partnerships.

Enticott, G, Walker, R., Boyne, G., Martin, S., e Ashworth, R. Best Value and English local government: summary of baseline census results. London: Gabinete do Vice-Primeiro-Ministro.

Etzioni. A. 1996. A nova regra de ouro: Community and morality in a democratic society. Nova Iorque: Basic Books.

Everitt, B. 1996, Developing critical evaluation. Avaliação; Volume 2 2: pp.173-188.

F

Fearnley, R. e Pratt, J. 1996. Stratford City Challenge. In Rising in the East ed. por Butler, T. e Rustin M. London: Lawrence and Wishart. pp. 327-351.

Fetterman, D. 2000. Foundations of Empowerment Evaluation [Fundamentos da Avaliação do Empoderamento]. Thousand Oaks: SAGE.

Fetterman, D. 2003. Empowerment Evaluation.

www.stanford.edu/~davidf/empowermentevaluation.html. acedido em 14.03.06.

Filkin, Lord. 1999. Achieving Best Value. London: New Local Government Network.

Finger, M. e Brand, S.B. 1999. The Concept of the Learning Organisation Applied to the Transformation of the Public Setor, in Easterby-Smith, M. Burgoyne, J. and Arajaujo, L. (eds) Organisational learning and the learning organization. Developments in theory and Practice. Londres: Sage. pp.136 - 147.

Fink, A. 1993 Evaluation Fundamentals; guiding health programs, research and policy. Londres: Sage.

Floria, S. e Brownill, S. 2000. O que é que aconteceu à crítica? Interpretando o obituário da London Dockland Development Corporation. City, Vol. 4 No 1 pp. 53-64. Londres: Taylor and Francis Ltd.

Foley, P., Hutchinson, J., Fordham, G. 1998. Managing the Challenge: winning and implementing the Single Regeneration Budget Challenge Fund. Planning Practice and Research 13910 pp. 63-80. Londres: Pion.

Fordham, G. 1995. Made to Last. York: Fundação de Investigação Joseph Rowntree.

Forrest, R. e Kearns, R. 1999. Joined Up Places? York: Fundação de Investigação Joseph Rowntree.

Foucault, M. 1991. Governmentality in The Foucault Effect: studies in Governmentality. Eds Burchell, G., Gordon, C. e Miller P. Hemel Hempstead: Harvester Wheatsheaf. Pp 87-104.

França, A. 2001. Involving Communities in the evaluation of programmes with 'At Risk' Children and Young people. Crianças e Sociedade. Volume 15 (2001) pp 39-45.

Friend, J.E. e Jessop, W. 1977. Local Government and Strategic Choice: an operational research approach to the process of public planning. Oxford: Pergamon Press.

Frye, M. e Webb, A. 2002. Working together. Londres: HM Treasury.

Fukuyama, F. 1999. The Great Disruption. Londres: Profile Books.

G

Gardiner, C. 1998. Developing Indicators to Assess the Potential for urban regeneration (Desenvolvimento de indicadores para avaliar o potencial de regeneração urbana): Improvements using the 1991 Census of Population Samples of Anonymised Records. Estudos Urbanos.

Volume: 35 (9) pp.1519-1540. Abingdon: Carfax.

Gardiner, J. 2004. The New Towns. Regeneration and Renewal 29.10.04 pp.

19 - 23. Londres: Haymarket Publications.

Gabinete Geral de Contabilidade. 1987. Federal Evaluations Fewer Units, Reduced Resources, Different Studies From 1980 [Avaliações Federais Menos Unidades, Recursos Reduzidos, Estudos Diferentes de 1980]. Washington DC: General Accounting Office.

George St Research Ltd. 2001. Avaliação de abordagens inovadoras para testar a opinião da comunidade. Edinburgh: Scottish Executive.

Glass, N. 2001. What Works for Children - the Political Issues (O que funciona para as crianças - as questões políticas).

Crianças e Sociedade. Volume 15. pp. 14-20. Chichester: J. Wiley and Sons.

Ghate, D. 2001. Avaliações de base comunitária no Reino Unido: Preocupações científicas e condicionalismos práticos. Children and Society Volume 15. pp. 23-32. Chichester: J Wiley and Sons Ltd.

Giddens, A. 1995. A contemporary critique of historical materialism. Cambridge: Policy Press.

Goss, S. 2001. Making Local Governance Work. Londres: McMillan.

Graham, C. 2005 Up Before the Head. In Public Service Diretor. setembro de 2005 pp. 16-18. Londres: Govnet Publications.

Autoridade da Grande Londres. 2001. Investigating the effectiveness of regeneration in London. London: Greater London Authority.

Greater London Enterprise. 2004. Turning Neighbourhoods Around. Londres: Greater London Enterprise.

Greene, J. 2000. Understanding Social Programs Through Evaluation in Denzin, N. and Lincoln, Y. 2000. Handbook of Qualitative Research. Londres: Sage Publications.

Greenhalgh P. e Shaw K. 2002. Regional Development Agencies and the future of physical regeneration in England (Agências de Desenvolvimento Regional e o futuro da reabilitação física em Inglaterra). Newcastle: Universidade de Northumbria.

Greig-Smith. H, 2004. A falta de competências é um "obstáculo" ao Plano Comunitário. In Regeneration and Renewal 9th julho de 2004. Londres: Haymarket Publications.

Grewall, H.K. 2005. Os residentes investigam a sua própria zona de CDN. In Regeneration and Renewal in 22/04/05. p. 27. Londres: Haymarket Publications.

Groundwork e New Economics Foundation. 2000. Prove-it! Groundwork: Birmingham.

Guba, E.G. e Lincoln, Y.S. 1989. Fourth Generation Evaluation. Thousand Oaks: Sage.

Gwilliam et al. 1998. Sustainable Urban Renewal (Renovação Urbana Sustentável). York: The Policy Press.

H

Hall, S. 1996. Single Regeneration Budget. A Review of the Challenge Fund Round 2. Birmingham: Centro de Estudos Regionais Urbanos. Universidade de Birmingham.

Hall, S. 1999. Challenge funding contracts and area regeneration. York: Fundação Joseph Rowntree.

Hall, S. 2000. The way forward for regeneration? Lessons from the Single Regeneration Budget Challenge Fund. Local Government Studies, Volume Número 1, primavera de 2000, pp. 1-14. London: Routledge.

Hambleton, R. e Thomas, H. 1995. Urban Policy Evaluation. London: Paul Chapman Publishing.

Harding, A. Marvin, S. e May, T. 2002. A visão urbana deve abraçar o realismo. In Regeneration and Renewal 15.11.02. p. 14. Londres: Haymarket Publications.

Hastings, A.1999. Analisar as relações de poder nas parcerias: Is there a role for Discourse Analysis? Urban Studies Volume 36 No 1 pp. 91-106. Abingdon: Carfax.

Hastings, A., Macarthur, A. e McGregor A. 1996. Less than equal - community organisations and regeneration partnerships. Bristol: The Policy Press.

Hausner, V.A. 1993. O Futuro do Desenvolvimento Urbano. Jornal da Sociedade Real de Artes. Vol 141. No 5441, p. 526. Londres: Royal Society of the Arts.

Healey et al. 1995. Managing Cities: the New Urban Context. Chichester: Wiley &Sons Ltd.

Henderson, J., Wilkins, K. e Barnes J. 2002. Getting started with a local Sure Start Programme Evaluation. Londres: National Evaluation of Sure Start. Birkbeck College.

Henderson, S. 2003. De que forma é que um programa Sure Start ajuda a desenvolver laços mais estreitos com os pais? BA paper for St Martin's College. Londres: St Martin's College.

Governo de Sua Majestade. 1988. Ação para as Cidades Londres: HMSO

Governo de Sua Majestade. 1999. Modernização do Governo. Cm 4310. Londres: HMSO

Governo de Sua Majestade. 2003. The Government's Response to the ODPM Housing, Planning, Local Government and the Regions Committee's Report on The Effectiveness of Government Regeneration Initiatives. Londres:

HMSO.

Her Majesty's Inspetor of Constabulary 1998. Her Majesty's Inspetor of Constabulary, Thematic Report -Beating Crime. Londres. Londres: The Stationery Office.

Tesouro de Sua Majestade. 1995. A Framework for the evaluation of regeneration projects and programmes janeiro. Londres: HM Treasury.

Tesouro de Sua Majestade. 2003. Green Book Appraisal and Evaluation in Central Government Treasury Guidance Londres: The Stationery Office.

Herbert D.T. e Raine, J. 1976. Definição de comunidades em áreas urbanas: uma análise de abordagens alternativas. Town Planning Review 47(4) pp. 325-38. Liverpool: Liverpool University Press.

Higgins, J. 1983. Government and Urban Policy. Oxford: Blackwell.

Hill, R. 1996. Missão Possível: Um novo papel para o Estado local. Renewal, 4,2. pp. 21-7. Londres: Lawrence and Wishart.

Hirschman, A. 1970. Exit, voice and loyalty. Cambridge MA: Harvard University Press.

Ho, S. 2003. Evaluating British Urban Policy. Aldershot: Ashgate Publishing.

Ministério do Interior. 1968. Background paper for Community Development Programmes. Londres: HMSO.

Ministério do Interior. 2003. Community Cohesion advice for those designing, developing and delivering area-based initiatives (Conselhos sobre coesão comunitária para os responsáveis pela conceção, desenvolvimento e execução de iniciativas locais). London:

The Stationery Office.

Hood, C., Scott, C., James, O. e Travers, T. 1998. Regulation Inside Government. Oxford: Oxford University Press.

Hotchkiss J., Sjooquist D. e Zobay S. 1999. Employment Impact of Inner-City Development Projects: The Case of Underground Atlanta. Urban Studies 36 (7), pp 1079-1091. Abingdon: Carfax.

Comité do Emprego da Câmara dos Comuns. 1988. The employment effect of UDCs, Terceiro relatório da Comissão do Emprego. HC 327-1. Londres: HMSO.

Comité da Administração Pública da Câmara dos Comuns. 2001. Fifth Report Session 2000/01: Mapping the Quango State, HC367 London: HMSO.

Gabinete do Vice-Primeiro-Ministro da Câmara dos Comuns - Comissão da Habitação, do Planeamento, do Poder Local e das Regiões. 2003. The Effectiveness of Government Regeneration Initiatives (A Eficácia das

Iniciativas Governamentais de Regeneração). 7º relatório da sessão 2002-3 Vol 1. Londres: Câmara dos Comuns.

Comité de Contas Públicas da Câmara dos Comuns. 2004. An early progress report on the New Deal for Communities programme. 38th report 2003-4 London: The Stationery Office.

I

IDEA. 2004. Os Frutos do Sucesso. Regeneração e Renovação. Suplemento. julho de 2004. Londres. Haymarket Publications.

IDEA. 2006. http://www.idea-knowledge.gov.uk/idk/core/page.do?pageId=71697 acedido em 16/07/06.

Imrie, R. 1996. Transforming the social relation of research production in Urban Policy Evaluation. Ambiente e Planeamento A, 28, 8, pp 1445 - 1464. Londres: Pion.

Imrie, R. e Raco, M. 2003. Urban renaissance? : New Labour, community and urban policy. Bristol: The Policy Press.

Imrie R. e Thomas H. 1999. British Urban Policy. An evaluation of the Urban Development Corporations. Londres: Sage.

Inter-Act. 2001. Evaluating participatory, deliberative and cooperative ways of working. Brighton: Inter-Act Evaluation.

Jarvis, P. 1994. Learning Practical Knowledge. Journal of Higher Education, Volume 18, nº 1. pp 32-43. Columbus: Ohio State University Press.

Johnston, J. 2001. Evaluating National Initiatives the case of "On Track". Children and Society Volume 15. pp. 33-36 (2001).

Chichester: Wiley and Sons.

Jones, P.S. 2003. Urban regeneration's poisoned chalice: Is there an impasse in (community) participation based policy? Estudos Urbanos. Volume 40 No.3 pp. 581-601. Abingdon: Carfax.

Fundação de Investigação Joseph Rowntree. 2000. Learning from the experience of others. York: York: York Publishing Services.

K

Katz, B. 2005. Diagnosticar as cidades: lições da América. BURA Briefing Issue 33. p. 1. Londres: Associação Britânica de Regeneração Urbana.

Knott e Wildavsky. 1980. Se a difusão é a solução, qual é o problema? Knowledge, Creation, Diffusion, Utilisation, Volume 1 (4), pp. 537-78.

Knox, J., Pemberton, A. e Wiles, P. 2000. Partnerships in Community Safety: an evaluation of phase 2 of the Safer Cities programme. Londres: Department of Environment Transport and the Regions.

Kvale, S. 1996. Entrevistas: An Introduction to Qualitative Research

Interviewing. Thousand Oaks: Sage.

Ladd, J. 2005. Prémios de Melhores Práticas BURA 2005. In BURA News and Views September Edition Issue 6. p. 1. Londres: Associação Britânica de Regeneração Urbana

Zona de Ação Sanitária de Lambeth, Southwark e Lewisham. 2002.

Hazlearning Factsheet 1. Londres: Autoridade de Saúde de Lambeth, Southwark e Lewisham.

Lawless, P. 1989. Britain's Inner Cities Londres: Chapman.

Lawless, P. 1995. Recent urban policy literature a review. Planning Practice and Research, Vol. 10, no 3-4. pp. 261-70. Londres: Pion.

Lawless, P. 1996 The inner cities: towards a new agenda, Town Planning Review, 67 pp. 21-43.

Lawless et al 2000. A Review of the Evidence Base for Regeneration Policy and Practice. Londres: Department of Environment Transport and the Regions.

Levenson, R. e Edmans, T. 2001. Trabalhar para a saúde. The NHS as an employer and its role in regeneration. Londres: The Kings Fund.

Lever, W. e Moore, C. (eds) 1986. The City in Transition: policies and agencies for economic regeneration on Clydeside. Oxford: Clarendon.

Lewis, B. 2003. Theories at the bottom of our jargon - the first SRB schemes 1995-2002. Pontefract: Pontefract Press.

Lewis, J. e Utting, D. 2001. Made to Measure? Community Initiatives for Children: Introdução. In Children and Society Volume 15 (2001) p. 104. Chichester: Wiley.

Lichfield, N. 1970. Metodologia de avaliação de planos urbanos e regionais: uma revisão. Regional Studies, Volume 4. p. 154.

Lichfield, N. Kettle, P. e Whitbread, M. 1975. Evaluation in the Planning Process Oxford: Pergamon Press.

Lichfield. 1987. Avaliação do Impacto na Comunidade: um estudo de caso nos transportes públicos da Grande Manchester. Em Glaister, S. (ed), Transport Policy. pp. 84-99. Londres: Policy Journals.

Lichfield, D. 1992. Urban Regeneration for the 1990s. Londres: London Planning Advisory Committee.

Lichfield, N. 1996. Community Impact Evaluation, Londres: UCL Press.

Lindblom, C. 1959. The Science of Muddling Through. Public Administration Review. Vol. 19, pp. 59-79. 1959.

Lindsay, N. 2004. Skills and Recruitment in Regeneration and Renewal 3rd December 2004. pp. 18-25. Londres: Haymarket Publications.

Conselho de Administração da Administração Local. 1995. Public/Private/Voluntary Partnerships in Local Government (Parcerias Público/Privado/Voluntário na Administração Local). London: Local Government Management Board.

Agência de Desenvolvimento de Londres. 2002. Evaluation in Regeneration Schemes. Nota do workshop realizado na Câmara Municipal em 11.09.02. Londres: LDA.

Loney, N. 2005a. Five Secrets of Successful schemes in Regeneration and Renewal (Cinco Segredos de Regeneração e Renovação de Regimes de Sucesso). 9/12/05 pp. 20-22. Haymarket Publications. Londres.

Loney, N. 2005b. O Governo vai apertar o processo de avaliação da RDA. In Regeneration and Renewal. 4/2/05 p. 12. Haymarket Publications. Londres.

Loughlin, M. 1996 "The Constitutional Status of Local Government". Em L. Pratchett e D. Wilson (eds) 1996. Local Democracy and Local Government. p. 56. London: McMillan. Londonrenewal.net - acedido em 10.02.06

M

Mackechnie-Jarvis. 2004. Laying the Foundations. Edição 23 de Renew. dezembro de 2004. p. 7. Londres: Thames Gateway London Partnership.

Macarthur, A. 1995. A participação ativa dos residentes locais em parcerias comunitárias estratégicas. Policy and Politics Vol. 23 No 1: pp. 61-71. Bristol: Escola de Estudos Urbanos Avançados, Universidade de Bristol.

Macauley, A. 2004. Cidades centrais - o cerne da questão. In New Start 12.11.04. p. 12. Sheffield: New Start Publishing.

Mayo, M e Henderson, P. 1998. Training and education in urban regeneration - a framework for participants. Bristol: The Policy Press.

Mayo, M. 1997. Deptford City Challenge, Sudeste de Londres: um exemplo de parceria na prática. Critical Social Policy. Vol. 17, No 3 August: pp. 3-26. Londres: Sage Publications.

McAllister, D.1980. Evaluation in Environmental Planning. London: MIT Press.

McCollam, A e White, J. 1993. Building on Experience. Evaluation and mental health projects. Edinburgh: Scottish Association for Mental Health inCharities Evaluation Services. 2002. Basic Monitoring and Evaluation Londres: Charities Evaluation Services p. 3.

Mclnroy, N. 2004. Os puzzles difíceis precisam de soluções flexíveis. Em Regeneration and Renewal 21.05.04. P14. Londres: Haymarket Publications.

McIntosh, M. 1992. Parceria: questões de política e negociação.

Local Economy Vol. 7 no 3: pp. 210-24. Harlow : Longman Group UK.

McLaren, C. 2004. Um Quadro para o Avanço. Em New Start 10.12.04 p. 14. Sheffield: New Start.

Meyer, P. 1995. Measurement, understanding and perception: the conflicting 'realities' in Hambleton, R. and Thomas, H. 1995. Urban Policy Evaluation. London: Paul Chapman Publishing. pp 73-86.

Miller, P. e Rose, N. 1990. Governing Economic Life. Economia e Sociedade. Volume 19, pp. 1-31. London: Routledge.

Morrison, A. 1998. A Study of the Theory and Practice of Strategic Management in partnerships receiving funding from the Single Regeneration Budget Challenge Fund. Stoke on Trent: Universidade de Staffordshire.

Moseley, M. 1997. Parish Appraisals as a tool of Rural Community Development: An assessment of the British Experience. Urban Studies 12 (3), pp. 197-212. Abingdon: Carfax.

Mulgan, G. 1998. Connexidade: Responsibility, freedom, business and power in the new century. Londres: Vintage.

Mulgan, G e Perri 6. 1996. O regresso a casa do local: Decentralisation by Degrees. Demos Quarterly, Volume 9 pp. 3-7. Londres: Demos.

N

Nasar, J. 1998. The Evaluative Image of the City. Londres: Sage.

Gabinete Nacional de Auditoria. 1988. Ministério do Ambiente: Urban Development Corporations report by the Comptroller and Auditor General. Londres: HMSO.

Gabinete Nacional de Auditoria. 1989. Relatório do Controlador e Auditor Geral, Departamento de Emprego: prestação de formação através de agentes de gestão. HC 569. Londres: HMSO.

Gabinete Nacional de Auditoria. 1993. The achievement of second and third generation Urban Development Corporations. Londres: HMSO.

Gabinete Nacional de Auditoria. 1999. English Partnerships: Assisting Local Regeneration. HC 642 Sessão 1998-99 Londres: HMSO.

Gabinete Nacional de Auditoria. 2003. Getting the evidence: using research in Policy Making. London: The Stationery Office.

Avaliação nacional do Sure Start. 2001. Cost-effectiveness Methodological Report. Londres: Birkbeck College, Universidade de Londres.

Executivo do Serviço Nacional de Saúde. 1997 A Guide to Local Evaluation for the Personal Medical Services pilots under the NHS (Primary Care Act) 1997. London. National Health Service Executive.

Fundação Iniciativas de Vizinhança. 2000. Stanfield Pilot Project Stoke on Trent. Telford: Neighbourhood Initiatives Foundation.

Rede de Gestão de Bairros. 2005. Gestão de Bairros. Issue 11. P5. www.neighbourhoodmanagement.net Acesso em 27.12.05.

Netten, A., Rees T. e Harrison G. 2001. Unit Costs of Health and Social Care 2001 (Custos unitários da saúde e dos cuidados sociais em 2001). The Personal Services Research Unit. Canterbury: Universidade de Kent em Canterbury.

Unidade de Renovação de Bairros. 2001. New Deal for Communities guidance on web-site. London DETR. www.renewal.net acedido em 20.03.06.

Unidade de Renovação de Bairros. 2002a. Evidence into Practice. New Deal for Communities National Evaluation. Avaliação Nacional do New Deal for Communities: Department for Transport Local Government and the Regions.

Unidade de Renovação de Bairros. 2002b. Lugares, pessoas, perspectivas.

Revisão Anual da Unidade de Renovação de Bairros 2001/02. Unidade de Renovação de Bairros: Londres.

Unidade de Renovação de Bairros. 2002c. Collaboration and Coordination in Area-based Initiatives, Research Summary Number One. London: Department for Transport Local Government and the Regions.

Unidade de Renovação de Bairros. 2003a. Evaluation of the National Strategy for Neighbourhood Renewal: Scoping Study. Unidade de Renovação de Bairros: Londres.

Unidade de Renovação de Bairros. 2003b Resumo da investigação do New Deal for Communities 7. The National Evaluation 2002/3 Key Findings. Unidade de Renovação de Bairros: London.

Unidade de Renovação de Bairros. 2005. New Deal for Communities 2001-5: An Interim Evaluation. Relatório de Investigação 17. Relatório de Investigação 17. Londres: Gabinete do Vice-Primeiro-Ministro.

Unidade de Renovação de Bairros. 2006a. What works? Reviewing the evidence base for Neighbourhood Renewal. NRU Unidade de Renovação de Bairros: Londres. Sítio Web acedido em 25/02.06:

www.renewal.net/Documents/RNET/Policy%20Guidance/Whatworksreviewing.pdf

Unidade de Renovação de Bairros. 2006b.

www.neighbourhood.gov.uk/page.asp?id=619 acedido em 10.03.06

New Cross Gate New Deal for Communities. 2004. What we've been doing. Deptford: New Cross Gate New Deal for Communities.

Novo começo. 2006. A prática leva à perfeição. New Start. 10th fevereiro de 2006. pp. 18-19. Sheffield. New Start:

Newburn, T. 2001. O que é que queremos dizer com avaliação? Children and Society Volume 15. pp. 5-13. Chichester: Wiley and Sons.

Newman, J. 2001. Modernizar a governação: New labour, policy and society. Londres: Sage Publications.

O

O'Regan, K. e Quigley, J. 1998. Where Youth Live. Urban Studies. Volume 35, 7 pp. 1187 - 1203. Abingdon: Carfax.

Oatley, N. e Lambert, C. 1997. Local capacity in Bristol: tentative steps towards institutional thickness. Documento para o Simpósio de Cidades em Transição da Universidade de Bristol. maio de 1997.

Oatley, N. 1998. Cities, Economic Competition and Urban Policy (Cidades, Concorrência Económica e Política Urbana). Londres: Paul Chapman Publishing.

Oatley, N. e Lambert, C. 1998.Catalyst for Change: The City Challenge Initiative in Oatley, N. 1998. Cities, Economic Competition and Urban Policy pp 109-126. Londres: Paul Chapman Publishing.

Oc, T., Tiesdell, S. e Moynihan, D. 1997. Urban Regeneration and Ethnic Minority Groups. Training and Business Support in City Challenge Areas. Bristol: The Policy Press.

Gabinete do Vice-Primeiro-Ministro. 1998. Community- based regeneration initiatives: a working paper. Londres, no sítio Web www.odpm.gov.uk/stelnet/groupsodpm urbanpolicy/ acedido em 17/07/04.

Gabinete do Vice-Primeiro-Ministro. 2003b. Evaluation issues for the Urban White Paper fiscal measures (Questões de avaliação das medidas fiscais do Livro Branco Urbano). Londres: Unidade de Apoio à Habitação. Gabinete do Vice-Primeiro-Ministro

Gabinete do Vice-Primeiro-Ministro. 2004a Assessing the Impacts of Spatial Interventions: Regeneration, Renewal and Regional Development 'The 3Rs guidance' London: Interdepartmental Group on the EGRUP Review Office of the Deputy Prime Minister.

Gabinete do Vice-Primeiro-Ministro. 2004b. Regeneration programmes - the way forward: discussion paper. Web-site acedido em 17/07/04

www.odpm.gov.uk/stellnet/groups/odpm urbanpolicy/documnets/page/odpm

Gabinete do Vice-Primeiro-Ministro. 2004c. The Egan Review: Skills for Sustainable communities. London. ODPM.

Gabinete do Vice-Primeiro-Ministro. 2005a. From no go to all go. Inclusion Issue 12 Winter 2004/5 pp. 8-9. Londres: Gabinete do Vice-Primeiro Ministro.

Gabinete do Vice-Primeiro-Ministro. 2005b. Desenvolvimento de uma "Teoria da Mudança" para avaliar os Acordos de Serviço Público locais. http://www.odpm.gov.uk/index.asp?id=1137726. Acedido em 11/12/05.

Gabinete do Vice-Primeiro-Ministro. 2005c. Seeking the Lessons: an evaluation of the Neighbourhood Renewal Unit's Skills and Knowledge Programme. Relatório de investigação 19. Relatório de Investigação 19. Londres: ODPM.

Gabinete do Vice-Primeiro-Ministro. 2005d. 2002/03 Progress Report on Local Strategic Partnerships in Neighbourhood Renewal Fund areas. Relatório da York Consulting Ltd. London: ODPM.

Gabinete do Vice-Primeiro-Ministro. 2006. www.odpm.gov.uk/index.asp?id=1128636 Acedido em 10.02.06.

Oppenheim, A.N. 1966. Questionnaire design and attitude measurement. Londres: Heinemann.

Ovretveit, J. 2002. Evaluating health interventions. Buckingham: Open University.

P

Paechter, C. Edwards, R. Harrison, R. e Twining P. 2001. Learning Space and Identity. Londres: Chapman.

Page, D. 1994. Developing Communities. Twickenham: Sutton Hastoe Housing Association.

Palfrey, C., Phillips, C., Thomas, P. e Edwards, D. 1992. Policy Evaluation in the Public Setor. Aldershot: Avebury.

Parkinson, M.1996. Strategic Approaches for Area Regeneration. Bristol: The Policy Press.

Parkinson, M. 1998. Combating Social exclusion: lessons from areabased programmes in Europe. Bristol: The Policy Press.

Parkinson, M. e Newburn, T. 1998. A framework for evaluation of the New Commitment to Regeneration pathfinder areas (Um quadro para a avaliação das áreas pioneiras do Novo Compromisso para a Regeneração). London: Department of Environment Transport and the Regions.

Patton, M. 1986. Utilisation - Focussed Evaluation 2nd Edition. Newbury Park Califórnia: Sage.

Patton, M. 1997. Utilisation - focused Evaluation. Londres: Sage

Pawson, R. e Tilley, N. 1997. Realistic Evaluation. Londres: Sage.

Peck, J. e Tickell, A. 1994. Demasiados parceiros... o futuro das parcerias de regeneração. Local Economy Volume 9 No3 Nov 94. pp. 251-265. Harlow: Longman Group UK.

Peel, D. 2001. Measuring the Success of Town Centre Management. Londres: Universidade de Westminster.

Perri 6., Leat, D., Seltzer, K. e Stoker, G. 2002. Towards Holistic Governance. Basingstoke: Palgrave.

Perri 6 e Peck, E. 2003. New Labour's Management Signature. (Documento não publicado) citado p. 49. in Stoker, G. 2004. Transforming local governance from Thatcherism to New Labour. Hampshire: Palgrave McMillan.

Phillips, C., Palfrey, C. e Thomas, P. 1994. Evaluating Health and Social Care. Basingstoke: McMillan.

Phillips, S. 2002. Pode a regeneração criar coesão? Regeneration and Renewal 6th December 2002. p. 14. Londres: Haymarket Publishing.

Bolsa de planeamento. 2001. Urban Regeneration in Britain. The 2001 URIB diretory 8th Edition. Glasgow: The Planning Exchange.

Power, M. 2003. Abordagens das associações de habitação ao investimento comunitário. Dissertação de Mestrado em Reg. Urb. Londres: Universidade de Westminster.

R

Raco, M e Imrie, R. 2000. Governmentality and rights and responsibilities in urban policy. Ambiente e Planeamento. Volume 32 pp. 2187-2204. Londres: Pion.

Ralph, D. 2004. Road testing what works. Regeneration and Renewal 06.08.04. p. 23 Haymarket Publishing London.

Reason, P. 1998. Human Inquiry in Action. Londres: Sage.

Gabinete RECITE. 1995. Projectos-piloto urbanos: Segundo relatório intercalar sobre o progresso das histórias de sucesso urbano. Estudos Urbanos. Vol. 31, pp. 835-50. Abingdon: Carfax.

Redfearn, G. 2005a. Os ministros são instados a não se precipitarem sobre os resultados do Sure Start. In New Start 16.09.05 p. 5. Sheffield: New Start Publishing.

Redfearn, G 2005b. Regenerar o Futuro. Índice de Regeneração New Start. P14 novembro de 2005. New Start. Sheffield: New Start Publishing.

Redfearn 2005c. Competências para todos. New Start Regeneration Index. p. 16. novembro de 2005. New Start. Sheffield: New Start Publishing.

Rees, G. e Lambert. J. 1985. Cities in crisis: the political economy of urban development in post-war Britain [Cidades em crise: a economia política do desenvolvimento urbano na Grã-Bretanha do pós-guerra]. London: Edward Arnold.

Rhodes, R. 1996. "The new governance: governing without government"

Political Studies Volume 44. pp. 652-67. Blackwell: Oxford.

Rhodes, R. 1997. Understanding governance: policy networks, governance, reflexivity and accountability. Buckingham: Open University Press.

Rhodes, R. 2000. Governance and Public Administration, em Pierre J. (ed) Debating Governance. pp. 54-90. Oxford: Oxford University Press.

Roberts, R. e Sykes, H. 2000. Urban regeneration - a handbook. Londres: Sage.

Robertson, N. 2004. Não olhes para trás com angústia. In New Start 05.12.04. p. 15. Sheffield: New Start Publishing.

Robson, C. 1999. Small Scale Evaluations - Principles and Practice. Huddersfield: Universidade de Huddersfield.

Robson, C. 2002. Real World Research. Oxford: Blackwell Publishing.

Roethlisberger, F.J. e Dickson, W.J. 1939. Management and the worker. Cambridge, Massachusetts: Harvard University Press.

Roger Tym e Parceiros. 2003. Local evaluation for regeneration partnerships. Londres: Roger Tym and Partners.

Rose, N. 1996. A morte do social? Refigurando o território do governo. Economia e Sociedade, Volume 25 pp. 327-56. London: Routledge.

Rose, N. e Miller, P. 1992. Political power beyond the state: problematics of government, British Journal of Sociology, Volume 43 pp. 173- 205. London: Routledge.

Rossi, P. 1998. Feeding the Poor: Assessing Federal food aid. Washington: American Enterprise Institute.

Rossi, P. 1999. Evaluating Community Development Programmes: Problems and Prospects. Em Urban Problems and Community Development, ed. Ron Ferguson e William Dickens. Ron Ferguson e William Dickens. Washington, DC: Brookings Institute. Pp. 521-567.

Russell, J. 1998, Using evaluation to explore policy. Avaliação dos Serviços de Avaliação de Instituições de Caridade. Paper 6. Londres: Charities Evaluation Services.

Russell, H. 2001. Local Strategic Partnerships. York: Joseph Rowntree Research Foundation. pp. viii-ix.

S

Schoon, N. 2001. The Chosen City. Londres: Spon

Scottish Centre for Regeneration. 2006, sítio Web acedido em 01.05.06

www.scr.communitiesscotland.gov.uk/stellent/groups/public/documents/webpages/scrcs 006637.hcsp

Scriven, M. 1991. Evaluation Thesaurus. 4ª edição. Londres: Sage.

Scott, 2001. Situated views of learning in Paechter, C. Edwards, R. Harrison, R., Twining P., 2001. pp. 1-41. Learning Space and Identity. London: Chapman.

Sefton, T. 2002. Tirar o máximo partido: Economic evaluation in the social welfare field. York: Fundação de Investigação Joseph Rowntree.

Shadish, W.R., Cook, T.D. e Leviton, L.C. 1991. Foundations of programme evaluation. Newbury Park, Califórnia: Sage.

Sharp, C. 2004. Eis como melhorar a sua concentração. Em New Start. 04.06.04 Sheffield. p. 14. Sheffield: New Start Publishing.

Shaw, C. 1980. Aspectos da Auditoria 1: o contexto. British Medical Journal 280, pp. 1256-8. Londres: British Medical Association.

Shula, L.M. e Cousins, J.B. 1997. Evaluation Use: Theory, Research, and Practice since 1986. Evaluation Practice 208, Volume 18 No 3 1997. pp. 195-208. Greenwich, Connecticut: JAI Press Inc.

SIGOMA. 2004. The Neighbourhood Renewal Fund - Building on Success and Making Long Lasting Change. Barnsley: SIGOMA .

Simmie, J.M. 1991. Power, property and corporatism : the political sociology of planning. Londres: Macmillan

Simons, H. 1995. Desenvolvimento do currículo através da autoavaliação da escola. Em Apple, B. (eds) The Curriculum: Problems, Politics and Possibilities. New York: New York State University of New York Press.

Skinner, B. 1938. The Behaviour of Organisms: An experimental analysis. Nova Iorque: Appleton.

Smith, I. e Grimshaw, L. 2005. Avaliação e o New Deal for Communities: aprender o quê para quem? Em Taylor, D e Balloch, S. (eds) 2005 pp. 189-202. The Politics of Evaluation: Bristol: The Policy Press.

Snape, D. e Stewart, M. 1996. Keeping up the momentum: partnership working in Bristol and the West of England. Documento não publicado, Bristol: Câmara de Comércio e Iniciativa de Bristol.

Unidade de Exclusão Social. 1998a. Better Information. - Relatório da Equipa de Ação Política 18. Londres: HMSO. Cabinet Office.

Unidade de Exclusão Social. 1998b. Bringing Britain Together - A National Strategy for Urban Renewal Cabinet Office. Cmnd. 4045 Londres: HMSO.

Unidade de Exclusão Social. 1999. Autoajuda comunitária. Relatório da Equipa de Ação Política 9. Londres: Cabinet Office.

Unidade de Exclusão Social. 2001a. A New Commitment to Neighbourhood Renewal (Um novo compromisso para a renovação dos bairros). London: Cabinet Office.

Unidade de Exclusão Social. 2001b. Preventing social exclusion (Prevenir a exclusão social). London. Cabinet Office.

Conselho Municipal de Southampton. 2004. Tackling Deprivation in Southampton (Luta contra a Privação em Southampton). Southampton: Câmara Municipal de Southampton.

St Leger, A., Scienden, H. e Walsworth-Bell, J. 1992. Evaluating health service effectiveness (Avaliação da eficácia dos serviços de saúde). Buckingham. Open University Press.

Stewart, M. 1990. Urban Policy in Thatcher's England (Política Urbana na Inglaterra de Thatcher). Escola de Estudos Urbanos Avançados, Universidade de Bristol.

Stewart, M. 1994 Between Whitehall and Town Hall. Policy and Politics Volume 27(2) 1994 pp. 133-141. Bristol: Escola de Estudos Urbanos Avançados, Universidade de Bristol.

Stewart, M. 1998. Parceria, liderança e concorrência na política urbana in Oatley N. 1998. Cities, Economic competition and Urban Policy. pp. 77-90. Londres: Paul Chapman Publishing.

Stewart, M. 2003. Towards collaborative capacity (Rumo à capacidade de colaboração). Em Boddy et al. 2003. Urban Transformation and Urban Governance. pp. 76-89.

Bristol: Policy Press.

Stoker, G. 1995. Regime Theory and Urban Politics in Judge D. Stoker G. and Wolman H. (eds) 1995. Theories in Urban Politics.

Londres: Sage Publications. pp 55-71.

Stoker, G. et al.1997a. Partners in urban governance: Public-private partnerships and Urban Governance in: European and American experience. Londres: McMillan.

Stoker, G. 2004. Transforming local governance from Thatcherism to new Labour. Hampshire: Palgrave McMillan.

Stoker, G e Young, S. 1993. Cities in the 1990s. Londres: Longman.

Stone, C. 1993. Urban Regimes and the Capacity to Govern; a political economy approach. Journal of Urban Affairs Volume 15. No 1: 1-28. Malden, MA. Blackwell Publishers

Stone, C. 1987. The politics of urban development. Lawrence, Kansas: University Press of Kansas.

Suchman, E. A. 1967 Evaluative Research: Principles in Public Service and Action Programmes. New York: Russell Sage.

Sullivan, H. 2001. Modernisation, Democratisation and Community Governance (Modernização, Democratização e Governação Comunitária).

Local Governance Studies Volume 27,3 pp. 1-24.

Sullivan, H. e Skelcher, C. 2002. Working across boundaries. Basingstoke: Palgrave.

Sullivan, H., Smith, M., Root, R. e Moran, D. 2001. Area Committees and Neighbourhood Management: Increasing democratic participation and social inclusion. London: Local Government Information Unit.

Salvaris, M. 2003. Estratégia de Renovação de Bairros. Relatório final dos consultores de avaliação. Victoria, Austrália: Universidade de Tecnologia de Swinburne.

Sydenstricker, E.1926 The Measurement of results in public health work. Relatório anual do Millbank Memorial Fund, Nova Iorque: Millbank Memorial Fund.

T

Taylor, D. e Balloch, S. (eds). 2004. The Politics of Evaluation: Participation and Policy Implementation. Bristol: The Policy Press.

Taylor, N. 1998. Urban Planning since 1945. Londres: Sage.

Temple, M. 2002. A Terceira Via do Novo Trabalhismo: Pragmatism and Governance. The British Journal of Politics, Volume 2,3. pp. 302-25.

Thornley, A. 1993. Urban Planning under Thatcherism. London: Routledge.

Tooke, J. 2001. Healthy Communities Fund Evaluation Report (Relatório de Avaliação do Fundo para Comunidades Saudáveis). Londres: Goldsmith's College.

Torres, R. 1991. Melhorar a qualidade da avaliação interna: O avaliador como consultor-mediador. Avaliação e planeamento de programas; Volume 14; 3: pp. 189-198.

Townley, B e Wilks-Heeg, S. 1999. Democratic Evaluation: Putting Principles into Practice. Local Economy, Volume 14, maio de 1999. pp. 27-41. Abingdon: Carfax.

Tricart J-P. 1991 Evaluation of Neighbourhood Social Development Policy In Alterman, R. and Cars, G. 1991. Neighbourhood Regeneration. An International Evaluation. pp. 189-196. Londres: Mansell.

Trott, T. 2002. Best Practice in regeneration: because it works. Bristol: Policy Press.

Turok, I. 1989: Evaluation and understanding in local economic policy, Urban Studies, Volume 26 pp. 587-606. Abingdon: Carfax.

Turok, I. 1991: Policy evaluation as a science: a critical assessment, Applied Economics, Volume 23 pp. 1543 -50. Londres: Chapman and Hall.

Tyler, P. 2001a. Internal Paper on the evidence base as it relates to regeneration policy and practice. London: Ministério do Ambiente, dos Transportes e das Regiões.

Tyler, P. 2001b. Notas para um seminário da Universidade de Westminster pelo Dr. Peter Tyler sobre avaliação realizado no Regent Street Campus em 22.10.2001.

Tyler, P. 2002a. Turning our urban areas around - do ABIs work? A review of the evidence base and lesson for future policy. Cambridge: Universidade de Cambridge.

Tyler, P. 2002b. Turning areas around: the impact of SRB on final outcomes Summary No4) On www.odpm.gov.uk/stellent/groups/odpm urbanpolicydocuments/pag e/odpm accessed 16/11/2004.

U

Sociedade de Avaliação do Reino Unido. 2003. Guidelines for Good Practice in Evaluation. Londres: Sociedade de Avaliação do Reino Unido.

Mesa Redonda do Reino Unido sobre Desenvolvimento Sustentável. 2000. Indicators of Sustainable Development London: UK Round Table on Sustainable Development.

Universidade de Cambridge. 1998. Key results from the Residents' Baseline Social Surveys. Documento de discussão 100. Cambridge: Universidade de Cambridge.

Universidade de Cambridge. 1998. An examination of baseline issues. Documento de discussão. Cambridge: Universidade de Cambridge.

Universidade de Cambridge. 1998. New Findings on the Nature of Economic and Social Exclusion in England: Implications for new policy initiatives. Documento de discussão 101. Cambridge: Universidade de Cambridge.

Universidade de Cambridge. 1999. Final evaluation of three short Single Regeneration Budget duration studies. Documento de discussão 111. Cambridge: Universidade de Cambridge.

Universidade de Cambridge. 2000. Second final evaluations of two Single Regeneration Budget short duration case studies. Documento de discussão 114. Cambridge: Universidade de Cambridge.

Grupo de Trabalho Urbano. 1999. Towards an Urban Renaissance (Para um Renascimento Urbano). Unidade de Exclusão Social. Londres: Spon.

Utting, D. 2001. Simpósio sobre a avaliação dos serviços para crianças. Em Children & Society. Volume 15 pp. 37-38. Chichester: Wiley and Sons Ltd.

V

Valler, D. e Betteley, D. 2001. The Politics of 'Integrated' Local Policy in England. Estudos Urbanos. Volume. 38. No 13. pp. 23932413. Abingdon: Carfax.

Van Der Eyken, W. 1999. Managing evaluation. London: Charities Evaluation Services.

Verma, G.K. e Beard, R.M. 1981. O que é a investigação educacional? Perspectives on techniques of research. Aldershot: Gower.

Governo do Estado de Victoria. 2002. Neighbourhood Renewal Evaluation Framework 2002-3. Melbourne: Departamento de Recursos Humanos.

Voogd, H. 1982. Avaliação multicritério com dados qualitativos e quantitativos mistos. Ambiente e Planeamento. B 9 (2), pp. 221-36. Londres: Pion.

W

Walker, P., Lewis, J., Lingayah, S. e Somner, F. 2000. Prove-o! Measuring the effect of neighbourhood renewal on local people (Medir o efeito da renovação de bairros na população local). Londres: New Economics Foundation.

Wallace, M. 2001. A new Approach to Neighbourhood Renewal in England (Uma nova abordagem à renovação de bairros em Inglaterra). Estudos Urbanos. Volume. 38 No. 12 pp. 2163-2166.

Abingdon: Carfax.

Ward, K. 2000. State Licence, local settlements, and the politics of 'branding' the city. Ambiente e Planeamento C: Governo e Política 2000. Vol. 18 pp. 285-300. Londres: Pion.

Wates, N. 2000. The Community Planning Handbook. Londres: Earthscan Publications Ltd.

Weinstein, Z. 2005. Reconstruindo a terra prometida. In New Start 21.10.2005. pp. 18-21. Sheffield: New Start Publishing.

Weiss, C. 1972. Evaluation research: methods for assessing program effectiveness. Englewood Cliffs, Nova Jersey: Prentice Hall.

Weiss, C. 1990. Evaluation for Decisions: is Anybody There? Alguém se importa? Em Alkin, M.C. (ed). Debates on Evaluation. pp. 214-35. Newbury Park, CA Sage Publications.

Weiss, C. 1995. Nada tão prático como uma boa teoria: Exploring Theory-Based evaluation for Comprehensive Community Initiatives for Children and Families. Em Connell J et al (eds) 1995 New Approaches to Evaluating Community Initiatives . Washington: Aspen Institute. pp. 65-92.

Wellcoat, R. 2004. Southampton Children's Fund Local Evaluation Pack. Southampton: Southampton Children's Fund.

Wenger, E. 1998. Comunidades de Prática - A aprendizagem como um sistema social. "Systems Thinker", junho de 1998, acedido na Internet em www.co-i-l.com/coil/knowledge-garden/cop/lss.shtml (18.03.06).

Wilks-Heeg, S. 2000. Mainstreaming Regeneration: A review of policy over the last thirty years. London: Local Government Association.

Williams, G. 1998 City Vision and strategic regeneration: the role of City Pride. Em Oatley, N. (ed) 1998. Cities economic competition and urban policy, pp. 163-180. Londres: Paul Chapman.

Wilson, A. e Charlton, K. 1997. Making Partnerships Work. York: Fundação de Investigação Joseph Rowntree.

Winch, C. 2001. The philosophy of Human Learning. London: Routledge.

Winstanley, D. Sorabji, D. e Dawson, S. 1995. When the pieces don't fit: A Stakeholder Power Matrix to Analyse Public Setor Restructuring. Public Money and Management. abril - junho de 1995.

Wolf, A. 2005. Perfil na revista "Comment", março de 2005, pp. 21435. Londres: Kings College.

Wolman, H. e Page, E. 2000. Learning from the experiences of others. York: York: York Publishing Services.

Yin R., 1981. Case Study Research, Design and Methods. 2nd Edition. Sage. Thousand Oaks Califórnia.

York Consulting Limited. 2004. 2002/3 Progress report on Local Strategic Partnerships in Neighbourhood Renewal Fund areas.

Londres: Neighbourhood Renewal Unit.

Yorkshire Forward. 2000. Active Partners - Benchmarking Community Participation in Regeneration. Leeds: Yorkshire Forward.

Youngman, M. 1986. Analysing Questionnaires: Nottingham: Universidade de Nottingham. Escola de Educação da Universidade de Nottingham.

Apêndice 1: Questionário às partes interessadas:

Nota relativa aos avisos: Podem ser utilizados avisos após a primeira resposta a cada pergunta para garantir o registo de todas as informações disponíveis.

Conjunto um: Aprender antes de iniciar o programa:

1) Antes da sua participação neste programa, tinha tido alguma formação formal em reabilitação urbana ou num tema relacionado?

Sugestão: Indique as qualificações profissionais relevantes que possuía na altura.

2) Antes da sua participação neste programa, teve oportunidade de discutir o programa com alguém que tivesse trabalhado em programas anteriores?

Sugestão: Aprendeste alguma lição com estes debates?

3) Leu os relatórios de avaliação de quaisquer programas de reabilitação urbana anteriores antes de começar a trabalhar no programa?

4) Na altura, fez algum outro esforço para garantir que possuía a base de conhecimentos necessária para participar no programa?

Sugestão: Na altura, alguém fez mais algum esforço para garantir que tinha a base de conhecimentos necessária para participar no programa?

5) Na altura, pensou que havia um problema com o seu nível de conhecimentos?

Sugestão: Na altura, os seus chefes ou colegas pensaram que havia um problema com o seu nível de conhecimentos?

Conjunto dois: Aprendizagem durante o programa:

6) Depois de ter começado a participar neste programa, teve alguma formação formal em regeneração urbana ou num tema relacionado?

Sugestão: Indique também quaisquer outras qualificações profissionais relevantes que tenha adquirido nesta altura.

7) Depois de ter começado a participar neste programa, teve oportunidade de o discutir com alguém que tivesse trabalhado em programas anteriores?

Sugestão Aprendeste alguma lição com estes debates?

8) Depois de ter começado a participar no programa, leu algum relatório de avaliação de programas de reabilitação urbana anteriores?

9) Depois de ter começado a participar, fez mais algum esforço na altura para garantir que tinha a base de conhecimentos necessária para participar no programa?

Sugestão: Depois de ter começado a participar, alguém fez mais algum esforço na altura para garantir que tinha a base de conhecimentos necessária para participar no programa?

10) Quando começou a participar, pensou na altura que havia um problema com o seu nível de conhecimentos?

11) Depois de ter começado a participar, os seus chefes ou colegas pensaram na altura que havia um problema com o seu nível de conhecimentos?

Conjunto três: Avaliação durante o programa

11) Durante o programa, foi efectuado algum trabalho de avaliação formal por alguma das partes?

12) Em que é que isto consistia?

13) Os resultados emergentes estavam disponíveis para si?

14) Utilizou este facto para informar a forma como o programa foi executado?

Sugestão: Os seus colegas utilizaram este facto para informar a forma como o programa foi executado?

15) Para além do trabalho de avaliação formal, você ou os seus colegas

documentaram ou transmitiram as lições aprendidas com o programa?

Sugestão: Como é que fizeste isto?

16) Teve conhecimento de avaliações de outros programas que decorreram ao mesmo tempo e teve acesso a elas, ou aos seus colegas, a fim de retirar ensinamentos para o seu próprio programa?

Conjunto quatro: Avaliação post-hoc

17) Foi efectuada uma avaliação no final do programa e, em caso afirmativo, em que momento do programa foi iniciada?

18) O calendário deste trabalho de avaliação permitiu a recolha de todos os dados necessários?

19) Contribuiu para o trabalho de avaliação?

20) Considera que os termos de referência para o trabalho garantem que a verdadeira aprendizagem dos ensinamentos possa ser transmitida a outras pessoas?

21) Tem conhecimento se os ensinamentos retirados desse trabalho de avaliação foram divulgados?

22) Tem conhecimento de algum exemplo em que a aprendizagem da avaliação tenha sido efetivamente utilizada por outros?

23) Desde então, utilizou os ensinamentos destas avaliações no seu trabalho/vida pessoal?

Conjunto de cinco comentários gerais sobre as avaliações

24) Pensando em cada elemento do trabalho de avaliação que mencionou acima, em cada caso, quem encomendou o trabalho, definiu os termos de referência e controlou os dados?

Solicitar a apresentação de cada elemento do trabalho de avaliação.

25) Houve alguma controvérsia sobre quem devia fazer o trabalho, como era conduzido, quem devia ver os resultados, como deviam ser utilizados ou

qualquer outro aspeto do processo?

Solicitar a apresentação de cada elemento do trabalho de avaliação.

26) Pensando na sua experiência de avaliação, tal como discutimos, até que ponto considera que a avaliação foi útil para o ajudar a fazer um trabalho melhor?

27) Quais são, na sua opinião, os melhores e os piores aspectos da sua experiência de avaliação deste programa?

Solicitar a indicação dos melhores e dos piores pontos.

Apêndice 2: Quadro de apreciação para a análise das avaliações dos programas de regeneração

1) Programa

a) Nome e fase:

b) Objectivos do programa a avaliar:

2) Quem efectuou a avaliação?

a) Referência:

b) Autor/contratante:

c) Quem encomendou a avaliação e a quem deve prestar contas?

3) Objectivos (finalidades declaradas) da avaliação:

4) Métodos de avaliação utilizados e componentes operacionais:

5) Relação com as tipologias, incluindo o grau de envolvimento das partes interessadas:

6) Calendário da avaliação:

a) Datas:

b) No programa/post-hoc?

7) Grau de integração da avaliação nas actividades dos programas.

8) Resumo dos pontos principais.

9) Lições para as políticas/recomendações para futuras avaliações.

10) Disposições para dar feedback ao programa e a outras partes interessadas,

11) Provas de que os ensinamentos foram transferidos:

12) Comentários

13) Dados de contacto:

MIX
Papier aus verantwortungsvollen Quellen
Paper from responsible sources
FSC® C105338

Printed by Books on Demand GmbH, Norderstedt / Germany